Achim Feige **BrandFuture**

Achim Feige

BrandFuture

Praktisches Markenwissen für die Marktführer
von morgen

orell füssli Verlag AG

© 2007 Orell Füssli Verlag AG, Zürich
www.ofv.ch

Umschlagabbildung: iStockphoto (Silke Kowalewski)
Umschlaggestaltung: Andreas Zollinger, Zürich
Druck: fgb • freiburger graphische betriebe, Freiburg

ISBN 978-3-280-05240-2

Bibliografische Information der Deutschen Bibliothek:
Die Deutsche Bibliothek verzeichnet diese Publikation in der Deutschen Nationalbibliografie; detaillierte bibliografische Daten sind im Internet über http://dnb.d-nb.de abrufbar.

Inhalt

Zur Einführung

Ihre Welt scheint in Ordnung. Ihre Marke ist gut positioniert. Vielleicht sind Sie heute in Ihrem Markt die Nummer eins, die begehrteste Marke. Wird das aber auch morgen und übermorgen so sein? Wissen Sie, wie Sie morgen die Nummer eins bleiben? Oder welche Trends Sie nutzen können, um aus einer Nummer drei die Nummer eins zu werden?

Noch nie hat sich die Welt so rasant und grundlegend verändert wie heute. Und noch nie geschah dies so umfassend in gesellschaftlicher, kultureller, wirtschaftlicher, technischer wie auch klimatischer Hinsicht. Es ist nicht nur *rasender Stillstand,* wie es der Medienphilosoph Paul Virillio beschrieb, sondern es handelt sich auch um tektonische Verschiebungen und Veränderungen in der Art, wie wir leben und konsumieren werden.

Was bedeuten diese radikalen Umbrüche und Veränderungen mit all ihren Konsequenzen und der dadurch weiter steigenden Komplexität für die Markenführung in der heutigen Zeit? Was bedeuten sie für die Entwicklung von zukunftsorientierten Markenstrategien? Und vor allem: Was bedeutet dieser Wandel für Ihre Marke und Ihre Position im Markt? Bieten Sie vielleicht schon Antworten auf Fragen, die keiner mehr stellt? Brechen Ihnen ganze Kundengruppen weg, verschlafen Sie neue Potenziale? Wo entstehen Risiken und wo gibt es künftig mehr Potenzial?

Die folgenden Seiten blicken hinter die Muster des Wandels: Was bleibt trotz dieses Wandels gleich, was ändert sich kaum? Menschen und Kulturen sind träge Stabilitätssysteme, und Marken werden nicht an sieben Tagen geschaffen, sondern sedimentieren sich über Jahre und Jahrzehnte in den Köpfen der Kunden. Dieses Buch soll Ihnen zeigen, wie Sie auch in Zukunft systematisch eine Nummereins-Position aufbauen können.

Abgesehen davon, was diese Veränderungen konkret auf der spezifischen Ebene der jeweiligen Märkte, Marken und Strategien bedeuten, eines steht fest: Eine zukunftsorientierte Markenführung muss die Tatsache des kontinuierlichen Wandels integrieren, ihr gewachsen sein und sie nutzen können. Dazu bedarf es einer dynami-

8

schen Methodik, die auf erprobten, zeitlosen Erfolgsfaktoren für nachhaltiges Überleben basiert. Und diese Erfolgsfaktoren findet man in der modernen Evolutionstheorie.

Denn das ist die Grundidee: Was für die Entwicklung der Spezies gilt, hat auch bei lebenden Systemen wie Marken seine Gültigkeit. Marken haben, ähnlich wie Lebewesen, einen «genetischen» beziehungsweise *memetischen* Code. Meme sind kulturelle Einheiten, Vorstellungen, Bilder und Überzeugungen, die durch Schrift, Sprache, Ritual und Imitation von einem Individuum auf andere übertragen werden und sich dadurch selbst reproduzieren. Der Begriff wurde erstmals 1999 von der britischen Psychologin und Kognitionswissenschaftlerin Susan Blackmore verwendet und hat sich seitdem seinen festen Platz in der Evolutionspsychologie und der Evolutionstheorie erworben.

Meme sind also einer von mehreren Bestandteilen in einem Konzept zukunftsorientierter Markenbildung. Und da wir es bei Marken mit sich selbst reproduzierenden «Lebewesen» zu tun haben, liegt es nahe, auch die Evolutionsgeschichte, wie sie Darwin begründet hat, als universelle Wissenschaft des nachhaltigen Überlebens in eine neue Methodik für die strategische Markenführung zu integrieren. Dies, verknüpft mit Erkenntnissen aus der Trendforschung, ergibt einen ganzheitlichen Ansatz für die zukunftsorientierte Markenführung. Ich habe diesen Ansatz *BrandFuture* genannt.

BrandFuture weist damit zwei ganz entscheidende Vorteile auf: Es funktioniert unabhängig von gerade vorherrschenden Marketingtrends. Es basiert auf bewährten Erfolgsprinzipien, die sich über Jahrtausende im Wettbewerb des sich kontinuierlich wandelnden Lebens durchgesetzt haben.

BrandFuture versteht sich als neuer europäischer Ansatz, der die evolutionstheoretischen Prinzipien für das Führen von Marken fruchtbar macht und erstmals mit Trendforschung und Archetypologie beziehungsweise der Theorie des kollektiven Unbewussten verknüpft.

Die daraus entwickelte Methodik gibt Unternehmern und Markenverantwortlichen ein konkretes Instrument an die Hand, mit dem sie die Zukunftsfitness ihrer Marke laufend überprüfen und sicherstellen können. In diesem Sinn will ich mit diesem Buch jenseits der gängigen How-to-do-Literatur Licht in den Methodendschungel bringen. Inhaltlich schlägt es die Brücke zwischen theoretisch fundiertem Wissen und praxisorientierter Anleitung und ist mit vielen prägnanten Beispielen angereichert.

Eine starke Marke hat auch starke Grenzen, so ist es vielleicht hilfreich, auch zu sagen, was BrandFuture nicht ist: Dieser Band ist kein Trendbuch, das ausschließlich die neuesten Hypes aus den USA oder aus London feiert. Es ist ist auch kein Buch, in dem es nur von amerikanischen Marken wimmelt. Und warum? Nennen Sie mir bitte eine amerikanische Premiummarke. Egal welche Sie nehmen, sie ist meist nur bekannter, aber selten attraktiver als europäische Marken.

Das Buch wird auch nicht nur von Second Life, Mobile Branding und dem Web 2.0 handeln. Zukunft findet auch jenseits des Internets statt. Es ist auch nicht simplifizierend wie zum Beispiel die «Mäuse-Strategie», und es soll auch kein abstraktes, rein wissenschaftliches Theoriebuch sein.

Buch und Ansatz schöpfen aus meiner langjährigen Erfahrung mit BrandTrust, die ich als internationaler strategischer Markenberater in unterschiedlichen Branchen gemacht habe und sind inspiriert aus meiner Tätigkeit als Trendconsultant am Zukunftsinstitut von Matthias Horx. Ist es doch gerade die Frage nach der Zukunft, die Frage, wie wir leben werden und wo neue Bedürfnisse aus sich wandelnden Lebensknappheiten entstehen, die eine der größten Herausforderungen für das (Re-)Positionieren und Führen von Marken ist, um dauerhaft die Nummer eins in den Köpfen der Kunden bleiben zu können.

Marken müssen sich wandeln, um gleich zu bleiben

In meiner Arbeit und bei meinen Vorträgen werde ich immer wieder gefragt, welche Erwartungen in die Zukunftsentwicklung man zu hegen habe und wie man Marken und Unternehmen zukunftsfähig mache. Das ist zweifelsohne eine Schlüsselfrage, denn sie enthält ein

Paradoxon, das wir tagtäglich operativ wie strategisch ausbalancieren müssen.

Zum einen ist eine Marke ja immer die Summe der positiven Vorurteile, die sich in all den Jahren ihrer Existenz angesammelt haben, ausgestattet mit ihren Potenzialen, aber auch mit ihren Grenzen, die nicht beliebig an jede Veränderung angepasst werden können. Zum anderen muss sich eine Marke aber durchaus öffnen und anpassungsfähig sein, um bei neuen gesellschaftlichen Trends, veränderten Kundenbedürfnissen und Wettbewerbssituationen attraktive und überzeugende Antworten liefern zu können. In diesem Spannungsfeld von Vergangenheit, die eine Marke und deren Werte geprägt hat, und Zukunft, für die sie sich fit halten muss, bewegt sich der dynamische Ansatz von BrandFuture.

Ob BrandFuture für die Herausforderungen gut geeignet ist, wird man sehen. In der Beratung meiner Kunden hat sich der Ansatz beim Kreieren von innovativen Markenkonzepten sehr bewährt und sich in der Umsetzung als erfolgreich erwiesen. Ich bin sicher, dass dieses Buch auch Sie inspirieren wird, mehr aus Ihrer Marke herauszuholen. Es soll Sie ermutigen, Schritte ins Unbekannte zu wagen, um aktiv eine wertvolle Zukunft für sich, Ihre Marke, Ihre Kunden und damit auch für die Gesellschaft zu entdecken. Die Zukunft ist nicht sicher, sondern nur möglich. Wir haben die Aufgabe, das Mögliche zu finden, das Wahrscheinliche zu prüfen und das Wünschbare zu probieren. Oder wie Albert Camus gesagt hat: «Die wahre Großzügigkeit der Zukunft gegenüber besteht darin, in der Gegenwart alles zu geben.»

Für Feedback, Anregungen oder auch einen Erfahrungsaustausch stehe ich Ihnen gerne unter *achim.feige@brand-trust.de / AF@brandfuture.eu* oder in meinem Blog *www.brand-trust.de/blog* zur Verfügung.

Nürnberg im Juli 2007
Achim Feige

Kapitel 1

Herausforderungen für die Markenführung im 21. Jahrhundert

Noch Ende der 1980er-Jahre gab es in Deutschland eine wunderbare Faustregel für den Aufbau einer starken Marke. Markenberater und Werbeagenturen gaben unisono die gleiche Antwort: «Sie müssen mindestens sechs Millionen D-Mark in Werbung investieren, dann wird es schon werden mit einer national bekannten Marke.»

Der eine oder andere wird sich vielleicht noch an die guten alten Zeiten der Werbung und Markenführung zurückerinnern. Aber diese Zeiten sind vorbei. Die Welt hat sich seither rasant und radikal verändert. Der ständig fortschreitende Wandel spielt sich zudem heute um einiges schneller ab als früher. Neue Kommunikationsmittel und die konvergierende Medienlandschaft ermöglichen immer neue Kanäle und individuellere Vernetzungen.

Es versteht sich von selbst, dass sich auch die Bedürfnisse, Wünsche und Sehnsüchte der Kunden verändern. Und wenn sich die Welt, die Kunden und die Medien verändern, so müssen sich auch die Marken und die Art der strategischen Markenführung diesen Veränderungen stellen. Marken, die es schaffen, sich immer wieder optimal neuen Bedingungen und Bedürfnissen anzupassen, ohne ihre Kernwerte aufzugeben, werden vom Wandel profitieren, neue Märkte erschließen und erfolgreich sein. Wer den Anschluss aber verpasst, wird auf der Verliererseite stehen, die Preise senken müssen und schrittweise aus dem Markt ausscheiden. Diese Gefahr war wohl noch nie so groß wie jetzt, da im globalisierten Markt, insbesondere in bereits etablierten Geschäftsfeldern, immer mehr Anbieter mitspielen. Innovation wird also zu einem Muss, zu einer Überlebensstrategie.

Zeiten schnellen Wandels bergen auch Fallstricke, die es zu vermeiden gilt. Gerade bei einer Vielzahl von Neuerungen in relativ kurzer Zeit besteht die Gefahr, den Überblick beziehungsweise die eigene Fokussierung zu verlieren und einen Schnellschuss in die falsche Richtung abzufeuern. Das Gegenteil, zu lange nur zuzuschauen, wie sich Veränderungen weiter entwickeln, ohne sich wirklich ernsthaft über das immer wieder erforderliche (Re-)Positionieren der eigenen Marke Gedanken zu machen, kann fatal sein. Gefährlich ist auch, einfach wie bislang auf alte, früher vielleicht noch bewährte Markenführungskonzepte zu setzen und den größten Teil des Budgets für klassische Werbung auszugeben. Aber eine Marke bildet sich eben längst nicht mehr nur durch klassische Werbung.

Können Sie sich noch an die Zeit vor der Verbreitung der Mobiltelefone erinnern? Die Mobilkommunikation hat nicht nur unsere Arbeitswelt radikal verändert, sondern auch unser Privatleben. Wissen Sie noch, wie man sich früher verabredet hatte, ohne Kurzmitteilungen per Mobiltelefon? Knapp zehn Jahre ist es her, seit das Internet seinen Siegeszug antrat. So einschneidend die technologischen Entwicklungen sind, die unser Leben prägen, so schnell werden sie zu selbstverständlichen Alltagsgegenständen, ohne die man sich das Leben schon fast nicht mehr vorstellen kann. Vergegenwärtigen wir uns deshalb in einem kurzen Rückblick, welche wesentlichen Veränderungen allein in den letzten zwanzig Jahren der Welt ein neues Gesicht gegeben haben und welche Herausforderungen für die Markenführung daraus entstehen.

Die friedliche 1989er-Revolution: Beginn der multipolaren Ökonomie

Der Zerfall der zwei politischen Nachkriegsblöcke durch die Implosion des Warschauer Paktes 1989 war der Startschuss für eine bisher nie da gewesene Globalisierungswelle und das Erwachen der schlafenden Riesen Russland, China und Indien. Dies hat in den letzten Jahrzehnten dazu geführt, dass sich die politische, aber auch ökonomische Welt von einer atlantischen Fixierung zwischen den USA und Europa zu einer multipolaren, multikulturellen Ökonomie wandelt, in der sowohl neue Märkte als auch über 1,5 Milliarden neue Kunden am großen Spiel des Wohlstands teilnehmen. Internationale Marken müssen nun immer (!) interkulturell geführt werden, sie müssen Einflüsse nicht nur aus den USA, sondern auch aus Mittelosteuropa und Asien integrieren. Die Wünsche dieser neu hinzugekommenen globalen Mittelklasse und die neuen Reichen werden nicht nur unser Leben, sondern auch durch ihre Kaufkraft und Wünsche den Konsum beeinflussen.

- Wie nutzt Ihre Marke die neuen Märkte in Mittel- und Osteuropa und Asien?

Die 1995er-Revolution: Das Entstehen des Internets

Mit der Erfindung des Netscape Internet Browsers wurde es erstmals für jedermann möglich, sich mit Hilfe des World Wide Web (WWW) selbstständig über die verschiedensten Themen Informationen zu beschaffen und sich mit Gleichgesinnten in Foren wie «Boards» und «Chatrooms» über Wissenschaftliches und Nichtwissenschaftliches auszutauschen. In der Folge entstand, gespeist durch Milliarden von Venture-Capital-Dollars, eine ganz neue Ökonomie mit bislang unbekannten Handelsplattformen, wie zum Beispiel Ebay, mit revolutionären, personalisierten Onlinestores wie etwa amazon.com und mit Suchmaschinen wie Yahoo und Google.

Trotz des großen weltweiten Knalls an den Börsen Anfang 2000 und des Zerplatzens der New-Economy-Blase ist die Welt durch das Internet und die daraus resultierenden Geschäftsmodelle eine andere als zuvor: Eine unverändert schnell ansteigende Anzahl Menschen nimmt fortan an den weltweiten Märkten teil, und die Geschwindigkeit des Informations- und Warenaustauschs hat sich multipliziert. Die New Economy lebt also weiter. Sie hat nur eine andere Gestalt angenommen. So nutzen heute alle innovativen Unternehmen und Marken ihre Internet-Technologien, um Wert zu steigern oder die Transaktionskosten zu senken. Wie heißt es so schön: Wir überschätzen innovative Technologien oder Themen kurzfristig, aber unterschätzen ihre Wirkung langfristig.

- Wie führen Sie Ihre Marke jenseits der klassischen Massenmedien und nutzen das Internet?

11. September 2001: Die Rückkehr des Terrors und des Kulturbewusstseins

So tragisch es klingen mag, erst der menschenverachtende Anschlag auf das World Trade Center hat der Wirtschaftswelt wieder bewusst gemacht, dass es mehr gibt als die weltumspannenden Kapitalmärkte, dass unterschiedliche Religionen und Werthaltungen maßgeblich bestimmende Faktoren sind und der westliche Lebensstil nicht das einzige Maß aller Dinge ist. Wer wirklich global agieren möchte, so die Einsicht, muss unterschiedliche Kulturen mit ihren Befindlichkeiten, den ihnen eigenen Kultur-Codes und daraus resultierenden Wünschen, Werten und Sehnsüchten verstehen, akzeptieren und einbringen. Eine globale Marke ohne kulturelle Adaption gibt es nicht. Globales Bewusstsein kann nur auf der Basis von Kenntnis, Verständnis und Akzeptanz des jeweils Anderen entstehen. Das persönliche Vollziehen der inneren Globalisierung ist wesentliche Voraussetzung für das Gelingen der äußeren Globalisierung.

- Ist Ihre Marke kulturell «diverse» und offen?

EU27: Das neue Europa und das Ende nationalstaatlichen Denkens

Ausgehend vom wesentlich ökonomisch motivierten Wunsch, eine große, harte Währung und damit auch einen gemeinsamen Wirtschaftsraum in Europa für knapp 500 Millionen Menschen zu schaffen, feiert die europäische Kultur, meist noch ohne dass sie sich dessen wirklich bewusst ist, die Geburt eines «Europäischen Traums». Der Begriff «Europäischer Traum» stammt – wie könnte es anders sein – von einem amerikanischen Wissenschaftler, dem ehemaligen Regierungsberater und Erfolgsautor Jeremy Rifkin.

Rifkin schreibt Europa als Heimat der sozialen Gesetzgebung und weltweiten Verfechter der Menschenrechte eine führende Rolle in der Globalisierung zu. Er sieht in der Europäischen Union das erste übernationale Netzwerk, in dem es Nationen gelingt, miteinander zu kooperieren und gemeinsam sowohl Wohlstand als auch Lebensqualität zu schaffen und zu mehren.

Insbesondere hinsichtlich neuerer gesellschaftlicher Werte wie ökologische Nachhaltigkeit oder *Work-Life-Balance* sieht er Europa in der Vorreiterrolle für das Entstehen einer vernetzten und nachhaltig agierenden globalen Kultur. Wir erleben durch den Export von europäischen Luxusmarken und Imitation europäischer Lebensart, dass europäische Werte sowohl in den USA als auch in den aufstrebenden Ländern als eine Art Leitkultur im Zeichen des Aufstiegs zelebriert werden.

Europa als Kulturraum mit seinen 500 Millionen Einwohnern kann, allen Unkenrufen zum Trotz, eine gestaltende Macht für ein besseres Leben werden. Dies gelingt nur, wenn wir als Markenführer das Selbstbewusstsein entwickeln, unsere spezifischen Werte und unsere ökonomische Kraft einzusetzen. Die Werte sind Einheit in der Vielfalt, Freiheit, Toleranz, Nachhaltigkeit und ein modernisierter und leistungsbasierter Gerechtigkeitssinn. Nur wenn wir uns auf unsere eigenen Stärken besinnen, diese ausbauen und nicht immer nach den Vereinigten Staaten schauen, wird ein Label «Made in Europe» weltweit zum Kassenschlager.

* Wie «Europa-fit» ist Ihre Marke und wie nutzen Sie europäische Werte in der Markenführung?

Das «Kreative Zeitalter»: Die neue Welle der Wertschöpfung

Durch die zunehmende Automatisierung wesentlicher, ehemals durch Menschen erarbeiteter Wertschöpfungsstufen stellt sich die

16

Frage, wo denn die Quellen unserer Wertschöpfung sein werden, wenn die Globalisierung und die Verlagerung von Produktionsstätten so weitergehen. Mit dieser Frage eng verbunden ist der Aufstieg von China und Indien («Chindia») als weltweite Standorte für die Produktion jeglicher Waren, Software-Entwicklung und intelligenter Dienstleistungen.

In der westlichen Welt entstehen durch den Überfluss und die Überernährung zunehmend neue Bedürfnisse nach Kreativität, Aufmerksamkeit, Selbstverwirklichung, Design, aber auch nach Fürsorge und Lebenskunst. Es sind Lebensknappheiten dieser Art, die eine weitere Stufe in der Wertschöpfungskette schaffen. Um sie zu befriedigen, werden Kunden künftig viel Geld ausgeben. Besonders Menschen, die in Berufen arbeiten, die im weitesten Sinn künstlerisch, kreativ und wissensbasiert sind, haben mit ihrer neuen Selbstständigkeits- und Selbstdarstellungskultur das «Kreative Zeitalter» bereits eingeläutet. Marken können hier als Begleiter und Inspiratoren für Kreativität wirken.

• Macht Ihre Marke im kreativen Zeitalter noch einen relevanten Unterschied?

Web 2.0: Die Machtübernahme durch die Konsumenten

Im Gegensatz zur ersten Welle des Internets, die im Wesentlichen zunächst die Transaktionskosten zwischen Unternehmen und Kunden reduzierte und in deren Folge auch ganze Distributionskanäle ins Web verlagert wurden, ermöglicht das Web 2.0 die Machtübernahme durch die Konsumenten und stellt damit eine Entmachtung der klassischen Massenmedien dar.

Anwendungen des Web 2.0 stellen Plattformen wie zum Beispiel flickr.com oder youtube.com dar, die es den Anwendern erlauben, ihre kreativen Leistungen wie beispielsweise Fotografien und Videofilme mit einigen wenigen Mausklicks in der ganzen Welt zu veröffentlichen. Internetnutzer können auf Seiten wie linked-in.com oder xing.de aber auch ihre eigene Identität gemeinsam mit ihrem sozialen Netzwerk einstellen oder ihre eigenen Inhalte produzieren. Mit Hilfe von viralen Effekten wie Weiterempfehlung, Reputation durch Sternebewertung und *Talk Value* durch charmante Geschichten schafft die so genannte User-Community ihre eigenen Märkte und beginnt das Spiel von Angebot und Nachfrage immer wesentlicher zu beeinflussen.

Dieses aktive Kommunikationsverhalten der Konsumenten hat mittlerweile rund 80 Millionen Internetblogs entstehen lassen. Die neue Medienkultur ändert natürlich auch die Art der Meinungsbildung. Meinungsmacher sind nicht mehr nur gängige Medien und Fachexperten, sondern zunehmend auch selbst ernannte Hobby-Journalisten, die es zuweilen zu einer sehr hohen Community-Reputation bringen. Fernsehen wird für viele, insbesondere gebildete, aber auch jüngere Schichten zu langweilig. Viel spannender und befriedigender ist es, eigene Inhalte zu produzieren und ins Netz zu stellen oder auch über weltweit vernetzte Onlinespiele wie «World of Warcraft» in Parallelwelten einzutreten.

So werden Buchhalter in ihrer zweiten Welt zu Zauberern, die böse Geister austreiben, oder bauen sich in der pseudorealen virtuellen Welt von «Second Life» zusammen mit drei Millionen anderen Benutzern eine neue parallele Existenz auf. Dort versuchen sie, ein besseres Leben zu führen und dem echten Alltag neue Erfahrungen wie spontanen Sex im virtuellen Café hinzuzufügen. Nun ist es mit dem virtuellen Sex wie mit dem virtuellen Steak – also nicht wirklich befriedigend. Dass aber die Ausweitung der Fantasie aus dem eigenen Kopf in die technische Virtualität Konsequenzen in der persönlichen Wahrnehmung hat, steht außer Frage. Marken werden sich hinbewegen zu interaktiven Erfahrungsräumen oder Serviceplattformen für «Life-Design». Sie sind Dialogforen für innovative Zukünfte.

- Wie nutzen Sie die sozialen Medien des Web 2.0 für Ihre Marke?

18

Das Ende des klassischen Marketings: Es wird als solches durchschaut

Nach über 40 Jahren Erfahrung im Umgang mit Wohlstand und damit auch mit den herkömmlichen Marketingmethoden und -formaten, mit echten und falschen Werbeversprechen lassen sich Konsumenten immer weniger etwas vormachen. Sie informieren sich über Produkte in Meinungsforen und Warentests und wissen immer genauer, was sie wirklich wollen.

Vorbei ist es mit der Passivität. Kunden erwarten von einem Unternehmen heutzutage – und künftig immer stärker – authentische Kommunikation und Produkte sowie Dienstleistungen, die die versprochene Qualität tatsächlich aufweisen. Letztendlich müssen Angebote im Austausch mit dem Konsumenten selbst, als individuelle Maßanfertigung, zu ihrem «eigenen» Produkt werden. Marken, die manipulativem Marketing oder manipulativer PR unterliegen, geraten immer stärker unter Druck.

- Wie machen Sie Marketing, wenn herkömmliche Techniken durchschaut werden?

«Me-too» funktioniert nicht mehr

In überfüllten, überreifen und somit übersättigten Märkten wird es immer schwieriger, für Kunden wirklich neue, das heißt spürbar neue Innovationen zu lancieren. Deswegen versuchen viele Unternehmen und Marken entweder einem Trend zu folgen (Follower-Strategie) oder auf den Zug des Innovationsführers aufzuspringen und ihn zu kopieren (Me-too-Strategie). Aber fast 75 Prozent der Markteinführungen scheitern langfristig. Oder Unternehmen scheitern, weil sie Innovationen oder Produktsegmente im Markt etablieren wollen, die entweder nicht relevant genug oder irrelevant sind.

In diesem Umfeld wird die Kunst der wirklichen Produkt- und Markeninnovation zu einem wesentlichen Baustein der zukünftigen Markenführung, um für die (über)kritischen Kunden der heutigen Zeit einen wirklich wertigen Unterschied zu schaffen. Die Schlüsselherausforderung für eine Marke ist es, systematisch und kontinuierlich neue Nummer-eins-Positionen zu entdecken und für sich zu besetzen. Sie muss ein echtes Marken-Innovationsportfolio entwickeln, um nicht beliebig jedem Trend hinterherzulaufen oder den Wettbewerb zu kopieren.

- Wie finden Sie systematisch einzigartige Nummer-eins-Positionen, statt nur hinterherzulaufen?

Neue Lösungswege, die gleichzeitig Komplexität reduzieren

Diese acht vorgenannten Meilensteine des gesellschaftlichen Wandels und die sich daraus ergebenden Herausforderungen machen klar, dass eine Fortsetzung der bisherigen Vorgehensweise in der Markenführung nicht mehr den gewünschten Erfolg bringen kann und Sie nicht in die Nummer-eins-Position bringt. Denn die alten Methoden der Manipulation, der Massenmedienwerbung, der monologischen Kommunikation, der reinen, subtanzlosen Kreativität, der Imitation der Wettbewerber, der Segmentierungen nach Soziodemografie zielen über kurz oder lang an den wesentlichen Bedürfnissen der Konsumenten und ihrer Mediennutzung vorbei. Wie kann die Antwort lauten?

1. Variante: Übervereinfachung und Regression

Wie vermeidet man in solchen Situationen des Übergangs, der Komplexität und der Unübersichtlichkeit einen Rückzug auf bislang Bewährtes? Man wünscht sich regressiv *back to the roots,* zurück zu den Wurzeln, und verschanzt sich hinter den alten Faustregeln wie zum Beispiel: «Eine Marke ist eine Marke, weil man sie erkennt», oder sucht Halt in Übervereinfachungen wie *keep it strictly simple and stupid.* Statt die Waffen zu strecken und gar das Ende des Marketings überhaupt oder ein postmodernes «Alles geht» auszurufen, die Preise zu senken und damit jede Hoffnung auf qualifizierte Markenführung fallen zu lassen, ist es sicher empfehlenswerter, sich dem Wan-

20

del zu stellen und neue Lösungswege zu beschreiten. «Man soll die Dinge so einfach wie möglich machen, aber nicht einfacher», hat Albert Einstein treffend gesagt.

2. Variante: Kompliziertheit und Normierung

Wo sind solch neue Lösungswege und Ansätze zu finden? Man versucht, auf die neue und zunehmende Komplexität in typisch deutscher Manier mit einem Buch zu reagieren, das anhand einer Vielzahl von Paragraphen einzelne Aspekte erfolgreicher Markenführung benennt, ohne konkrete, ganzheitliche und schnelle Lösungswege aufzuzeigen. Man würde auf Komplexität mit Kompliziertheit und Normierung reagieren. Entscheidender Nachteil für die Praxis ist die Tatsache, dass die Normierung den fortwährenden Veränderungsprozess der Rahmenbedingungen überhaupt nicht berücksichtigen kann. Daher gehe ich anders vor.

3. Variante: Die «simplexe» Theorie von BrandFuture

BrandFuture zäumt das Pferd quasi von hinten auf und wählt einen komplexitätswissenschaftlich bewährten Ansatz, um die Komplexität zu reduzieren. Dieser Ansatz erkennt die Komplexität der Markenführung an. Aber er reduziert die Positionierungsoptionen nicht auf vier Dimensionen Preis, Premium, Service und Emotion, wie ich es heute immer noch manchmal erlebe. Gleichzeitig ist er einfach genug anwendbar. Es verschafft eine gefühlte Einfachheit in der Anwendung auf höherer Ordnungsebene und ist daher, neudeutsch, «simplex».

Statt sich bereits am Anfang in unzähligen Einzelheiten zu verlieren, lassen sich unter Rückgriff auf die Evolutionstheorie Gesetzmäßigkeiten für die Markenentwicklung definieren. Indem wir uns dadurch methodisch auf eine höhere Ebene begeben, reduziert sich die Komplexität, ohne aber unzulässig zu vereinfachen. Auf diese Weise können wir uns zunächst über die wesentlichen Erfolgsfaktoren – die sieben Gebote – für ein nachhaltiges Überleben und Gedeihen einer Marke bewusst werden.

Kapitel 2

Sieben Gebote als grundlegende und zeitlose Gesetze für die Markenführung

Die Relevanz der modernen Evolutionstheorie für das Führen von Marken ergibt sich aus der memetischen Definition von Marke, die diese als lebendes System versteht. Ähnlich den Genen wollen sich die Informationsträger einer Marke, die Meme, replizieren. Für die entscheidende Frage, welche Meme beziehungsweise Marken sich im hoch kompetitiven Umfeld langfristig behaupten werden, sind die gleichen Erfolgsfaktoren ausschlaggebend wie im Universalprinzip der Evolution: Fitness und Sexiness. Diesem Prinzip sind alle lebenden Existenzformen von der Bakterie bis zur Marke untergeordnet. Grundlegend für die Bedeutung dieser Prinzipien in der Markenführung ist die evolutionäre Markendefinition.

Für den Begriff «Marke» sind unterschiedlichste Definitionen im Umlauf. Unter der Internetadresse markenlexikon.de finden sich zurzeit denn auch rund fünfzig Ansätze zum Thema Marke und Markenführung. Dies erklärt sich teilweise damit, dass Markenführung eine sehr junge und daher noch «unreife» Kommunikationswissenschaft ist, die deshalb noch unter einer babylonischen Sprach- und Begriffsverwirrung leidet, und es im Übrigen in den Kultur- und Geisteswissenschaften per se viele Wahrheiten gibt.

Die einen verstehen unter Marke nur das Logo, das Corporate Design und die Werbung. Die anderen sehen Marke als Verdichtung von rationalem und emotionalem Nutzen, der in kreativen Kampagnen ausgedrückt wird. Andere setzen Marke mit Bekanntheit gleich. Doch was helfen 90 Prozent Bekanntheit, wenn Menschen die Marke nicht haben wollen? Dann ist sie bestenfalls eine «OutBrand».

Historisch betrachtet entstand die Marke, um in erster Linie als Vertrauens- und Qualitätsgarant die Distanz zwischen Hersteller und Endkonsument zu überbrücken. Der Marketing-Guru Philip Kotler meint, eine Marke sei etwas Gekennzeichnetes, «ein Name, Begriff, Zeichen, Symbol, eine Gestaltungsform oder eine Kombination aus diesen Bestandteilen zum Zwecke der Kennzeichnung der Produkte oder Dienstleistungen eines Anbieters oder einer Anbietergruppe und zu ihrer Differenzierung gegenüber Konkurrenzangeboten».

Dies ist aber eine nur auf die kommunikative Oberfläche reduzierte Definition, die der Leistung und Substanz einer Marke nicht gerecht wird. In den 1990er-Jahren kam die Theorie der «fraktalen Marken» auf: Danach sind Marken Einheiten, die sich selbstähnlich verschiedensten Nischen anpassen, ohne ihre übergreifende Identität zu verlieren. Das ist meines Erachtens eine gute Definition, die aber auf Grund ihrer Herkunft aus der System- und Chaostheorie keine Anhänger gefunden hat. Vor kurzem hat sich der Begriff «Lovemarks» etabliert, der Marken bezeichnet, zu denen eine tiefe emotionale Bindung der Kunden existiert und die von jenen geliebt werden. Das ist zwar wieder ein Versuch der Vereinfachung, der aber zumindest eine Fangemeinde inbesondere in der Werbeindustrie gefunden hat.

Dauerhaft bewährt hat sich die leistungsbasierte Betrachtung von Hans Domizlaff. Domizlaff formulierte bereits 1939 die «22 Gesetze der natürlichen Markenbildung», die unter anderem eine Marke als verdichteten Ausdruck einer spezifischen Spitzenleistung definieren. Diese Sicht rückt in den Vordergrund, dass Marken vor allem durch Einlösung von Leistungsversprechen und nicht nur durch Kommunikation von Botschaften mittels Werbung entstehen. Je besonderer und einzigartiger eine Leistung ist, desto größer ist die Chance, eine erfolgreiche Marke zu entwickeln. Ausgedrückt wird diese besondere Leistung unter anderem durch stilistische Elemente wie zum Beispiel Farbe, Form, Symbole oder die «One Word Equity», das Wort, das für die Marke steht und mit ihr assoziiert wird. So wird die Marke zu einer charaktervollen, einzigartigen Gestalt mit klarem Markenleistungsvorteil. Es bleibt keine kommunikative Hülle oder nur ein «Zeichen» der Unterscheidung.

Diese These wird von der aktuellen Trusted-Brands-Studie 2007 von Readers Digest gestützt, in der 27 000 Europäer nach ihren vertrauenswürdigsten Marken gefragt wurden. Die zwei entscheidenden Kriterien für vertrauenswürdige Marken sind zum Ersten die Produktqualität (73 Prozent), also die Kernleistung der Marke, und zum Zweiten die persönliche Erfahrung (72 Prozent) mit der Marke. Eine Marke wird also nicht nur, aber nur zum geringen Teil durch die Werbung gemacht!

Eine starke Marke hat also immer beides und ist nicht einfach ein Oberflächenzeichen. Eine einzigartige, erfahrbare Markengestalt mit wertvoller Substanz, die hält, was sie verspricht, ist anziehend, attraktiv, begehrenswert und leistet somit das, was man auch heute von Marken erwartet: Ein Kunde zahlt ein Preispremium, kauft häufiger Produkte derselben Marke, hat eine höhere Bindung an sie, identifiziert sich und empfiehlt die Marke in seiner Gruppe weiter. Das sind echte Markenwerttreiber, die man einfach messen kann, um den Markenwert seiner Marke zu kennen.

Negativ formuliert: Kommunikative Marken ohne echtes differenziertes Leistungsversprechen enttäuschen und führen zur Illoyalität, geringem Preispremium, keiner Weiterempfehlung und somit zu zunehmendem Rabattierungszwang als letztem Differenziator – frei nach dem Motto: Ich kann das Gleiche wie die anderen, ich bin aber billiger.

Das ist der Anfang vom Ende der Markenführung. Auch leistungsstarke Marken, die diese aber nicht attraktiv ausdrücken können, ereilt das Schicksal der Austauschbarkeit. Die Kunst liegt in der Verknüpfung von herausragender Leistung und dichtem Ausdruck dessen, um am Markt einen Eindruck zu hinterlassen.

Wenn auch keine Definition Anspruch auf vollständige Wahrheit hat, kann man es in pragmatischer Weise aber sicher wie folgt auf den Punkt bringen: Erfolgreich ist der Ansatz, der sich auch künftig bewähren wird.

Erfolg versprechend ist die leistungsbasierte Betrachtung von

Hans Domizlaff in Kombination mit evolutionären Gesichtspunkten, insbesondere der Theorie der Memetik. Dieses evolutionäre Markenverständnis ermöglicht es, die zukünftigen Gestaltungsräume in der Markenführung zu erweitern und diese besser und wirkungsvoller zu nutzen und zu steuern.

Evolutionäre Markendefinition: Marke als Mem-Pool

Die evolutionäre Markendefinition leitet sich aus der Theorie der kulturellen Evolution, der Memetik, ab. Unter Memetik versteht man die Lehre von der Beschaffenheit und Wirkungsweise so genannter als Träger kultureller Bedeutungseinheiten und kultureller Entwicklung. Das sind zum Beispiel Lieder, Bücher, typische Verhaltensweisen, Symbole, Bedeutungen, Witze und so weiter. Der Begriff der Memetik wurde von der britischen Psychologin Susan Blackmore programmatisch in ihrem Buch «Die Macht der Meme oder die Evolution von Kultur und Geist» im Anschluss an die Thesen Richard Dawkins geprägt.

In Analogie zur biologischen Evolution sind Meme also die kulturellen Entsprechungen von Genen. Als Informationsträger wollen sich Meme replizieren und werden über den Weg der Nachahmung weitergegeben. Damit eignet sich die Memetik ausgezeichnet als theoretische Grundlage für ein erweitertes Markenverständnis. Marken wollen sich auch durch Werbung, Kauf, Weiterempfehlung oder Nutzung replizieren und damit zum Beispiel als «Species» Nivea oder Tempo in alle Nischen wachsen. Je attraktiver die Marken-Meme, desto stärker die Ausbreitung. Verlieren Meme aufgrund von Überfluss oder Irrelevanz an Attraktivität, werden sie nicht mehr gekauft, weiterempfohlen oder sogar verschwiegen. Als Folge werden sie nicht mehr selektiert beziehungsweise imitiert und sterben aus.

Knapp und präzise formuliert entspricht eine Marke der Summe der Meme, die sie durch Leistungen und Kommunikation in den Köpfen der Kunden zu Vorurteilen und einem wertigen Bild von Markencodes verdichtet haben. Eine Marke kann also auch als Mem-Pool begriffen werden. Meme bestehen unter anderem aus Werten, Leistungen (Produkte, Services, Erfahrungen), Geschichten, stilistischen Elementen wie Farbe und Form, aus Persönlichkeiten, Symbolen, Ritualen sowie aus kulturellen Codes wie zum Beispiel Heldengeschichten, Initiationsriten, Paarungsritualen, aber auch aus Gefühlen wie etwa Liebe.

So besteht beispielsweise der augenscheinliche Mem-Pool von Nivea, einer der europäischen *Most Trusted Brands* (der sehr schön auf der Website zu entdecken ist), unter anderem aus dem Begriffswert «Pflege» («One Word Equity»), aus dem Namen Nivea, (Nivis= lat. für «Schnee») aus Urvertrauen, aus der Farbe Blau, aus der Dose, aus dem Schriftzug, aus der hohen Qualität zum vernünftigen Preis und Ehrlichkeit.

Diese Nivea-Meme haben sich schrittweise in die folgenden Märkte individualisiert und ausgebreitet: pflegende und dekorative Gesichtspflege, Haarpflege, Rasur, Baden/Duschen, Körperpflege, Babypflege und Sonnenschutz; dabei wurden verschiedene Alters- und Geschlechtergruppen erobert. Die Produkte sind oft neu, aber der Kern des Mem-Pools ist gleich geblieben und wurde immer wieder stilistisch zeitgemäß unter anderem in 17 Nivea-«Flagship-Shops» in Deutschland erneuert. Dies zeigt auch, wie sich fast 100-jährige Marken immer wieder in der Balance von Stabilitäts- und Trendadaption erneuern und einen robusten überlebensfähigen Mem-Pool mit verschiedenen Produktpopulationen schaffen.

Das Verständnis von Marke als Mem-Pool erweist sich als äußerst fruchtbarer Ansatz, weil es in umfassender Weise sowohl Werte und Leistungen als auch kulturelle Muster, Geschichten und unbewusste Codes (vgl. Kapitel 5, S. 139 ff.) umfasst. Oft beinhalten unbewusste Codes das Wesen einer Marke, weil sie für den Kunden in einer besonders eingängigen Weise wahrgenommen werden. Im Gegensatz zu eingeschränkteren Kategorien wie «emotionaler und rationaler Nutzen», «Reason Why» oder unfundierte «Images» ermöglicht dieser Ansatz eine offenere und produktivere Herangehensweise im Markenmanagement. Eine Marke ist ein ganzheitliches, offenes adaptives System, das auch als solches behandelt werden sollte, wenn man das Beste aus ihr herausholen will.

Worin zeichnet sich nun eine erfolgreiche Marke, als Mem-Pool verstanden, aus? Wie es für eine Spezies gemäß der erweiterten Evolutionstheorie immer darum geht, ihre Gene möglichst zahlreich weiterzugeben, um so das Überleben und Wachsen zu sichern, so muss auch eine Marke ihre Meme möglichst zahlreich weiterverbreiten. Als Mem-Pool ist eine Marke also dann umso erfolgreicher, je replikationsfähiger ihre Meme sind. Wenn ihr dies gelingt, wird sie häufig gekauft, verwendet, weiterempfohlen und wiederholt gekauft. Sie ist begehrlich, attraktiv und wird dauerhaft von Kunden selektiert und wird so eine StarBrand, die den Unternehmenswert steigert.

Marken-Meme bestehen aus der Markenkernleistung, Produkten, Dienstleistungen, Erfahrungen, Claims, unbewussten Markenbotschaften, Verhaltenscodes, Symbolen, Geschichten oder Ritualen, das heißt, je mehr Adidas-Schuhe, H+M-Kleider und Klingeltöne von Shakira verbreitet werden, umso erfolgreicher repliziert sich der Mem-Pool dieser Marken. Der Mem-Pool FIFA-Fussball-WM ist zum Beispiel einer der attraktivsten unserer Zeit und wird eher verteilt als verkauft. Wie attraktiv ist der Mem-Pool? Verkaufen Sie noch oder verteilen Sie schon?

Die Replikationsfähigkeit von Memen wiederum hängt – ähnlich wie in der biologischen Evolution – davon ab, wie stark sie die evolutionären Erfolgsbedingungen erfüllen.

Eine fitte Marke ist ein attraktiver «Mem-Pool».

Die grundlegenden evolutionären Erfolgsbedingungen

Auf der Suche nach Gesetzmäßigkeiten beziehungsweise Universalprinzipien für erfolgreiches Handeln kommt man schnell immer wieder an einen Punkt: die moderne, erweiterte Evolutionstheorie, die auch heute noch auf den zwei wesentlichen Ideen basiert, die deren Urvater Charles Darwin im 19. Jahrhundert in seinen zwei bahnbrechenden Büchern formuliert hat: «The Origin of Species by Means of Natural Selection or the Preservation of Favoured Races in the Struggle for Life» und «The Descent of Man and Selection in Relation to Sex».

Darwins Forschung ist im Übrigen ein ausgezeichnetes Beispiel dafür, wie man zu wesentlichen Erkenntnissen kommt, indem man Komplexitäten methodisch fundiert reduziert und daraus wiederum erfolgreiches Handeln ableiten kann. Wäre Darwin damals auf der Ebene der einzelnen Tiere oder Tierarten geblieben, statt den Sprung auf die höhere Ebene der Gesetzmäßigkeiten vorzunehmen, wäre er nie mit dieser Theorie in die Weltgeschichte eingegangen.

Damit sind wir schon Mitten im Thema: Darwin war offenbar «fit», um der Welt als Erster die zwei grundlegenden evolutionstheoretischen Erkenntnisse darzulegen. Seine Theorie weist zwei elementare Erfolgsfaktoren für nachhaltiges Überleben auf:

Erste Erfolgsbedingung: Fitness

Charles Darwin fasste die erste Erfolgsbedingung 1859 unter dem Motto «survival of the fittest» zusammen. Gemeinhin wird dies als das Überleben des Stärksten übersetzt. Dieses Verständnis greift jedoch zu kurz und wäre auch wissenschaftlich kaum haltbar. Mit «fit», abgeleitet von «to fit», das heißt ein- oder anpassen, meinte Darwin, dass diejenige Spezies überlebt, die sich an veränderte Rahmenbedingungen besser anpasst als andere. In der Natur geschieht dies sehr stark durch die so genannte blinde, zufällige Situation. Die erfolgreichen Spezies haben sich also über Jahrtausende nach dem «Trial and Error»-Prinzip entwickelt.

Im Gegensatz zur Natur sind wir als Menschen in der Lage, Veränderungen und Anpassungen bewusst vorzunehmen. Das bedeutet: Wenn wir «fit» sind, können wir unsere Fähigkeiten, aber natürlich auch unsere Produkte und unsere Marke dahingehend anpassen, dass sie sich optimal in die veränderten Rahmenbedingungen einpassen und diese für deren Zukunftsfitness nutzen.

Als erstes Erfolgsprinzip für evolutionäre Markenführung lässt sich also formulieren: Markenführer müssen zum einen die wesentlichen Rahmenbedingungen und Veränderungsprozesse genau kennen und sich fragen, ob sie für diese Rahmenbedingung noch die richtigen, das heißt wertvollen Leistungen, Produkte, Services und Erlebnisse anbieten.

Und zum anderen müssen Sie sich als Markenführer fragen, ob Sie diese den richtigen Kundensegmenten anbieten. Erst wenn Sie wissen, was die Menschen heute und morgen wirklich bewegt, was Ihre Kunden wirklich wollen, welche Kundengruppen entstehen, an die Sie heute vielleicht noch nicht denken, die für Ihre Produkte in Frage kommen, erst dann können Sie von sich behaupten, dass Sie beziehungsweise Ihr Unternehmen, Ihre Produkte oder Ihre Marken fit sind.

Zweite Erfolgsbedingung: Sexiness

Zwölf Jahre nach seiner Erkenntnis des *survival of the fittest* fand Charles Darwin heraus, dass der wesentliche Faktor für das nachhaltige Wachstum einer Spezies die Fähigkeit ist, ihre Gene durch sexuelle Übertragung möglichst vielfältig weiterzugeben mit dem Ziel, die eigene Spezies mit ihren Eigenschaften am stärksten wachsen zu lassen. Das heißt, diejenige Spezies überlebt und gedeiht, der es gelingt, ihre Fähigkeiten, ihre Fitness am attraktivsten durch äußere Signale, Verhaltensweisen, Balzverhalten und sonstige Arten von Pfauenschwanz-Phänomenen darzustellen. Nur dieses Attraktivitätsverhalten führt zu möglichst vielen Kontakten, in denen die Gene übertragen werden können.

Dies lässt sich natürlich auch auf das menschliche Paarungsverhalten und insbesondere auch auf den Kauf von attraktiven Konsumgüterprodukten und Marken anwenden. Anstelle der Pfauenmännchen und -weibchen stehen sich in dieser Welt Millionen von Angeboten gegenüber, von denen jedes behauptet, das attraktivste und verführerischste zu sein. Letztendlich werden nur die Marken dauerhafte Erfolge erzielen, denen es gelingt, eine attraktive, differenzierende Erfahrung zu vermitteln und für möglichst viele Kunden dauerhaft begehrenswert zu sein. Es ist also der sensorische Appeal, der verführerische Auftritt, der die Fitness ausdrückt und das Begehren weckt.

Zusammengefasst heißt das: Derjenige wird am erfolgreichsten sein und nachhaltig überleben, der sowohl fit als auch sexy ist.

Was heißt das auf Marken übertragen? Eine Marke ist dann fit, wenn sie evolutionär offen ist, auf Trends reagieren kann – diese überhaupt erst einmal zur Kenntnis nimmt – und im ko-kreativen Austausch mit ihren Kunden, insbesondere mit ihren Fans, eine überragende spezifische Leistung erbringt, dafür ihre authentischen Talente nutzt und sich dabei ethisch korrekt verhält.

Sexy ist eine Marke dann, wenn es ihr gelingt, ihre Fitness auf attraktive Weise darzustellen, in eine starke sinnliche Erfahrung zu übersetzen und somit eine sichtbare Nummer-eins-Position in der Wahrnehmung der Kunden einzunehmen. Im heutigen Umfeld muss es ihr zudem gelingen, all dies an sämtlichen Kundenkontaktpunkten erfahrbar zu machen und Konsumenten zur eigenen Weiterentwicklung zu inspirieren. Dafür soll sie sich auf besondere «Wow»-Faktoren konzentrieren, die wichtige kaufentscheidende und differenzierende Kriterien darstellen und gleichzeitig für Kunden oft neu und positiv überraschend wirken.

Fazit: Eine Zukunftsmarke ist «fit» und «sexy».

Die sieben Gebote der evolutionären Markenführung

Die Bedingungen, um «fit» und «sexy» zu sein, werden im Folgenden in Form von sieben Grundgesetzen skizziert. Im Englischen nennt man diese evolutionären Grundgesetze Power-Laws. Ich habe sie als deutsche Entsprechung Gebote genannt. Sie stellen die wesentlichen Erfolgsfaktoren dar, die eine zukunftsfitte Marke – eine Zukunftsmarke – beziehungsweise deren Mem-Pool erfüllen muss, damit sie im kontinuierlichen Wettbewerb um den *survival of the fittest* zu den nachhaltigen Gewinnern gehört.

1. Gebot: Du sollst spezifisch sein – nur Nullen haben keine Kanten

Spezifik beschreibt das für eine Spezies oder Marke Besondere, Passende und Typische. Unspezifisches hingegen charakterisiert Allgemeingut oder auch von anderen Teilnehmern geteilte Eigenschaften und Merkmale. Für Marken, die sich unterscheiden müssen, ist das Allgemeine, Austauschbare oder das Fremde der Feind.

30

Entscheidend für einen dauerhaften Erfolg einer Marke ist es, dass sich ein Stamm, ein Kern an Kontinuität herausbildet und durch spezifische, stabile Zeichen und Leistungen immer wieder bestätigt wird. Ansonsten zerfällt die Marke in Beliebigkeit, in zu große Variabilität und wird unspezifisch. Was ist das Besondere an jemandem, der es allen recht machen will, oder jemandem, der allen hinterherläuft?

Je älter eine Marke ist, umso stärker ist ihr Mem-Pool bereits ausgebildet und hat sich in den Köpfen von Kennern und Markennutzern etabliert. Dies bedeutet, je stärker eine Marke ist, desto fester verankert sind auch die Vorurteile und desto klarer sind die Grenzen, innerhalb denen sich der Mem-Pool erweitern kann. Die einzelnen Meme müssen zur Markenpersönlichkeit passen, sonst wirken sie unglaubwürdig oder fremd. Jede Neuerung, die diesen Vorurteilen entspricht, ist selbstähnlich und wird von ihrer Marke gestützt und erneuert diese. Wenn Sie aber eine neue Idee auf den Markt bringen, die nicht den alten Vorurteilen entspricht, die eben «fremdähnlich» ist, dann sorgen Sie erst einmal für Verwirrung. Traditionsmarken, die sich plötzlich, weil sie jünger werden wollen, «young and cool» geben, wirken unglaubwürdig und schaden sich selbst. Diese Fremdheit führt zu mangelnder bis keiner Unterstützung der Neuigkeit durch das vorhandene Markensystem. Alles was «fremdähnlich» ist, wird wahrscheinlich ein Flop oder muss stark unter Wert vermarktet werden. Das Modell «Phaeton» von Volkswagen lässt grüssen. Ein Volkswagen ist ein Volkswagen und eben kein Luxuswagen. Das Mem «Luxus» passt nicht zur lang etablierten Marke Volkswagen. Daher konnte die Lancierung von «Phaeton» nur alles andere als wünschenswert verlaufen.

Fazit: Achten Sie strikt auf Selbstähnlichkeit und Grenzziehung bei jeglichen Veränderungen an einer bestehenden Marke. So genannte «Line Extensions» funktionieren nur innerhalb der Grenzen des Markenkerns. Für jede Innovation außerhalb dieser Markengrenzen empfiehlt sich, eine neue Marke mit oder ohne Unterstützung der alten zu entwickeln. Dies ist zwar in der Konzeptions-

und Einführungsphase erheblich aufwändiger und komplexer, bezogen auf den langfristigen Umsetzungserfolg in vielen Fällen aber wesentlich effizienter und sinnvoller.

Die Herausforderung bei Neueinführungen besteht darin, einen guten Mittelweg zwischen Bewahrung und Innovation zu finden. Welche Werte beziehungsweise Meme Ihrer Marke bleiben gleich und können bestenfalls modern interpretiert und inszeniert werden? Wo liegen ihre Grenzen? Wo gibt es Anknüpfungspunkte für Neuerungen, neue Produktlinien und Markenkonzepte, die im Trend liegen UND zu Ihren Markenkernwerten passen? Sind Sie selbst- oder fremdähnlich?

2. Gebot: Du sollst relevant sein– ohne Relevanz, keine Existenz

Relevant zu sein heißt, konkreten Nutzen zu bringen und dadurch eine möglichst hohe Wichtigkeit zu erlangen. Es ist hilfreich, drei Ebenen der Relevanz einer Marke zu unterscheiden (siehe Grafik gegenüber):

- die Ebene des individuellen Nutzens für den Kunden,
- die Ebene der generellen Lebensknappheit aus dem psychosozialen Kontext des Kunden und
- die tiefer liegende Schicht auf der kulturellen Ebene, auf der potenzielle Kunden sozialisiert wurden.

Basis: relevanter funktionaler Nutzen
Ist Ihre Leistung, Ihr Angebot wichtig für den Kunden? Erhöht Sie den Mehrwert auf der Kundenseite oder reduziert sie die Anwendungskosten in der konkreten Problemlösung? Antworten darauf werden meist in Fokus-Gruppen in Form von Telefoninterviews mit offenen und/oder geschlossenen Fragen gesucht. Der Kunde benennt seine Erwartungshaltung, seine Zufriedenheit und Ähnliches. Die Problematik liegt hier darin, dass der Kunde nicht bestehende Produkte testet und daher in die Zukunft gerichtete Beurteilungen abgeben soll. Dabei weiß er nicht wirklich, was er in Zukunft will –

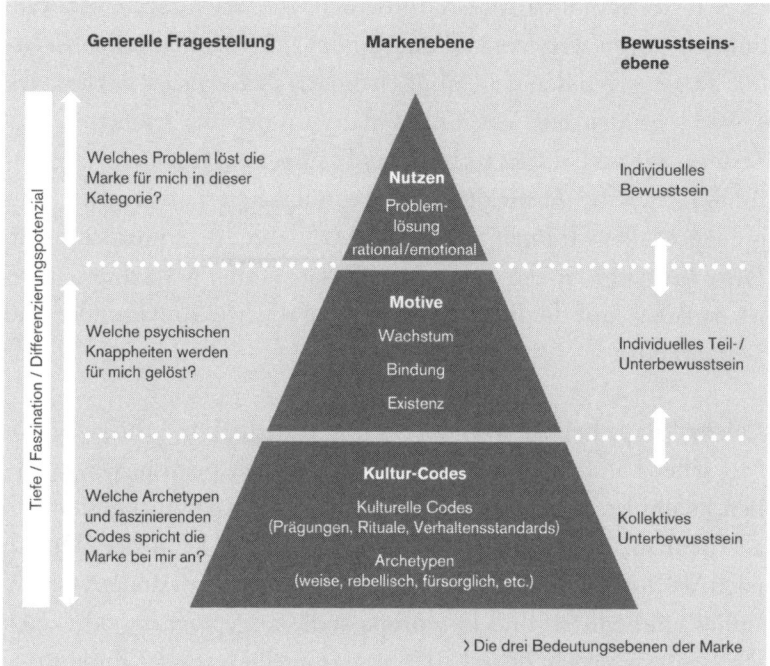

Generelle Fragestellung	Markenebene	Bewusstseins-ebene

Tiefe / Faszination / Differenzierungspotenzial

Welches Problem löst die Marke für mich in dieser Kategorie?

Nutzen
Problem-lösung
rational/emotional

Individuelles Bewusstsein

Welche psychischen Knappheiten werden für mich gelöst?

Motive
Wachstum
Bindung
Existenz

Individuelles Teil-/ Unterbewusstsein

Welche Archetypen und faszinierenden Codes spricht die Marke bei mir an?

Kultur-Codes
Kulturelle Codes
(Prägungen, Rituale, Verhaltensstandards)
Archetypen
(weise, rebellisch, fürsorglich, etc.)

Kollektives Unterbewusstsein

> Die drei Bedeutungsebenen der Marke

entweder hat er keine konkrete oder nur eine unscharfe Vorstellung davon, oder er kennt seine echten Bedürfnisse nicht beziehungsweise möchte sie nicht zugeben. Ein echter Zukunftsfitness-Hinweis wird so eine Befragung daher nicht ergeben. Bestenfalls liefert sie eine Bestätigung des oberflächlichen Status.

Die meisten bahnbrechenden neuen Ideen der jüngeren Vergangenheit, wie zum Beispiel die Neuauflage des Minis von BMW in den USA, schnitten bei Marktforschungen schlecht ab, weil die Befragten sich nicht vorstellen konnten, welchen konkreten Nutzen sie davon haben würden, und entsprechend gegen das neue Produkt votierten. Die Befragten wollten damals eben alle die großen schweren *Sport Utility Vehicles* (SUVs). Wer sich also nur auf Kundenbefragungen verlässt, vergibt vielleicht bereits heute die Chance auf einen morgigen innovativen Erfolg. So hat zum Beispiel Chrysler in den USA zu lange dem Kundenwunsch nach großen (benzinfressenden) Status-Autos Rechnung getragen und die Ökologie-Sparte kampflos an die japanischen Hersteller abgegeben.

Selbstverständlich ist es erforderlich, die Wichtigkeit von Produktleistungen, Services und die Kundenzufriedenheit testen zu lassen. Das Ergebnis kann allerdings lediglich als Gegenwarts-Feedback gewertet werden, auf dessen Basis man zum Beispiel den Service verbessern, ein zusätzliches technisches Feature zur Problemlösung einführen oder die Abwicklungsgeschwindigkeit erhöhen kann. Zur großen Marke wird man mit dieser Maßnahme allein jedoch nicht. Für Hinweise auf die zukünftige Fitness Ihrer Marke und ihres Mem-Pools sind die folgenden zwei Ansätze viel umfassender und zielführender.

Lebensknappheiten: psychologische und soziale Motivatoren
Menschen handeln immer nach dem Knappheitsprinzip. Was im Leben knapp ist, ist relevant und wird begehrt. Knappheiten können aus dem sozialen Umfeld heraus entstehen. Es kann der Wunsch nach Wohlstand sein, wie er zurzeit in den Aufsteigerländern China, Indien und Mittel- und Osteuropa stark ausgeprägt ist, oder auch das Bedürfnis nach Sicherheit, Status, Geselligkeit oder Entlastung. Auf der individuellen Seite können es Wachstumswünsche sein wie Freiheit, Selbstverwirklichung, Kreativität oder Anerkennung als Trendsetter in einer Gemeinschaft.

Die gefühlten Lebensknappheiten sind die Basis für die so genannte «Appetenz» und somit Relevanz für Ihr Angebot. Eine Marke ist nur dann «fit», wenn sie die Lebensknappheiten als grundlegende Motivatoren von Konsumenten bedient. Dort, wo Überfluss und Überbedienung vorherrschen, wird der Kunde sie missachten und «diskontieren». Wer strebt heute den Kauf des vierten DVD-Players oder das Erlebnis der wiederholt schlechten Beratung in einem Warenhaus an? Die Menschen erwarten zunehmend wieder persönliche Aufmerksamkeit, Entlastung und Lebensqualität in einer Zeit des materiellen Überflusses. Eine ausführlichere Behandlung zum Thema Lebensknappheiten anhand von Beispielen und mit Anregungen für Fitness-Möglichkeiten für Ihre Marke finden Sie im Kapitel 4.

Kulturelle Codes: Prägungen und Werte einer Kultur

Was kulturelle Codes auf eine positive Weise anspricht, ist relevant. Codes sind gemeinhin Vereinbarungen über einen Set an Symbolen, Verhalten und Zeichen. Codes sind immer spezifisch und müssen entschlüsselt werden. Wer die Fähigkeit besitzt, Codes zu entschlüsseln, gehört zur Community. Wer nicht über diese verfügt, steht im Abseits. Codes können Landes- oder Softwaresprachen sein oder aber auch Verhaltensweisen verschiedener Gemeinschaften.

Unter kulturellen Codes versteht man universelle, archetypische Gründungs- und Heldengeschichten der Kultur, in der man aufwächst. Sie enthalten unter anderem Wertvorstellungen, Verhaltens- und Bedeutungsmuster, verborgene und offene Sehnsüchte. Kulturelle Codes entstehen aus der Historie einer Kultur und prägen Menschen meist in der frühkindlichen Phase der Erziehung. Sie werden darüber hinaus aber noch bis in die Lebensphase der Postadoleszenz, teilweise bis Anfang dreißig, individuell angenommen und geformt. Sie lagern sich im Unterbewusstsein ab, steuern aber unsere Wünsche und unser Verhalten maßgeblich.

Marken und deren Meme sprechen diese Codes entweder positiv oder negativ an. Erfolgreiche Marken haben den richtigen Code der Sehnsüchte entschlüsselt und fallen sozusagen auf einen fruchtbaren Nährboden. Marken, die kulturellen Konventionen widersprechen, haben die Chance, als rebellische Marke zu reüssieren, man denke an Apple oder YouTube. Kulturelle Codes sind also der Schlüssel zur Welt. Sie zu kennen ist in einem interkulturellen Markt existenziell, um in allen Erdteilen auf positive Resonanz zu stoßen. Mehr zum Thema Kulturcodes in Kapitel 5 (ab Seite 160 ff.).

Fazit: Eine Marke ist also dann fit, wenn sie die wesentlichen funktionellen Probleme der Kunden löst, Nutzen und Lösungen bietet, dabei die Lebensknappheiten berücksichtigt und zusätzlich die passenden kulturellen Codes und Archetypen bedient. Suchen Sie Ihre Marke und Ihren Markt nicht nur nach augenscheinlichen Nutzendimensionen ab, sondern investieren Sie in die Analyse der Lebensknappheiten und der kulturellen Codes.

3. Gebot: Du sollst attraktiv und signalstark sein

Die Kategorien Nutzen, Knappheiten und kulturelle Sehnsüchte der Marke müssen dicht, deutlich und signalstark ausgedrückt werden, um unsere Kunden, Kollegen und Freunde zu beeindrucken. Der Pfauenschwanz mag hier einmal mehr als eindrückliches Bild dienen.

Er drückt das so genannte Handicap-Prinzip der Evolution aus. Es besagt, dass Spezies sich während des Balzens anstrengen, möglichst komplizierte Dinge wie Tanzen, Singen oder Wettrennen auszuüben und dabei ein Maximum an äußerer Wirkung zu entfalten, ohne daran zu sterben. Auf eine Gleichung gebracht: Je höher das sichtbare Meistern eines Handicaps, umso größer die Attraktivität. Insbesondere die Größe und Schönheit des Pfauenschwanzes symbolisiert den Weibchen die nötige Kraft und Vitalität der Gene und damit auch die Fähigkeit, das Überleben und den hohen Status innerhalb der Pfauengruppe mit gemeinsamen Nachkommen zu sichern.

Als heutiger «Pfauenschwanz» gelten Autos, Häuser, Kleidung und andere soziale Zeichen von Status, Kraft und Vitalität. Aber auch Fähigkeiten wie Singen, Zeichnen und das Erzählen von Geschichten haben sich laut Geoffrey Miller («Die sexuelle Evolution») zum Anpreisen der eigenen Gene herausgebildet. Ausdruck davon sind zum Beispiel Casting- und Kochshows. Welche Handicaps meistern Sie, um Ihre Attraktivität zu erhöhen?

Was für Menschen gilt, gilt ebenso für Marken. Im Zeitalter der drei Üs – Überfluss, Überinformation und Überlastung – brauchen wir starke Zeichen und einen starken Auftritt, einen sensoralen Appeal, um in einem ersten Schritt überhaupt Aufmerksamkeit zu erlangen.

In einem zweiten Schritt spielen Wiedererkennbarkeit und konkrete Entlastungsleistung die entscheidende Rolle. Die Markenkernleistung muss halten, was die Hülle verspricht. Ein häufiges Manko in der heutigen Markenführung besteht darin, dass der Schwerpunkt auf einer aufmerksamkeitsstarken Werbung mit schönen

Spots liegt, die aber die spezifische Kernleistung nicht sichtbar macht oder sie kaum ausdrückt. Dieses Vorgehen kann die Marke dauerhaft nicht stärken.

Arbeiten Sie also an einer einzigartigen Stilistik. Welche einzigartige Farbe besitzen Sie in der Branche? Welche Form lässt Kunden Ihre Marke sofort wiedererkennen? Setzen Sie eine Melodie ein? Verfügen Sie über eine Unternehmerpersönlichkeit, die Ihre Marke verkörpert, oder haben Sie eine spannende Geschichte zu erzählen? Wie können Sie Ihre Markenkernleistung in Form und Geschichten spürbar machen? Gelingt es Ihnen, diese Elemente an den wichtigsten Kontaktpunkten für Ihre Kunden mit allen Sinnen erlebbar zu machen und so eine echte Markenerfahrung zu ermöglichen?

Fazit: Erst durch eine leistungsbasierte Ausdrucksstärke hinterlassen Sie als Marke einen nachhaltigen Eindruck. So sind Sie leicht wieder auffindbar, erleichtern die weitere Markennutzung und erhöhen die Kundenbindung.

4. Gebot: Du sollst einzigartig sein – differenziere dich radikal

Ihre Marke ist umso erfolgreicher und anziehender, je differenzierender sie ist. Bei mangelnder Differenzierung aber spielt sich der Kampf um die Kunden nur noch über den Preis ab. Damit enden wir beim Gegenteil von Marke. Es ist ein wert(e)loses Produkt. Mangelnde Differenzierung ist der schleichende Tod der Faszination einer ganzen Branche wie dem Lebensmitteleinzelhandel, der bis vor kurzem nur das Differenzierungsmerkmal Preis kannte. Mittlerweile setzen selbst Discounter wie Plus in Deutschland auf Trendthemen wie Bio-Food, um damit etwas «wertiger» zu sein. Wenn sich in der Natur alle um nur ein Wasserloch scharen, um zu überleben, dann entsteht Wettkampf und Verdrängungswettbewerb.

Entwickelt hingegen jeder seine eigene differenzierende Nahrungskette, dann prosperiert die Gesamtheit um ein Vielfaches. Dieser Grundsatz gilt umso mehr für Marken.

Auf den Punkt gebracht heißt es: *Be different or die!* Entscheidend in der Markenführung ist, einen relevanten und einzigartigen Unterschied in der Befriedigung der Bedürfnisse, der Werte und der Kulturcodes zu machen, die den Kunden wichtig sind und die noch nicht in dieser Weise vom Wettbewerb abgedeckt werden. Im Gegensatz zu Dingen, die in der Branche Standard und daher Muss-Faktoren sind, nennen wir diese «AHA»- oder «Wow»-Faktoren. Entscheidend ist hierbei das konsequente Suchen nach unentdeckten Mehrwerten Ihrer Branche. Suchen Sie neue Kategorien, in denen Sie die negativen Vorurteile Ihrer Branche sammeln und in positive umwandeln (siehe Grafik gegenüber).

Handwerker gelten gemeinhin als unpünktlich, unzuverlässig, unsauber und teurer als vereinbart. Meinen Sie nicht auch, dass ein Handwerker, der zur vereinbarten Zeit seine Arbeit aufnimmt, gleichzeitig auf Festpreisbasis mit Leistungsgarantie arbeitet, einen ungehobenen Schatz in seiner Branche heben würde?

Neue Mehrwerte erwirken Sie, indem Sie systematische Branchenspielregeln in Frage stellen. Warum muss Fliegen teuer sein (EasyJet)? Warum gibt es nur viermal jährlich einen Modewechsel (H+M)? Warum ist Banking kompliziert (ING DiBa)? Warum ist Privatbanking erst ab einem Vermögen ab 250 000 Euro möglich (quirin bank)? Finden Sie neue Mehrwerte, entdecken Sie neue Wertschöpfungspotenziale und laden damit Ihre Marke auf.

Aber Achtung: Setzen Sie nicht auf Dinge, die aus Kundensicht unwichtig sind. In der Umgangssprache spricht man hier von «Nice-to-haves» oder «Schürfen nach Narrengold». Als Beispiel dieser «Narrengoldader» kann das Streben einer großen deutschen Bank gelten, den besten Cafè Latte in Berlin anzubieten.

Fazit: Konzentrieren Sie sich auf die vorhandenen «Wow»-Faktoren und entwickeln Sie konsequent noch unentdeckte «Wow»-Faktoren als ungehobene Schätze Ihrer Branche, um dadurch konstant am Ball zu bleiben und die Faszination immer wieder zu nähren. Zahlreiche Anregungen zu diesem Punkt finden Sie im Kapitel 7.

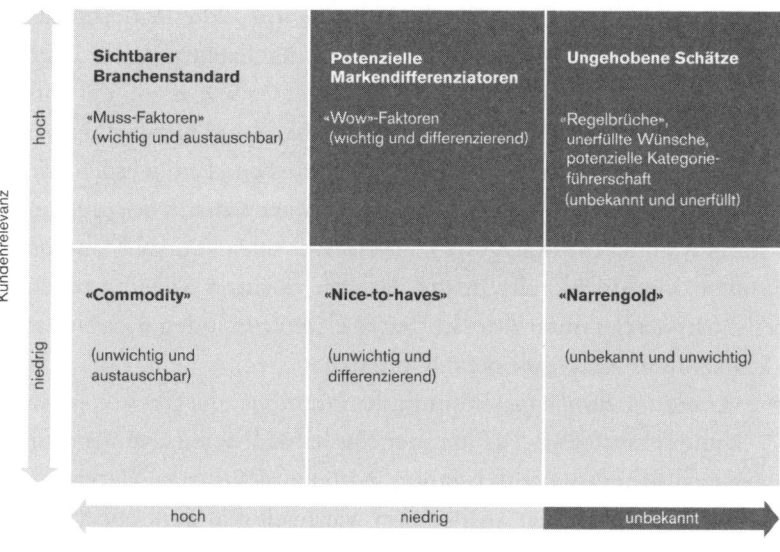

	Sichtbarer Branchenstandard	Potenzielle Markendifferenziatoren	Ungehobene Schätze
hoch	«Muss-Faktoren» (wichtig und austauschbar)	«Wow»-Faktoren (wichtig und differenzierend)	«Regelbrüche», unerfüllte Wünsche, potenzielle Kategorie-führerschaft (unbekannt und unerfüllt)
niedrig	«Commodity» (unwichtig und austauschbar)	«Nice-to-haves» (unwichtig und differenzierend)	«Narrengold» (unbekannt und unwichtig)

Kundenrelevanz

hoch — niedrig — unbekannt

Branchenabdeckung

› Markentreiber-Portfolio

5. Gebot: Du sollst erkennbar die Nummer eins sein

Ein Mem-Pool, dem es gelingt, eine neue Kategorie zu schaffen oder anzuführen, wird immer bevorzugt. Die Netzwerktheorie (Albert-Laszlo Barrabasi, «Linked») untermauert die alte Management-Weisheit: «Sei die Nummer eins im Markt und du bist überdurchschnittlich erfolgreich.» Dies impliziert gleichsam Ertrags- und Wachstumsvorteile. Um das Bewusstsein für die Wichtigkeit dieses Phänomens zu schärfen, lohnt sich ein kurzer Blick auf die ihm zugrunde liegenden evolutionären Kräfte.

• *Soziale Kräfte:* Jeder möchte das beste Produkt besitzen oder mit der Nummer eins arbeiten und nicht den zweitbesten Sex des Lebens haben, wie die DWS es in ihrer Werbekampagne so schön dramatisiert hat. Das dahinter liegende Gesetz nennt Barrabasi «Law of preferential attachment», das Gesetz des bevorzugten Anschlusses. Es bringt den meisten Nutzen, sich bei den Etablierten, bei der Nummer eins, in einer Gruppe anzuschließen, da bei ihr oder ihm sowohl die meisten Kontakte und Verbindungen zu-

39

sammenlaufen als auch durch seine/ihre Anerkennung der höchste gesellschaftliche Sprung auf der evolutionären Leiter vollzogen werden kann.

- *Aufmerksamkeitsgrenzen:* Es hat sich evolutionär bewährt, immer den Besten, Kleinsten, Größten, Schönsten, Peinlichsten oder Schlechtesten zu kennen. Auf diese Weise können wir uns nur 2,4 Marken pro Kategorie merken. Wer war der erste Mann auf dem Mond? Wer der dritte? Welches ist unser Lieblingsrestaurant, welches unser drittliebstes? Welche empfinden wir als beste Bank und welche als die drittbeste?

- *Persönliche Erfahrung:* Wer mit der Nummer eins arbeitet, macht keine Fehler, denn die Nummer eins hat sich bereits bewährt. Ein wesentliches Auswahlkriterium in unübersichtlichen Märkten ist die Suche nach den TOPs: «Wer war noch mal der beste Unternehmensberater, Rechtsanwalt oder Arbeitsrechtler in der Region?»

- *Netzwerkeffekte:* Ein Netz besteht aus Knoten und Verbindungen. Eine Verbindung zu einem Knoten ist umso wertvoller, je zentraler der Knoten ist, bei dem alle Beziehungen, Informationen oder Produkte zusammenlaufen. Also möchte jeder den Kontakt zur Nummer eins im Netz.

- *Die-Reichen-werden-immer-reicher-Effekt:* Nummer-eins-Positionen strahlen weiterhin Attraktivität aus und wachsen überproportional. Microsoft, Apple oder Plattformen wie Ebay, Partnerbörsen und Wertpapierbörsen ziehen weitere Marktteilnehmer an, da dort die meisten Kunden, das meiste Angebot und dadurch der beste Marktpreis zu erzielen oder der beste Partner zu finden sind.

Evolution der Kategorien zwischen Divergenz und Konvergenz

Eine für Markenarchitekturen und Innovationen zentrale Erkenntnis aus der Evolution ist zudem folgende: Die Evolution entwickelt sich immer zwischen dem Muster Divergenz und Konvergenz. Zuerst wird eine Kategorie wie zum Beispiel das Auto, das Fernsehen oder das Internet erfunden. Von dort entwickelt sich dann im Sinne der Abweichung beziehungsweise Divergenz eine Marken- und Kategorienvielfalt.

Um beim Beispiel Auto zu bleiben: Sportwagen, SUV, Stadtwagen oder Oberklasse-Wagen. Wer wird die Nummer eins bei öko-Sportwagen oder City-Pods (kleinen Stadtautos)? In jeder Kategorie gilt es, die Nummer-eins-Position zu besetzen. Häufig hat der Erfinder oder Begründer der Kategorie diese Position inne. Nicht so selten jedoch gelingt es dem imitierenden Branchenführer, sich die Nummer-eins-Position durch seine Marktmacht und seine Distributionskraft zu sichern.

Gleichzeitig wird er zur Nummer eins in den Köpfen der Kunden. Microsoft hat dies mit Netscape und derzeit mit eigenem Internet Explorer vorgemacht und wird es nun im Spielkonsolen-Markt mit ihrer «xbox 360» gegenüber dem Marktführer Sony wiederholen wollen. Microsoft strebt durch seine Marktmacht und neue Features die Nummer-eins-Position an, die sich als populärste Marke in den Kunden-Köpfen widerspiegeln soll.

Fazit: In welcher Kategorie sind Sie die Nummer eins in den Köpfen der Kunden? Es gilt nicht zwingend, der Erste am Markt, sondern der Erste in den Köpfen der Kunden zu sein, in dem Sie diese Position schrittweise kommunikativ besetzen. Suchen Sie sich also eine möglichst große und für Kunden relevante Kategorie, in der Sie die populäre Nummer eins in den Köpfen sind oder werden können. Oder erschaffen Sie im Sinne der Divergenz eine neue Kategorie, in der die Nummer-eins-Position erreichbar ist.

6. Gebot: Du sollst innovativ und adaptiv sein («trendfit»)

Jeder Neuigkeitswert einer Marke wird permanent durch «Commodisierung», das heißt Verlust an Besonderheit, bedroht. Durch permanente Veränderung in allen Bereichen wird jede ehemals innovative Leistung schnell zum Ladenhüter oder auf gut Neudeutsch eben zur «Commodity», die über kurz oder lang nur noch durch effizientere Herstellung Kostenvorteile zu erzielen vermag.

Aus diesem Grund müssen wir uns unablässig auf die Suche nach echten Neuigkeiten begeben (Werte, Produktleistungen, Trends,

Features, Designs, Kundengruppen, kulturelle Codes). Diese revitalisieren unsere Marke mit «frischem Blut» und können uns zu neuen Kundengruppen führen. Sie erlauben uns, mit Submarken neue Bedürfnisse zu befriedigen, uns zu repositionieren, um immer wieder aktuell, relevant und eben angesagt zu sein. Kurz und gut: Wir müssen uns und unsere Marken immer wieder neu erfinden, um nicht an Terrain zu verlieren.

Woher kommt das Neue und wie können wir es erkennen? Als generelle Regel gilt, auf Abweichungen zu achten. Neues entsteht immer an den Rändern, in den Subkulturen der Gesellschaft. Suchen Sie nach Anomalien, «abseitigen» Dingen, die sich in kleinen Zeichen ankündigen. Der Zukunftsforscher Paul Saffo hat es sehr schön auf den Punkt gebracht: «Die Zukunft flüstert, sie schreit nicht.» Damit verhält es sich genauso wie an der Börse, die nicht klingelt, wenn die Hausse und die Party vorbei sind.

Häufig werden Innovationen mit dem Argument abgewiesen, der Markt sei dafür zu klein und die neue Idee nur für eine kleine Anzahl von Menschen wichtig, die dazu auch noch «Abweichler» sind. Wenn der Markt dann von anderen gemacht wurde, ist es meist zu spät, und man hat das Nachsehen.

Sie brauchen ein feines Sensorium für die Mustererkennung. Nutzen Sie dafür Trendmedien wie zum Beispiel den «Zukunftsletter» des Zukunftinstituts oder andere Scanner des Neuen, die diese Zeichen, neuen Knappheiten und Sehnsüchte für Sie beobachten und einordnen. Fragen Sie sich, was diese Abweichungen für Ihre Marke und Ihre Meme bedeuten.

Die Zukunft kommt nicht immer aus den USA

Eine individualisierte globale Gesellschaft mit ihren Bastelbiografien, Multiethnien und hybriden Wünschen wird in Zukunft im Wesentlichen durch die Orte geprägt sein, an denen sich die neuen Lebensweisen bündeln. Da ist es umso wichtiger, die neuen Codes, Werte und Bedürfnisse zu erspähen, die in Schmelztiegeln wie etwa Shanghai, New York, London, Tokio, Kapstadt, Bombay, Oslo, Helsinki, aber auch Boston, Boulder, Aix-en-Provence entstehen. Dort liegen unter anderem die Hotspots der Zukunft. Nicht dass alles in Deutschland, der Schweiz und Österreich genauso wird, aber einiges eben schon. Dies gilt es als Erstes zu entdecken und mit der eigenen Marke im Sinne einer Adaption und Mutation auf dem Markt auszuprobieren.

Fazit: Nutzen Sie jede erdenklich mögliche Perspektive systematisch, um Ihre Marke vor der «Commodisierung», vor der Austauschbarkeit oder «Gehirn-Langeweile» für Ihre Kunden zu bewahren. Scannen Sie Trends und werten Sie diese aus. Lernen Sie von der Best Practice in anderen Branchen und entwickeln Sie Regelbrüche, um eine neue Kategorie zu entwickeln.

7. Gebot: Du sollst dich vernetzen – erhöhe deine Konnektivität an den Schlüsselstellen

Wie bei den Spezies durch die Gene hängen Erfolg und Wachstum bei Marken von ihrer Fähigkeit ab, ihre Meme möglichst vielfältig zu übertragen und weiterzugeben. Die Schlüsselfrage ist daher: Wie erhöhe ich die Replikationsfähigkeit meiner Marke und ihrer Meme (Markenidee, Werte, Leistung in Form von Produkten, Services oder Erfahrungen)? Um zu wachsen, muss eine Marke für den Nutzer zunächst einfach anwendbar sein. Weiterhin muss es spannend sein, sie weiterzuempfehlen, oder Status mit sich bringen, mit ihr gesehen zu werden. Je leichter es ist, Marken-Meme zu übertragen, desto schneller wird eine Marke wachsen. Dies kann sowohl über Distributionskanäle als auch – heutzutage immer wichtiger – über persönliche (online) Weiterempfehlung erreicht werden.

Der klassische Lebenszyklus von Trends, Marken wie auch natürlichen Produkten folgt den Phasen Innovation, Wachstum, Reife und Niedergang (siehe Grafik Seite 44). Entscheidend ist aber vielmehr die Frage: Wie laufen die Prozesse dahinter ab? Wie bringe ich eine neue Idee, eine neue Marke zum Wachsen? Wie überspringe ich die «epidemische Grenze», die ein Produkt vom Nischenprodukt zu einem Renner und Trendprodukt macht?

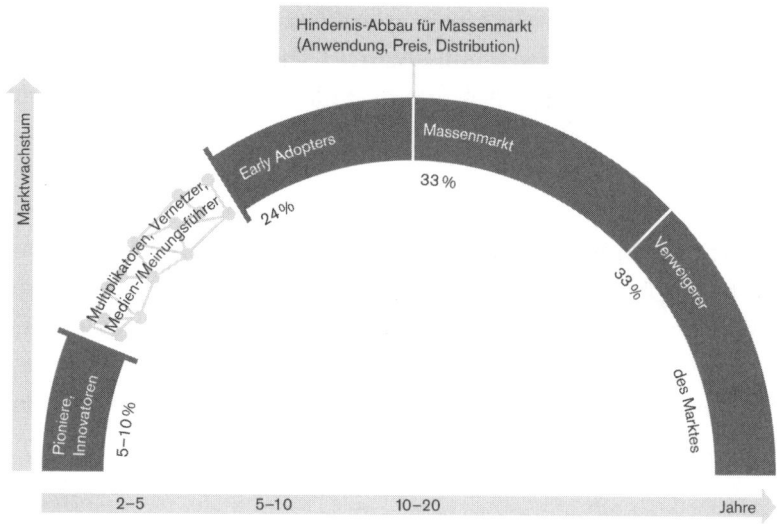

Hindernis-Abbau für Massenmarkt
(Anwendung, Preis, Distribution)

Marktwachstum

Early Adopters

Massenmarkt

33 %

Multiplikatoren, Vernetzer,
Medien-/Meinungsführer

24 %

Verweigerer

33 %

des Marktes

Pioniere,
Innovatoren

5–10 %

2–5   5–10   10–20   Jahre

> Der Lebenszyklus

Die junge Wissenschaft der Netzwerkforschung, die Erfahrung aus der New Economy Anfang unseres Jahrhunderts und die Erfolgsprinzipien von viralen Kampagnen bieten hierfür gute Lösungsansätze. Sie liefern sozusagen eine Blaupause für evolutionäres Wachstum hin zu einer so genannten StarBrand.

«Crossing the Chasm»: das «Grabenphänomen»
Das Hauptproblem besteht darin, den «Graben» («Chasm») zu überwinden, den Sprung zu schaffen von den Innovatoren, «Heavy Users» einer Marke, also solchen, die sich bedenkenlos auf neue Ideen einlassen, sogar sehnsüchtig darauf warten, hin zu den «Early Adopters», den frühen Nachahmern, und dann hinüber zu den stilbildenden Schichten, die Trends in die breite Gesellschaft tragen. Diese stilbildenden Kreise müssen Sie erreichen, wenn Sie Wachstum anstreben. An ihnen orientiert sich der Massenmarkt. Geoffrey Moore war der Erste, der in seinem Buch «Crossing the Chasm» auf dieses Grabenphänomen hingewiesen und Möglichkeiten zur Lösung aufgezeigt hat.

44

Der Schlüssel: «Connecting Connectors»

Die mittlerweile bekannte Grundlage aus der Netzwerkforschung ist das «Small-World-Phänomen»: Stanley Milgram hat in seiner Studie «Six Degrees of Separation» nachgewiesen, dass jeder Mensch mit jedem Menschen über sechs Achsen verbunden ist. Diese Erkenntnis birgt natürlich ein riesiges Potenzial für die Weitergabe auf dem viralen Weg. Für die plötzliche Verbreitung einer Idee sind so genannte «Connectors» verantwortlich (Malcom Gladwell, «Tipping Point»). «Connectors» sind Menschen oder auch Medien mit einem überproportional breiten Netzwerk, das auch über Communities und Szenen hinweg funktioniert. Der Guru des viralen Marketing, Seth Godin, hat sie sehr bildhaft «Sneezers», zu Deutsch «Nieser», genannt.

Früher wurde die Aufgabe einer Weitergabe von Informationen unter anderem vom Friseur wahrgenommen. Heute sind es im Wesentlichen Journalisten, Meinungsführer, in zunehmendem Maße Blogger, glaubwürdige Künstler oder Medien-Stars, aber auch Medien-Plattformen, die durch positive Ratings und zufriedene Nutzer eine Marke, ein Produkt, ein Video zum plötzlichen Hit machen können. Entscheidend ist, wie Barrabasi in seinem Buch «Linked» sehr deutlich macht, dass tatsächlich nur wenige so genannte «Superhubs», «Flashpoints» beziehungsweise Netzwerkmitglieder eine Plattform aktiv gestalten. Gemäß der aktuellen Netzwerkforschung im Internet sind es lediglich fünf Prozent der Nutzer, die aktive Beiträge in einem Netzwerk leisten, während 95 Prozent in der Regel als «Glotzer» oder passive Nutzer fungieren. Bei Netzwerken gilt demnach statt dem aus dem Handel bekannten Verhältnis 20:80 eine verschärfte 5:95-Regel.

Fazit: Es muss einer Marke also gelingen, diese «Connecting Connectors», «Superhubs» und «Flashpoints» als Entscheider an echten oder virtuellen Orten wie Flughäfen, Branchenanlässen, Themen-Communities oder Events zu erreichen, um den Graben, der sich zwischen dem Produkt und den Nutzern befindet, möglichst schnell zu überwinden.

Welches sind für Sie die wesentlichen Knoten und Connectors Ihrer Branche? Wo sind die fünf Prozent Kreativen und verbal Promiskuitiven, die Ihnen helfen, den Graben zu überwinden? Wie und mit welchen Memen sprechen Sie sie am wirkungsvollsten an?

Schaffen Sie Anlässe, wo Ihre Meme als Geschichten, Videos oder Party inszeniert, vitalisiert und weitergetragen werden. Schaffen Sie «Talk-Value» und «Wow»-Effekt. Stellen Sie sicher, dass sie von einem kulturellen Code getragen werden und ihre Anwendung so einfach wie möglich ist.

Die sieben evolutionären Grundgesetze und Erfolgsprinzipien einer Marke lassen sich im besten evolutionären Sinne als Marken-Erfolgsspirale von der NoBrand zur charismatischen StarBrand darstellen:

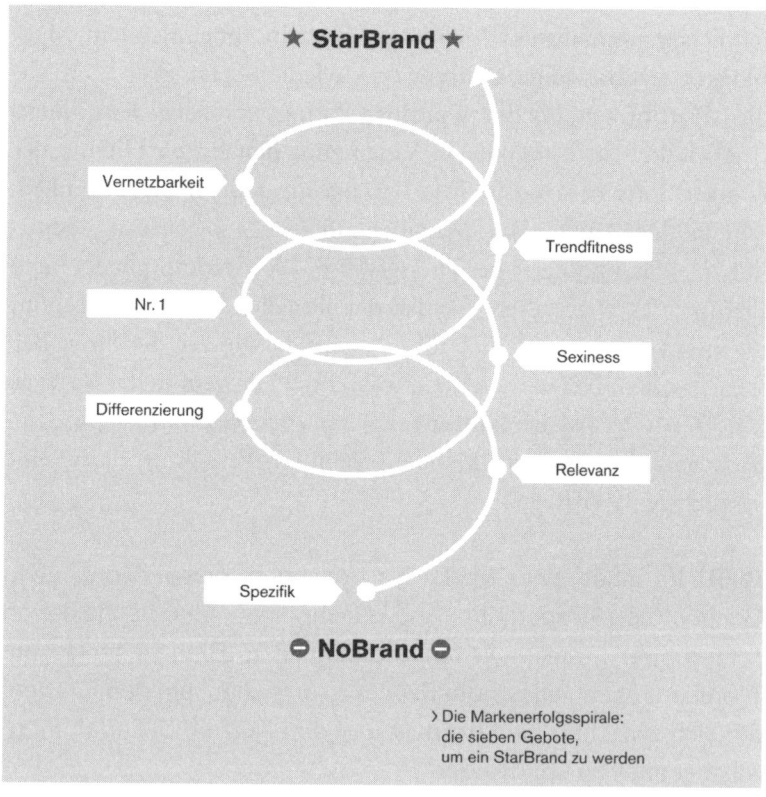

★ StarBrand ★

Vernetzbarkeit

Trendfitness

Nr. 1

Sexiness

Differenzierung

Relevanz

Spezifik

⊖ NoBrand ⊖

› Die Markenerfolgsspirale: die sieben Gebote, um ein StarBrand zu werden

Zusammengefasst führen die sieben Gebote für eine Zukunfts-marke zu folgender Definition:

Eine erfolgreiche Zukunftsmarke ist fit und sexy. Sie kennt ihre Werte und Grenzen, ist relevant und differenzierend. Sie hat eine dichte, attraktive Ausstrahlung und nimmt in ihrer Kategorie die Nummer-eins-Position ein, sie ist adaptiv, innovativ und leicht ver-netzbar.

Diese Gesetze bilden für Sie die erste zeitlose Orientierung für die Zukunftfähigkeit Ihrer Marke.

Als Einstieg in den BrandFuture-Check Ihrer Marke gehen Sie die sieben Gebote durch und arbeiten heraus, wo Ihre Marke Stär-ken, Schwächen und somit das größte Zukunftdefizit beziehungs-weise das größte Chancenpotenzial aufweist.

1. Welche Gebote erfüllt Ihre Marke?
2. In welchen Geboten hat Ihre Marke Defizite?
3. Welche konkreten BrandFuture-Ideen führen zu nachhaltigen Verbesserungen in den einzelnen defizitären Geboten?
4. FutureThreat: Was ist die wichtigste Zukunftsherausforderung für Ihre Marke und wie stellen Sie sich dieser?

Gebote	Status −, O, +	BrandFuture-Idee	Prioritäten
Spezifik			
Relevanz			
Differenzierung			
Sexiness			
Nr. 1			
Trendfitness			
Vernetzbarkeit			

> Checkliste Grundgesetze

Kapitel 3

Die maßgeblichen Megatrends für die Markenführung

Die Welt von morgen hat direkte Implikationen für Ihre Markenführung. In jedem Marktfeld ergeben sich durch den Wandel unterschiedliche Chancen und Risiken. Werfen wir in diesem Kapitel also einen Blick auf das künftige Umfeld, in dem sich Ihre Marke behaupten muss.

Es gibt klare Signale, in welche Richtung sich unsere Gesellschaft und andere Kulturkreise entwickeln. Daran wird ein Einzelner nicht viel ändern können. Vielmehr gilt es, diese Signale ernst zu nehmen und frühzeitig in die unternehmerischen Überlegungen einzubeziehen. Wie können Sie sich – im Sinne der BrandFuture-Idee – strategisch geschickt an- und einpassen? Die konkreten Zukunftsperspektiven sollen denn auch als Quellen der Inspiration für die Entwicklung Ihrer Marke dienen.

Um das Verständnis für die Themen Zukunft, Trends und Innovationen zu schärfen, erachte ich es als wichtig, sich zunächst in aller Kürze mit dem Entstehen von Zukunft auseinanderzusetzen. Der griechische Philosoph Aristoteles brachte es auf den Punkt: «Die Vergangenheit ist faktisch und die Zukunft ist Raum unserer Möglichkeiten.» Zukunft ist somit ein Möglichkeitsraum, den wir im Austausch mit unserer Umwelt durch unsere Erfahrungen, Werte und Kompetenzen zum Teil aktiv mitgestalten können. Die folgenden Überzeugungen liegen meiner Arbeit und meinem Ansatz von BrandFuture zugrunde.

Wie Zukunft entsteht

Die Zukunft an sich gibt es nicht

Zukunft als lineare Extrapolation der Gegenwart gibt es nicht. Vielmehr entstehen viele parallele Zukünfte. Es existieren gleichsam Trends und entsprechende Gegentrends, in denen wir uns mit unseren Wünschen und Entscheidungen bewegen. Dabei «bastelt» jeder Einzelne durch sein Handeln ebenso wie durch sein Nicht-Handeln nicht nur an seiner eigenen Zukunft, sondern auch ein Stück weit an der kollektiven Zukunft mit. Dies geschieht im Austausch mit unserer Umwelt, mit Kunden und unter Mithilfe von Technologie und Kreativität. «L'avenir, c'est un bricolage» – Zukunft ist nie etwas Einheitliches, sondern etwas enorm Komplexes, das in einem fortwährenden Prozess von unzähligen Seiten her genährt, geschaffen und auch improvisiert wird, aber dennoch einem gewissen Muster folgt – einem Muster, das von den vorherrschenden Trends geprägt wird. So wird die Zukunft eines Investmentbankers an der Wall Street mit Sicherheit eine andere sein als die eines Fabrikarbeiters in China oder eines Handwerkmeisters aus Düren. Wo und wie sehen Sie Ihre persönliche und berufliche Zukunft?

Die Zukunft entsteht durch das Gehen

Die Zukunft ist ein ko-evolutionärer Prozess, der von den Hoffnungen und Ängsten der Menschen, ihren Vorstellungen und ihrer Einstellung gegenüber der Zukunft angetrieben wird. Wird sie gut sein? Oder ist alles schon zu spät? Sie wird geformt von den tatsächlichen Handlungen, den technologischen Möglichkeiten wie auch den zufälligen systemischen Sprüngen, die durch kollektives Handeln entstehen. Die Bedeutung kollektiven Handelns hat sich besonders eindrucksvoll am Beispiel der berühmten Montags-Demonstration gezeigt, die zum Mauerfall 1989 in Berlin führte. Lieferte dieses historische Ereignis doch eine maßgebliche Grundlage für den jüngsten und bisher vielleicht einschneidendsten Globalisierungsschub.

Die Zukunft liegt in der Gegenwart

Die Zukunft entsteht nicht aus dem Nichts, sondern liegt bereits – mehr oder weniger verborgen – in der Gegenwart. Probleme, Wünsche und Sehnsüchte sind die Quellen für den Erfindergeist Einzelner wie auch grundlegende Motivationen für die Entfaltung einer Gesellschaft. In diesem Sinn entsteht Zukunft nicht beliebig, sondern folgt evolutionären Mustern, die sich primär gemäß den aktuellen Lebensknappheiten ausprägen werden. Dies schließt allerdings nicht aus, dass sich eine eingeschlagene Richtung nicht etwa durch radikal einschneidende Ereignisse nochmals verändern kann.

Zukunft hat nur bedingt etwas mit Technik zu tun

Die utopischen Bilder der Zukunftsforscher Anfang und Mitte des 20. Jahrhunderts thematisierten immer technologische Innovationen wie etwa den individuellen Luftverkehr mit Fesselballons oder in Spiegel integrierte Bildtelefone. Diese mechanistische Sicht war einerseits geprägt durch das Newtonsche Weltbild und andererseits die Machbarkeitsvisionen des Atomzeitalters Ende der 1950er-Jahre. Zu diesem Zeitpunkt entstand die Vision des Haushaltsroboters, der das Leben einer Hausfrau einschneidend erleichtern sollte. Hier zeigt sich, dass Technik kein Selbstzweck, sondern ein Problemlöser für die Menschen darstellt – ein Diener der menschlichen Bedürfnisse und Sehnsüchte, Anpassungsfähigkeit im sozialen Alltag, der moralischen Zulässigkeit und unternehmerischen Visionen. Es handelt sich dabei eher um eine «Technolution» gemäß Matthias Horx. Technik kann sich nur im Austausch von sozialer Adaption durchsetzen. Technik ohne Nutzen, mit zu hoher Komplexität oder im Widerspruch zu ethischen Codes wird keine Akzeptanz finden oder nur ein Nischendasein fristen.

Die Zukunft schöpft aus immer vielfältigeren Quellen

William Gibson, Autor von Science-Fiction-Romanen, hat einmal sehr schön gesagt: «Die Zukunft ist schon da, aber sie ist ungleich verteilt.» Damit spielte er auf die (frühere) Dominanz der USA an, wenn es um Innovationen und Trends ging. Tatsächlich führte die

Kombination von grundlegendem amerikanischen Pioniergeist, hohem Ansehen von Unternehmertum, ausgeprägtem Individualismus und gutem Venture-Capital-Markt lange Zeit zu überproportional vielen Innovationen in den USA, die erst zeitverzögert nach Europa transportiert wurden. Amerika ist aber längst nicht mehr der einzige «Hotspot» auf der Welt. Durch die Globalisierung entstehen weltweit immer zahlreichere neue «Hotspots», in denen zukunftsträchtige Ideen und Trends entstehen. Frühzeitige Adaption bedeutet, dass sich Europa mit diesen pulsierenden Inspirationsquellen vernetzen muss, um möglichst als Erste zu spüren, wie und wo man entsprechendes Potenzial nutzen kann.

Die Zukunft kommt konsequenter, als man denkt
Die irrationalen Übertreibungen in den Ankündigungen des potenziell bahnbrechenden Neuen, wie zuletzt etwa in der New Economy und ihren Ausläufern im Bereich UMTS-Fernsehen, die spektakulär gescheitert sind, würden nahelegen: Das Neue kommt doch nicht so schnell. Dennoch haben diese Bewegungen – im Gegensatz zu den damals schadenfrohen Reaktionären – im Hintergrund schleichend die Wirtschaft und ihre Geschäftsmodelle grundlegend verändert. Dies bedeutet, dass Trends kurzfristig überschätzt, langfristig aber unterschätzt werden.

Die Zukunft ist offen und Freiraum unserer Möglichkeiten
Zukunft ist natürlich nicht einfach vorhersagbar, sondern ein komplexer evolutionärer Prozess. Sie entsteht aus dem Zusammenspiel von gesellschaftlichen Megatrends, das heißt Problemlösungs- und Suchprozessen, getrieben von Wohlstands- und Glücksidealen wie auch von demografischen Notwendigkeiten. Zukunft formt sich, unterstützt von einer Vielzahl von technologischen Neuerungen wie zum Beispiel der Nanotechnologie. Viel maßgeblicher wird die Zukunft jedoch geprägt von persönlichen Wünschen nach einem besseren Leben, von kulturabhängigen Anpassungsleistungen sowie einem innovativen wirtschaftlichen Prozess von Angebot und Nachfrage.

Fazit: Für die Zukunft von Marken bedeuten diese Überzeugungen Folgendes: Marken können ihre Zukunft auf Basis ihrer vorhandenen Meme, Werte, Bedeutungen, aber auch Grenzen selbst gestalten, wenn Markenverantwortliche

- die Gegenwart durch Trendbeobachtung auf Relevanz für ihre eigene Marke entschlüsseln,
- passende verborgene Wünsche und Werte finden und/oder schaffen,
- für Inspiration auf Kunden und Nicht-Kunden hören,
- ein tiefes Kulturverständnis entwickeln, um Zwischentöne zu erkennen,
- und systematisch immer wieder das Unbekannte suchen.

Die Megatrends – oder wie sich die Welt verändert

An den wesentlichen Megatrends führt kein Weg vorbei. Wenn Sie für Ihre Marken verantwortlich sind, ist es Ihre Aufgabe, diese Veränderungsprozesse in Ihrem Tun und Handeln ständig mitzudenken und sich über deren Konsequenzen und Implikationen bewusst zu sein. Was bedeutet der – zweifelsohne trendige – Begriff «Megatrend» überhaupt genau? Man versteht darunter große gesellschaftliche Strömungen, die vielschichtig und lang andauernd mächtige globale Veränderungsprozesse verursachen und in den kommenden rund dreißig Jahren Signale in allen Lebensbereichen setzen werden.

Das Thema Megatrends wurde erstmals 1984 von John Naisbitt in seinem Buch «Megatrends 2000» als neuer Orientierungsrahmen des Wandels ins Spiel gebracht. Seither wird es mitunter vom Zukunfts- und Trendforscher Matthias Horx, der im deutschsprachigen Raum als führender Vordenker und Inspirator gilt, und seinem Zukunftsinstitut weiter erforscht. Die Trends werden dabei durch Praxisfeedbacks bei unzähligen Vorträgen und Seminaren überprüft und auf europäische Praxisrelevanz getestet.

Die von mir hier vorgestellten Megatrends werden im Wesentlichen aus den Forschungen von Matthias Horx abgeleitet und durch meine markenstrategischen Erfahrungen ergänzt. Dieses Buch soll dabei keinen vollständigen, sondern einen ausreichenden Überblick über die hauptsächlichen markenrelevanten Veränderungen der Gesellschaft liefern. Als vertiefende Lektüre empfehle ich das Buch von Matthias Horx, «Wie wir leben werden» (2005), und die laufenden Veröffentlichungen und Studien des Zukunftsinstitutes (www.zukunftsinstitut.de).

Megatrend 1: Globalisierung oder das Entstehen einer globalen Regionalkultur

Die Globalisierung ist wahrscheinlich der fundamentalste Trend, der unser Denken und Handeln in den letzten 20 Jahren verändert hat und auch noch in den nächsten 50 Jahren am stärksten beeinflussen wird. Die Globalisierung hat leider bei den meisten Menschen einen eher schlechten Ruf, da die einhergehenden Umwälzungen als Bedrohung in Form von Vernichtung von Arbeitsplätzen, Verlust von kulturellen Bequemlichkeiten sowie für die drohende globale Klimakatastrophe verantwortlich gemacht werden.

Was ist eigentlich Globalisierung genau? Globalisierung ist letztendlich nichts anderes als eine Zunahme von globalen Interdependenzen, also eine zunehmende Vernetzung und Vertiefung der Beziehungen einzelner Länder und Wirtschaftsunternehmen untereinander, das Verknüpfen und Ausdehnen von Märkten bis hin zu einem so genannten globalen Kapitalmarkt.

Globalisierung ist zudem kein rein ökonomisches Phänomen, sondern ein umfassender Prozess, der längst in sämtliche Lebensbereiche unserer Kultur Eingang gefunden hat und kontinuierlich fortschreitet. Betrachten wir zum Beispiel den Megatrend Asien, der auf den ersten Blick durch den Aufstieg von China und Indien unter dem neuen Markennamen für beide Länder «Chindia» wahrgenommen wird. Dabei übersieht man leicht, dass neben der neuen ökonomischen Macht dieses Kontinents – und neben den neuen Märkten, die sich daraus entwickeln – das Asiatische unsere Alltagskultur heute schon stark beeinflusst. Man denke an den stark wachsenden Einfluss der asiatischen Gesundheits- und Heillehre. Chinesische

Naturmedizin ist «in». Ayurveda-Massagen und -Kuren aus Indien sind bereits *State of the Art* im Angebot des Gesundheitssektors. Und wie sieht es mit Yoga aus? Hat der Boom dieser sanften, bewegten Meditationslehre Ihren Fitnessalltag auch schon erfasst? Im Möbel- und Produktdesign ist schon seit Jahren der Einfluss der asiatischen minimalistischen Zen-Philosophie zu spüren und findet sich heute im extremsten Fall im puristischen Design des Apple iPod wieder. Die indische Küche steht in Europa vor einem Boom, sie ist gesund, sehr sinnlich, variabel und leicht zuzubereiten. Hier gäbe es unzählige weitere Beispiele anzufügen. Dieser Trend wird sich in Zukunft noch verstärken.

Wer denkt, die Globalisierung sei etwas völlig Neues, vergisst dabei, dass Aufbruch in neue Kontinente, Warenaustausch unter Ländern und Völkern oder historische weltumspannende Allianzen die Menschheitsgeschichte bereits seit Jahrtausenden prägen.

Den Startschuss zur Globalisierung, wie wir sie heute erleben, gab der Berliner Mauerfall 1989. Durch dieses historische Ereignis lösten sich die starren Allianzen und Feindschaften des Kalten Krieges auf und die Länder des Warschauer Paktes öffneten sich, um am globalen Wohlstand zu partizipieren. Thomas Friedman hat in seinem Buch «The World is Flat» (Die Welt ist flach) die treibenden Kräfte der Globalisierung beschrieben.

Ein weiteres Schlüsseldatum der neueren Globalisierungswelle war sicherlich der 8. September 1995, die Geburtsstunde des Internets als infrastrukturelles Rückgrat des globalen Datenaustauschs. Der Aufbau eines einheitlichen Kommunikationsstandards wie die Datenbanksoftware von Oracle oder SAP-Workflow-Software waren die Wegbereiter des Outsourcings von Wertschöpfungsstufen an die aufstrebenden Länder Mittel- und Osteuropas sowie Asiens. Die Offenlegung von Software-Codes unter dem Motto des Opensourcings befähigt viele Menschen weltweit, zum Beispiel auf Linux-Basis ihre eigene persönliche Software zu schreiben und kostengünstig zu nutzen. Darüber hinaus bilden sich, nicht zuletzt getrieben durch die EU mit ihren nun 27 Staaten, neue Währungs- und Wirtschaftsräume, und Handelsbarrieren werden zumindest innerhalb dieser

Räume stark abgebaut. Was sind nun die konkreten Phänomene und Auswirkungen dieser Globalisierung, die für die Markenführung Relevanz haben?

Zwei Milliarden neue Kunden

Durch den Anschluss an den Welthandel und die zunehmende Vernetzung wurden in den letzten zehn bis fünfzehn Jahren laut OECD weltweit enorme Wachstumsraten erzielt. China weist ein durchschnittliches Wachstum von 9,6 Prozent auf, Indien 8,2 Prozent, gefolgt von der Türkei mit 8 Prozent, Russland 7,4 Prozent und Südamerika, Argentinien und Brasilien mit über 5 Prozent. Botswana gilt mit Südafrika in Afrika mit durchschnittlichen 8 Prozent als Wirtschaftsboomland Nummer eins. Im alten Europa gelang es Irland mit 5,5 Prozent Wachstumsführer Nummer eins zu werden.

Dieses Wachstum und die Beteiligungen der Menschen am Wohlstand führen Hochrechnungen zufolge dazu, dass sich die Weltwohlstandspyramide laut OECD mit heute 1,8 Milliarden Wohlständigen und 3,8 Milliarden Armen in den nächsten 25 Jahren auf etwa 4,4 Milliarden Wohlständige und nur noch 2,9 Milliarden Arme nach oben entwickeln wird. Die Anzahl der Hungernden wird sich auf 400 Millionen halbieren, was bereits als erster Erfolg zu werten ist.

Natürlich weist dieser Wohlstand relative Komponenten auf. Klar ist aber, dass in Indien, China, Thailand und in allen anderen Ländern der Emerging Markets neue Mittelschichten entstehen, die weltweite Auswirkungen haben werden. Wohlstand will genossen und nach außen gezeigt werden. Damit entsteht ein ganz neuer Markt für so genannte «Climber Products», die erste Schritte des Wohlstands begleiten. Das sind zum Beispiel einfache Ausführungen von Kühlschränken, Stereoanlagen, Mobiltelefonen oder auch das indische Traumauto für 2000 US-Dollar von Tata – oder die Line Extension «Quick Wash» vom Waschmittel Surf Excel von Unilever, das zwei Eimer Wasser pro Waschvorgang spart, ein echter Nutzen in wasserarmen Regionen.

Nachhaltiges Wachstum wird in den nächsten zehn bis zwanzig Jahren nur aus diesen aufstrebenden Regionen kommen. Es muss zwar nicht unbedingt der 100-Dollar-PC von MIT-Forscher Nicholas Negroponte sein, aber überlegen Sie sich: Wie können Sie mit Ihrer Marke diese neuen Mittelschichten aus der ganzen Welt durch Basic-Varianten Ihrer bestehenden Produkte und Markenleistungen für sich neu erschließen?

Auch Banken können von der neu entstehenden Mittelschicht profitieren. Der jüngste Friedensnobelpreisträger, Muhammad Yunus, ein Banker, hat mit seiner Erfindung des Mikrokredits Millionen von Menschen in Bangladesch und Indien zur eigenen Existenz verholfen. Das Prinzip des Mikrokredits ist einfach: Muhammad Yunus verhilft Männern und Frauen zu kleinen Krediten, die zumeist an eine Gruppe verliehen werden, um den sozialen Gruppenzwang der Rückzahlung als Sicherheit zu nutzen. Der Mikrokredit ist nicht nur in Indien ein riesiger Erfolg: Bis heute haben bereits über sieben Millionen Menschen ihre eigene Existenz aufgebaut. Mittlerweile bieten auch international tätige Banken wie die Credit Suisse mit der Organisation «responAbility-Social Investment Services» Mikrokredit-Fonds an, die wiederum in Mikrofinanzinstitute in Entwicklungsländern investiert sind.

Die Renaissance der europäischen Werte

Dank der Globalisierung sind europäische Werte in Form von Lebensstil, faszinierenden Luxusmarken und generellem Streben nach Lebensqualität überall gefragt, insbesondere in den Emerging Markets. In den Einkaufsstraßen von Buenos Aires, Shanghai, Bangalore, Peking, Moskau, Warschau und Kapstadt sieht man Outlets großer europäischer Modemarken wie etwa GUCCI, Hermes, Prada, Louis Vuitton. Ebenso präsent sind Autohersteller wie Mercedes, BMW oder Audi. Auch Schweizer Schokolade ist dort heiß begehrt. Audi alleine hat in 2006 rund 80 000 Fahrzeuge in China verkauft und ist dort Marktführer im Premium-Segment.

Der europäische Lebensstil, der in solchen Marken seinen Ausdruck findet, ist weltweit, insbesondere bei den gebildeten Schichten der USA, ein Zeichen von Distinktion und Aufstieg. Vor allem die deutsche Business-to-Business-Maschinenbauindustrie kann aufgrund des positiven Vorurteils gegenüber «German Engineering» erhebliche Markenvorteile und Preisaufschläge gegenüber dem weltweiten Wettbewerb in Asien und Dubai für sich verbuchen. Gleichsam befördert das Qualitätsversprechen «Made in Switzerland» die großartigen Exporterfolge der Schweizer Uhren und Lebensmittelindustrie, was zeigt, dass die Marke «Schweiz» eben doch für Präzision, Reinheit und Redlichkeit steht. Nicht zuletzt profitiert auch die Schweizer Finanzindustrie mit ihren international tätigen Instituten wie der UBS, Credit Suisse oder Julius Bär und den vielen unabhängigen Vermögensverwaltern von diesen positiven Vorurteilen gegenüber Europa und der Schweiz.

Die europäische Markenführung ist die einzige Markenführungskultur, die es geschafft hat, weltweit wirkliche Luxus- und Kulturmarken aufzubauen. Die allseits bewunderten US-amerikanischen Marken wie Coca-Cola, Mc Donald's oder General Electric konnten sich hingegen hauptsächlich über die schiere Marktgröße des Binnenmarktes USA mit über 250 Millionen Einwohnern als Massen-Brands aufbauen, aber keine Premium-Marken etablieren. Entscheidend für die Qualität einer Marke ist aber ihre Attraktivität und nicht ihre Bekanntheit.

Die europäischen Marken mussten sich erst in ihren kleinen nationalen Märkten bewähren, um dann langsam international wachsen zu können. Der neue europäische Binnenmarkt mit 27 Ländern, einer einheitlichen Währung und über 400 Millionen Einwohnern zeigt nicht nur ein großes Markenpotenzial innerhalb Europas, sondern bietet eben auch die Chance, sich als europäische Premium-Marke in anderen Kontinenten zu positionieren.

Stellen Sie sich also die Frage: Wie können Sie Ihre Herkunft, Ihre Nationalität und die daraus abgeleiteten positiven Werte aufnehmen, um in diesen aufstrebenden Märkten einen Premiumvorteil zu gewinnen oder sogar zum Aufstiegssymbol zu werden?

Fortschreitende Urbanisierung

Als weitere Konsequenz der Globalisierung beschleunigt sich insbesondere auch die Verstädterung. Parallel dazu entstehen neue wirtschaftliche und kulturelle Zentren. Die Vereinten Nationen prophezeien, dass im Jahr 2050 bereits drei Viertel der Weltbevölkerung beziehungsweise rund sechs Milliarden Menschen in Städten leben werden. Im Jahr 2008 wird bereits jeder zweite Mensch ein Stadtbewohner sein. Wie werden diese Städte dann aussehen? Welche Trends lassen sich in den Zukunftsmetropolen beobachten?

Auch hier ist Asien mit den weltweit größten Städten ein Vorreiter für ein Phänomen, das Matthias Horx mit «Stadtflucht in die bessere Stadt» beschreibt. In Chongming Island, nahe Shanghai, entsteht bis zum Jahr 2040 auf 84 000 Quadratkilometern Fläche eine neue Stadt der Zukunft. Dongtan fungiert als erste und bislang einzige Ökokleinstadt der Welt mit Raum für rund 500 000 Menschen. Sie steht unter dem Motto «Better City, Better Life». Dongtan wird nur für Fußgänger und Flaneure konzipiert. Die Stadtbezirke sind so angelegt, dass jeder Punkt mit öffentlichen Fortbewegungsmitteln in sieben Minuten zu erreichen ist. Auch wird die Stadt unter dem Motto «Zero Emission» ihre Energie ausschließlich aus erneuerbaren Energiequellen wie Wind, Sonne und Biomasse generieren. Die Verkehrsmittel werden mit Wasserstoff und Elektromotoren oder durch menschliche Antriebskraft betrieben.

Ein weiteres wegweisendes Projekt ist New Songdo City, ein seit 2004 im Bau befindliches Stadtprojekt für 365 000 Menschen in Südkorea, das sich als so genannter Business-Hub positionieren will. Dort befinden sich 60 Millionen Städter mit einem Gesamtbruttosozialprodukt von 1,3 Billionen US-Dollar. Von dort lässt sich ein Drittel der Weltbevölkerung in weniger als drei Stunden Flugzeit erreichen. Um für die gesellschaftliche Avantgarde Asiens attraktiv zu sein, werden städtebauliche Elemente und Attraktionen aus Weltmetropolen wie Sydney, New York und Venedig integriert. So wird New Songdo City eine zweite Version des New Yorker Central Park als Herzstück und Stadtseele erhalten. Außerdem enthält jedes Haus, jede Wohnung und jedes Büro digitale Informationssysteme, die

Kontakte mit Behörden, medizinischen Einrichtungen oder der Regierung erleichtern sollen.

Aus diesem Musterbeispiel einer Stadt der Zukunft lässt sich lernen, dass sie sowohl klein und autofrei sein kann, mit nachhaltigen Energien und Techniken ein urbanes Leben ermöglicht und dabei neueste Technologien wie Internet oder Digitalisierung für sich nutzt. Ähnliche Urbanisierungsprojekte mit anderen Energiekonzepten sind in Dubai und in den vereinigten Arabischen Emiraten zu besichtigen. Der eine oder andere unter Ihnen wird diese Städte nicht nur kennenlernen, sondern sich – beim dritten oder vierten Aufbruch – gegebenenfalls dort niederlassen.

Bewusste innere Globalisierung

Letztendlich kann die wirkliche Konsequenz aus der Globalisierung nur eine bewusste «innere» Globalisierung sein, mit dem Ziel, sich mit den globalen Phänomenen zu «verbinden» und andere Kulturen, Lebensweisen und Weltansichten kennenzulernen, um schrittweise das nationalistische Denken zu überwinden und sich immer mehr als Teil der Welt zu fühlen. Dies beginnt mit dem Genuss fremdländischer Speisen von der Pizza über japanisches Sushi und geht bis zum Wohlfühlprogramm dank indischem Ayurveda.

Für Unternehmen, insbesondere auch kleinere und mittelständische Betriebe, kann innere Globalisierung auch bedeuten, vermehrt Menschen aus fremdländischen Zielmärkten im Management zu integrieren und nebst dem fachlichen speziell auch vom kulturellen Wissen dieser Leute zu profitieren. Konnektivität statt Abgrenzung ist hier das Schlüsselwort.

Welche Konsequenzen lassen sich nun für Ihre zukünftige Markenführung aus dem Trend Globalisierung ableiten?

BrandFuture-Checkliste
- Wie können Sie das asiatische Element in Ihrer Markenführung nutzen?

- Gelingt es Ihnen, mit Hilfe so genannter «Climber Products» die neu entstehenden Mittelschichten für sich zu nutzen?
- Wie können Sie Ihre europäische Identität mit Werten Ihrer Heimat, Ihrer Industrie usw. für Ihre Marke innerhalb des neuen Europas, aber auch außerhalb Europas zur Wertsteigerung nutzen?
- Überprüfen Sie Ihre Marke auf die Attraktivität Ihrer Werte in den jeweiligen Kulturregionen.
- Spricht Ihre Marke eine unbewusste, universelle Sprache?
- Sprechen Sie generelle, menschliche, archetypische Codes an?
- Ist Ihr Produkt, Ihre Marke, Ihre Branche in dem jeweiligen Land, in dem jeweiligen Kulturkreis Code-konform? Wenn nicht, wie können Sie es werden und welche Werte stellen Sie in den Vordergrund?

Megatrend 2: Das Kreative Zeitalter und die neue Gesellschaft

Wie wird die Globalisierung das Umfeld in unseren Breitengraden beziehungsweise in der westlichen Gesellschaft verändern? Was für Inhalte, Fähigkeiten und Angebote werden gefragt sein? Welche wesentlichen Trends bestimmen die Konsumwelt von morgen?

Wir befinden uns heute – nach dem Agrar- und dem Industriezeitalter – mitten in der dritten Welle der Wertschöpfung, im so genannten Wissens- oder Informationszeitalter (siehe Grafik). Dieses wurde bereits in den 1960er-Jahren mit den ersten Computern und spätestens durch die ersten Personalcomputer in den 1980er-Jahren eingeläutet. Wissenszeitalter meint, dass wir heute das meiste Geld durch die Verarbeitung von Informationen und Know-how beziehungsweise mit Know-how-intensiven Tätigkeiten verdienen. Gleichzeitig kündigt sich bereits ein neues Zeitalter an: das Zeitalter der Kreativität, auch Konzeptionelles Zeitalter genannt.

Der Soziologe Daniel H. Pink hat diese kommende neue Welle der Wertschöpfung in seinem Buch «A Whole New Mind» sehr an-

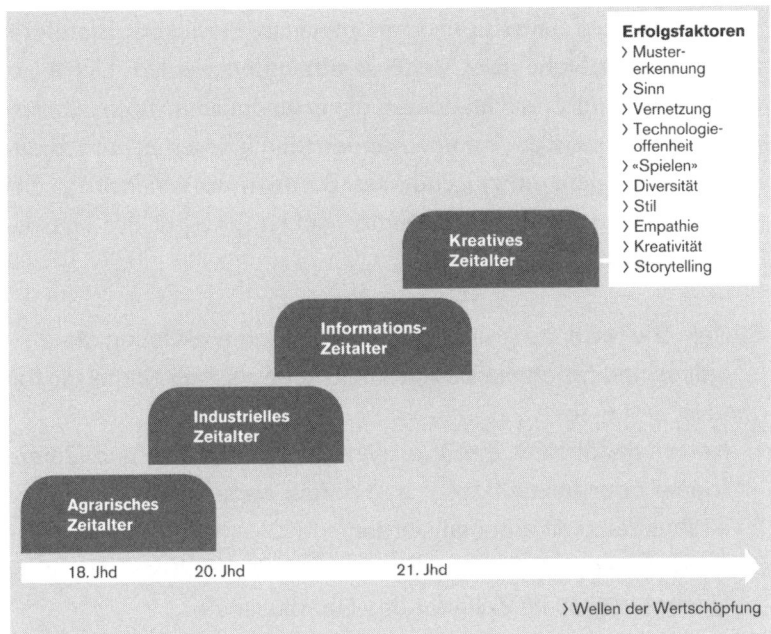

> Wellen der Wertschöpfung

schaulich beschrieben. Er macht drei hauptsächliche Faktoren für das Entstehen des neuen Zeitalters verantwortlich: Überfluss, der Aufstieg Asiens und die zunehmende Automatisierung. In den USA gibt es mittlerweile mehr Autos als Führerscheinbesitzer. Die gesamte westliche Welt leidet an Übergewicht. Unsere Schränke und Keller quellen über, und dennoch erlebt die Recycling- und Abfallindustrie seit Jahren einen Wachstumsboom.

Gleichzeitig nimmt die Angebotsvielfalt an Waren immer noch stetig zu. Dieser reale und gefühlte Überfluss auf der materiellen Ebene führt dazu, dass sich unsere Knappheiten und Sehnsüchte nach den immateriellen und ästhetischen Lebensqualitätsthemen richten. Wirkliches Wachstum wird also im emotionalen, immateriellen Angebotsbereich stattfinden. Das heißt, Menschen wollen nicht per se mehr Konsum im Leben, sondern sie wollen ein besseres und schöneres Leben. Sie werden ihr Geld für Freizeit und Möbel, persönliche Transformation durch Meditations- und Fitnesskuren sowie für Produkte und Eingriffe für die persönliche Schönheit ausgeben.

Der Aufstieg Asiens und Osteuropas als Produktionsstandorte muss an dieser Stelle nicht weiter kommentiert werden. Der dritte von Pink genannte Aspekt, der uns das neue Zeitalter anzeigt, äußert sich in zunehmender Automatisierung durch Internet und Breitbandtechnologien, die steigende Vernetzung in verschiedensten Bereichen sowie vermehrt intelligente Standardprozesse der Herstellung in Industrie und Handel.

Stellen Sie sich aufgrund der drei Faktoren Aufstieg Asiens, Überfluss und zunehmende Automatisierung schon einmal die folgenden drei Fragen:

1. Kann Ihre Tätigkeit, Ihre Wertschöpfung ein Mittel- und Osteuropäer oder Asiate besser und billiger herstellen?
2. Ist Ihre Tätigkeit automatisierbar?
3. Produzieren oder liefern Sie etwas wirklich Knappes, stark Nachgefragtes im Zeitalter des Überflusses?

Wenn Sie die ersten beiden Fragen mit Ja beantworten und die dritte mit Nein, sehen Sie für sich und Ihre Marke einen erheblichen Anpassungsbedarf, um im Kreativen Zeitalter die richtige Fitness, das heißt die passende Lösung bereit zu haben.

Die Kreative Klasse: Die neue gesellschaftliche Avantgarde

Evolutionär betrachtet zwingen uns die drei Fragen zur Flucht nach vorne. Was kommt nach dem Informationszeitalter, welche Fähigkeiten sind es, die gefragt sein werden, und wer wird davon profitieren?

Zu Beginn des Kreativen Zeitalters hat sich bereits eine Kreative Klasse gebildet, die quasi als Vorreiter nach dessen Wertschöpfungsprinzipien lebt – und die natürlich das Bild der künftigen Konsumenten ausmacht, die es zu gewinnen gilt. Der Namensgeber dieser Klasse ist der amerikanische Soziologe Richard Florida. In seinem Buch «The Rise of the Creative Class» hat er schon vor einigen Jahren auf das Entstehen dieser neuen Stil- und Lebensform bildenden Avantgarde hingewiesen. Er bezeichnet damit Menschen, die ihr

Leben, ihren Lebensunterhalt durch kreative Dienstleistungen wie Informieren, Variieren, Vermarkten, Verschönern, Beraten, Therapieren, Transformieren, Prognostizieren, Trainieren, Konzipieren, Entwerfen, Kommentieren, Managen oder Moderieren verdienen und damit einen attraktiven Unterschied für ihre Kunden schaffen. Diese Menschen finden sich in Bereichen der Wissenschaft, Technik, Forschung und technologiebasierten Industriezweigen, aber natürlich auch in Kunst, Musik, Kultur, Ästhetik und Design sowie in wissensbasierten Bereichen wie Medizin, Finanzwesen und Recht. Diese Berufsgruppen stellen bereits heute rund 20 bis 40 Prozent der arbeitenden Bevölkerung dar. Finnland, USA, Großbritannien und Irland haben heute den höchsten Prozentsatz an diesen Kreativen in ihrer arbeitenden Bevölkerung. In Deutschland als klassischem Industriearbeiterland steht uns diese Revolution der Arbeitswelt noch bevor. Die Förderung der Selbstständigkeit durch Ich-AGs und andere eigenverantwortliche Arbeitsformen geht – bei aller Kritik der Arbeitsmarktreformdebatte – generell in die richtige Richtung.

Die Kreative Klasse löst den klassischen Angestellten, der hierarchisch, pflichtbewusst und im Wesentlichen rational seine Arbeit erledigt, als neues Leitmilieu ab. Menschen der Kreativen Klasse verbinden ihre Lebenseinstellung mit ihrer beruflichen Tätigkeit. Sie nutzen die Arbeit, um sich selbst zu verwirklichen. Sie brauchen Spielräume für ihre Kreativität, um Neues zu schaffen, und lieben es, von der Norm abzuweichen. Eines ihrer Hauptziele ist, ihre Lebensqualität in Verbindung mit Selbstverwirklichung zu steigern. Das heißt, sie begehren Produkte, Dienstleistungen und Erfahrungen,

- die ihrer Selbstklärung dienen,
- ihr körperliches Wohlsein fördern,
- ihr Beziehungsnetz wachsen lassen,
- ihr Leben vereinfachen,
- sie in ihrer Lebenskunst voranbringen,
- ihre freie Zeit erhöhen und ihr Wissen vermehren,
- sie streben nach Qualität und Verlässlichkeit.

Andreas Giger hat in seiner Studie 2004 diese entscheidenden Kriterien herausgearbeitet, die für Mitglieder der Kreativen Klasse bei Marken und Kaufentscheiden wichtig sind.

Schauen Sie sich diese Kriterien einmal an und fragen Sie sich, wie das Kreative-Klasse-Potenzial Ihrer Marke ist. Ein Kreative-Klasse-Hotel ist das Castell in Zuoz im Engadin – *on a Different Mountain near St. Moritz*. «The fine art of relaxing» – so lautet der Claim. 2004 aus einem alten Castell renoviert, verbindet es moderne Architektur und Kunst mit alter Substanz. Verschiedene Künstler haben unterschiedliche Elemente im Haus gestaltet, die sich als moderne Kunstinstallationen präsentieren. Zur Inspiration der Gäste werden regelmäßig «Art-Weekends» angeboten.

Das Castell kombiniert eine traditionelle, alpinistische Bauweise mit modernen, urbanen Gestaltungsrichtlinien. Ein Original-Hamam, Massagen und Produkte der Naturkosmetik «Just Pure» laden zur Entspannung ein. Die Küche verzaubert seine Gäste mit einer asiatisch-schweizerischen Fusion «Schnitzel meets Sushi». Der Schweizer Service ist hervorragend, die Ganztagesbetreuung für Kinder eine Selbstverständlichkeit. Das Castell zieht nicht statusorientierte St.-Moritz-Besucher an, sondern die kreativen Selbstständigen, den Denker und kreativen Unternehmer, mit oder ohne Familien.

Der Kampf um die Kreative Klasse ist ein wesentlicher Faktor im weltweiten Standortwettbewerb. So werden nur Staaten, Regionen und Städte prosperieren, denen es gelingt, durch Technologie-Offenheit, gesellschaftliche Toleranz, kulturelles Angebot, Hochbildungsstandort und Kulinarik im Sinne der lebbaren Lebensqualität die kreativen Talente dieser Welt anzuziehen. Dies ist im Übrigen ein maßgeblicher Standortvorteil von kreativen Städten wie München, aber auch dem immer stärker werdenden Berlin. Im Ausland laufen Kopenhagen, Helsinki, Boulder in Arizona und weitere Citys den etablierten Topregionen der Welt wie New York, London oder Paris mittlerweile den Rang ab.

Hybride Konsumenten: «Bobos» und «Lohas»

Schon im Jahr 2000 hat David Brooks in seinem Buch «Bobo's in Paradise – The New Upperclass and How They got There» das Entstehen dieser neuen gesellschaftlichen Avantgarde beschrieben. Der Begriff «Bobo» setzt sich aus dem Begriff Bourgeoise und Bohemien zusammen. Er bezeichnet Menschen, die sowohl eine bürgerliche, leistungsorientierte Einstellung haben und Karriere anstreben als auch gleichzeitig wie Bohemiens, Künstler und freie Kreative ihr Leben in vollen Zügen genießen möchten. Sie haben sozusagen den verkrampften, leistungsorientierten Yuppie der 1980er-Jahre abgelöst und sind seit Mitte der 1990er Jahre die Avantgarde, die schrittweise auch die Lebensform der bürgerlichen Mitte beeinflussen wird.

Man trifft sie unter anderem in alten (Wiener) Kaffeehäusern, aber auch an beliebten Versammlungsorten wie etwa Starbucks. Unter ihnen findet man den Espresso trinkenden Professor ebenso wie den Caffè Latte löffelnden Banker. Sie kombinieren Aufstiegswille mit Lebensfreude, Vermögensaufbau mit kreativer Schaffenskraft sowie Selbstverwirklichung mit Verantwortung für die Gesellschaft.

Aus diesen Bobos hat sich evolutionär die Gruppe der Lohas entwickelt. Lohas frönen dem «Lifestyle of Health and Sustainability». Forschungen in USA und Europa gehen davon aus, dass sich mittelfristig ein Drittel der Bevölkerung diesem Lifestyle anpassen wird. Für diesen sind Gesundheit und Genuss gleichermaßen wichtig. Ebenso legen sie großen Wert auf Umweltverträglichkeit, individuelles Wohlergehen, Familie und die eigene Karriere. Der amerikanische Soziologe Paul Ray und die Psychologin Ruth Anderson haben zu Beginn des 21. Jahrhunderts ein Buch geschrieben, das den Untertitel trägt: «How 50 Million People are Changing the World.» Diese hybriden Konsumenten werden auch als kulturell Kreative bezeichnet. Sie sind zumeist intensive Leser, sehen wenig fern, setzen sich aktiv mit Kunst und Kultur auseinander und streben nach Authentizität. Folglich lehnen sie schlechte Qualität und Wegwerfartikel ab. Sie sind Vorreiter bei der Nutzung erneuerbarer Energien und kaufen Bioprodukte, die aber auch gleichzeitig besonders gut schmecken müssen. Zentrales Element im Leben der Lohas ist die Sehnsucht nach Authentizität, nach innerem Wachstum. Sie möchten Dinge gerne selber erfahren, statt informiert zu werden. Bei ihren Handlungen bedenken sie das große Ganze und möchten sich überdurchschnittlich für die Gesellschaft engagieren, zum Beispiel in Form von Ehrenämtern.

Wer diese neue kaufkräftige und wachsende Konsumentenschicht gewinnen möchte, muss sowohl eine hervorragende sinnliche Erfahrung liefern als auch ethisch und ökologisch einwandfrei handeln. Keinesfalls dürfen klassische Marketingtechniken wie Penetranz, Überzeugung oder sogar Verschleierung Anwendung finden. Typische Lohas-Erfolgsmarken sind unter anderem der Versandkatalog Manufaktum oder die Erlebnis-Community «Slow Food», die Essen wieder zu einem sinnlich erfahrbaren Kennerritual stilisiert. Hinzu kommen in zunehmendem Maße aber auch Ökosupermärkte wie «Basic» oder eine neue Öko-Fashion von Timberland.

Die kreative Klasse, die Bobos und Lohas, sind kein gesellschaftliches Randphänomen, sondern sie werden durch ihre Position in Medien und Gesellschaft, durch ihren steigenden Anteil an der Wertschöpfung und damit auch in ihrer Konsumkraft die Gesellschaft so weit prägen, dass ihre Werte in den nächsten zehn bis zwanzig Jahren auch die bürgerliche Mitte und damit die gesamte Gesellschaft erreichen werden.

Schlüsselkompetenzen für Menschen und Marken im Kreativen Zeitalter

Was sind nun die Kompetenzen, die uns als Quelle der Wertschöpfung im Kreativen Zeitalter dienen können?

Im Folgenden finden Sie die wesentlichen Kompetenzen (unter anderem von Daniel Pink und Richard Florida aufgeführt), die für Ihre Markenführung im Kreativen Zeitalter unerlässlich sind.

- *Kreativität:* Ideen für Innovationen und neue Problemlösungsansätze werden grundlegende Fähigkeiten sein, um im globalen Wertschöpfungsprozess immer wieder einen Unterschied zu machen und damit neue Wertigkeiten und neue Märkte zu schaffen.

Marken müssen die Kreativität ihrer Kunden fördern, sie müssen inspirieren und nicht penetrieren.

- *Empathie:* In der individualisierten und älter werdenden Gesellschaft wird es immer wichtiger, sich in andere Menschen hineinfühlen zu können, ihnen das Leben zu erleichtern und sie somit im Lebensalltag mit individuellen Problemlösungen für ihre Lebensknappheiten und Sehnsüchte maßgeschneidert zu entlasten sowie sie im Sinne einer sozialen Fürsorge in eine Gemeinschaft, oder neudeutsch Community, einzubinden. Marken müssen zuhören und begleiten können.

- *Stil und Design:* In unserer Gesellschaft des materiellen Überflusses werden die feinen Unterschiede immer relevanter, denn die reine Funktion ist austauschbar. Ansprechendes Design, das mit den richtigen kulturellen, ästhetischen Codes arbeitet, macht ein Produkt unverwechselbar und ist ein Zeichen des gesellschaftlichen Status sowie der kulturellen Zugehörigkeit. Die Renaissance der Knigge-Seminare an den Volkshochschulen beziehungsweise der Knigge-Guides in «Focus» und «Stern» zeigen, dass Benimm- und Stilsicherheit ein wesentliches Element der neuen Lebensart sind. Auch der steigende Konsum von Kunst weltweit zeigt, dass sich Menschen immer mehr ästhetisch öffnen und verfeinern wollen. Die Marke wird ein Gehilfe des Lebensdesigns.

- *Muster erkennen, Komplexität reduzieren:* Mustererkennung ist die Fähigkeit, komplexe Probleme zu strukturieren und mit Hilfe verschiedenster Informationen und Symbole zu lösen. Diese Fähigkeiten braucht man insbesondere in allen beratenden Berufen, vom Rechtsanwalt bis zum IT-Consultant, aber auch in Wissenschaft, Medizin, Technik und Finanzen. Dies ist die Einstiegskompetenz in die wissensbasierten Berufe. Marken müssen sich einfach («Seamless») den individuellen Anforderungen als Lösungsanbieter anpassen.

- *Storytelling:* Im Zeitalter der Informationsflut können Menschen oft nur noch durch eingängige Geschichten erreicht und überzeugt werden. Zunehmend benötigen wir größere, emotionalere und bildhaftere Kontexte, um mit unserer Botschaft unsere Zielgruppen zu erreichen. Letztendlich beruht die gesamte Unterhaltungsindustrie auf dem Phänomen der multisinnlichen Geschichtenerzählung. Marken müssen sich diese Technik noch stärker zu Nutze machen.

- *Sinn stiften, Relevanz finden:* Um uns in der zunehmenden Unübersichtlichkeit und Komplexität der Märkte, des Lebensalltags und der vielen Anforderungen zurechtzufinden, benötigen wir die Fähigkeit, wichtige von unwichtigen Informationen zu trennen, richtig zu interpretieren und mit unserem Lebensziel zu vereinbaren. Besitzen wir diese Fähigkeit nicht, gehen wir sowohl an den Anforderungen als auch an der Notwendigkeit, unserem Leben einen werthaltigen Sinn zu geben, zugrunde. Dies ist wiederum ein Nährboden für den Markt Lebenscoaching, der sich unter anderem im Buchhandel im Bereich Lebenshilfe mit jährlich zweistelligen Wachstumsraten niederschlägt. Marken werden immer mehr Service-Provider für ein glücklicheres Leben.

- *Konnektivität, Vernetzen und Verknüpfen:* In einer Ära der interkulturellen Globalität, im Zeitalter der technologischen Konvergenz ist die Fähigkeit des Vernetzens eine Schlüsselkompetenz. Dies umfasst zum Beispiel, Elemente anderer Kulturen mit eigenen Produkten zu verbinden oder den eigenen Lebensentwurf mit den Anforderungen meines Arbeitgebers zu verknüpfen und gleichzeitig die individuellen Wünsche meines Partners oder meiner Partnerin und Freunde dabei zu integrieren. Marken müssen verknüpf- und vernetzbar sein.

- *Diversität:* In einer Welt, in der viele Kulturen aufeinandertreffen, ist es für die Zukunftsfähigkeit natürlich entscheidend, Andersartigkeit und andere Kulturen nicht nur zu tolerieren, sondern auch in die eigene Marke, in den eigenen Lebensentwurf zu integrieren. Marken müssen kulturell offen sein und Diversität noch stärker fördern.

- *Technologie-Offenheit:* Neue Technologien bestimmen immer stärker unseren Lebensalltag. Autos erhalten eine höhere Intelligenz und werden uns bald als Fahrer ersetzen. Häuser sind vermehrt mit modernster Sensorik ausgestattet und passen sowohl den Energiebedarf als auch die Informationstechnik automatisch unseren Vorlieben an. Wer im kreativen Zeitalter nicht selbstbewusst mit neuen Medien umgehen, digitale Helfer nicht zur Strukturierung seines Sozialalltags nutzen kann und nicht mit Hilfe von neuen Technologien versucht, seinen Lebensenergiehaushalt zu reduzieren, wird kaum langfristig zukunftsfähig sein. Die Marke muss sich adaptiv an die Welt der Kunden anpassen lassen und nicht umgekehrt.

- *Gaming:* Die Fähigkeit, spielerisch Neues auszuprobieren, auf Plattformen virtueller Welten neue Verhaltensweisen zu erlernen, ist nicht nur für Kinder essentiell. Vermehrt werden solche Formen auch von Erwachsenen genutzt, um neue Lebensperspektiven und Fähigkeiten zu entdecken, aus dem Alltag auszubrechen und sich sozusagen selbst zu «entgrenzen».
Nur so ist der Erfolg von World of Warcraft zu verstehen, einem Multiplayer-Online-Game, das zurzeit von über 4,5 Millionen Menschen weltweit gespielt wird. Die Spieler schlüpfen in neue Rollen, schließen sich zu Gruppen zusammen und kämpfen trickreich für eine bessere Zukunft, in der das Gute über das Böse siegt. Das Spiel ermöglicht neue Erfahrungen und erweitert den Lebenshorizont. Second Life als echte Parallelwelt ist dagegen etwas phantasieloser, da reale Verhaltensweisen in die Online-Welt übertragen werden. Menschen versuchen hier auch in ihrem «Avatar» (Ableitung aus Sanskrit: «avatara» heißt «Inkarnation)» sie selbst zu sein und wiederholen ihre realen Probleme. Laut der amerikanischen Entertainment Software Association beträgt im Übrigen das Durchschnittsalter der Spieler 30 Jahre.

Diese Fähigkeiten und Inhalte werden zu wesentlichen Schlüsselkompetenzen für die Wertschöpfung und Marken in der globalisierten Welt und im Kreativen Zeitalter.

Für Sie stellen dies Chancenpotenziale dar, die Sie nicht verpassen sollten.

BrandFuture-Checkliste

- Inwieweit besteht Ihre Leistung, die Sie in Ihrer Marke verdichten, schon aus den Wertschöpfungsfaktoren des Kreativen Zeitalters? Nutzen Sie Kreativität, Stilsicherheit, Design, Sinnstiftung oder Spieltrieb, um für das Kreative Zeitalter fit zu sein?
- Ziehen Sie die Kreative Klasse an, indem Sie deren Lebensqualität fördern, Beziehungsnetze wachsen lassen, Leben vereinfachen und dabei gleichzeitig vertrauenswürdige Qualität liefern?
- Wie passt Ihre Marke zu den Lohas und Bobos dieser Welt? Bieten Sie authentische Erfahrungen? Vermeiden Sie klassische Überredungstechniken und handeln ökologisch nachhaltig und moralisch einwandfrei?

Megatrend 3: Paradigmenwechsel – Erstarken der Frauen und der weiblichen Werte

Frauen gewinnen zunehmend an Einfluss in allen Lebensbereichen und entwickeln sich dadurch zu einer immer wichtigeren Konsumentengruppe. Frauen besitzen in den USA heute schon mehr als 50 Prozent aller Aktien und sind kurz davor, mehr als die Hälfte des privaten Vermögens in den USA zu repräsentieren, was 14 Trillionen US-Dollar entspricht.

Frauen sind die hauptsächlichen Entscheidungsträger im Bereich Konsumwaren. Nach Fara Warner in «The Power of the Purse» (2005) sind sie zum Beispiel in den USA für über 94 Prozent der Möbelkäufe, 60 Prozent der Autokauf-Entscheide und 50 Prozent der gebuchten Reisen verantwortlich. In Deutschland, so das Ergebnis unserer Studie «Finance & Brands», bestimmen in rund 60 Prozent der Privathaushalte Frauen über Finanzentscheidungen und sind die wesentlichen Treiber bei Eigentumswohnungs- oder Hauskäufen. Im Bildungsbereich zeichnet sich hingegen eine gravierende Entwicklung ab: Bereits heute besuchen mehr Mädchen als Jungen Gymnasien und nehmen zahlreicher ein Studium auf. Das männliche Geschlecht hat nur bei Haupt- und Sonderschulen die Nase vorn. Durch diesen Bildungsvorteil findet eine schleichende Einkommensverteilung zugunsten der Frauen statt. Obwohl sie auch heute noch in vielen Positionen weniger verdienen als Männer, verfügen Frauen dennoch über ein zunehmend steigendes Einkommen und dadurch über mehr Freiheiten in Konsum und in ihrer unabhängigen Rollendefinition in der Partnerschaft, als Mutter und Lebensunternehmerin.

Was Frauen wünschen

Eine aktuelle Untersuchung des Allensbacher Instituts für Demoskopie erbrachte ein bemerkenswertes Ergebnis. Auf die Frage, was für Frauen mittleren Alters besonders wichtig und erstrebenswert sei, nannten 63 Prozent Unabhängigkeit und Selbstbestimmung, 54 Prozent Kinderwunsch und 50 Prozent Erfolg im Beruf.

Frauen erwarten zusehends ein Lebenskonzept, in dem sie sowohl berufliche Unabhängigkeit und Karriere als auch Kinder- und Familienwunsch realisieren können. In Schweden, Frankreich, Dänemark oder Island, in denen dieses Lebensmodell seit längerem selbstverständlich praktiziert wird und arbeitende Mütter nicht als «Rabenmutter» gelten, beträgt die Geburtenrate rund zwei Kinder pro gebärfähiger Frau. In Spanien, Italien, Österreich, Deutschland und der Schweiz, Ländern mit sehr traditionellem Mutter- und Frauenbild, liegt die Geburtenrate mit 1,4 bis 1,5 Kindern pro gebärfähige Frau deutlich darunter. Allein ein Anstieg der Geburtenraten bei gleichzeitig zunehmender Erwerbsbeteiligung der Frauen würde im deutschsprachigen Raum eine regelrechte Wohlstandsexplosion auslösen.

Die nötigen Rahmenbedingungen sind allseits bekannt: Wir brauchen mehr Ganztagsschulen, flexiblere Arbeitszeiten, familienfreundliche Dienstleistungen und private, unterstützende Netzwerke, aber auch einen unverändert gesellschaftlichen Wandel, indem «neue» Männer verstärkt unabhängige Frauen dem klassischen Rollenbild einer treu sorgenden Mutter vorziehen. Darüber hinaus bedarf es aber auch eines generellen «Zukunftsoptimismus», in dem Kinderwunsch eine Selbstverständlichkeit darstellt.

Was bedeutet dieser Paradigmenwechsel für die Markenführung?

Neben diesen quantifizierbaren Faktoren sind Frauen heute die wesentlichen Multiplikatoren bei der Weiterempfehlung von Marken und Produkten. Zum einen sind sie in ihren Netzwerken «verbal promiskuitiver», das heißt, sie besprechen mit einer größeren Anzahl von Personen wichtige Inhalte als der doch eher wortkarge Mann. Zum anderen verfügen Frauen meist über ein größeres Beziehungsnetz als die meisten Männer. Und last, but not least sind es heutzutage häufig medial präsente Frauen, wie etwa die Moderatorinnen Sandra Maischberger, Anne Will, Maybrit Illner oder Kolumnistinnen in der «Bild» oder «Gala», die darüber entscheiden beziehungsweise multiplizieren, welche Marken oder welche Themen «in» oder «out» sind.

Um eine wirkliche Zukunftsmarke zu werden, gilt es also, Frauen samt ihrer männlichen Pendants, die über ausgeprägte weibliche Fähigkeiten verfügen, als echte Fans zu gewinnen, ihre Weiterempfehlungskraft zu fördern und zu nutzen. Die Frage lautet also: Was muss ich tun, um Frauen zu Fans zu machen? Soll ich ein spezifisches Frauenprodukt entwickeln? Muss ich zur «Frauenmarke» werden oder gibt es generelle Werte, die Frauen anziehend finden und die ich künftig stärker einbringen sollte?

Stil und Ästhetik als Türöffner

Dass Frauen mehr Wert auf ein attraktives Äußeres legen, liegt in der Evolution begründet. Durch dieses jahrtausendelange Training des ästhetischen Sinns haben Frauen mehr Gespür für Stil und Design, für das Zusammenspiel von Farben, Form und Ritual. Dies bedeutet nun für das Projekt «Frauen zu Fans», dass ein attraktives und ästhetisches Erscheinungsbild zusammen mit einem ansprechenden Auftritt Schlüsselfaktoren sind. Hilfreich ist hierbei, dass auch Männer zunehmend eine ausgeprägte ästhetische Ader entwickeln.

Einfühlsamkeit und Bedürfnisorientierung

Klassische Verkaufstricks und Überzeugungsstrategien werden von selbstbewussten und gebildeten Frauen besser durchschaut und beeindrucken sie kaum. Frauen schätzen es, wenn der Verkäufer auf ihre Bedürfnisse eingeht und nicht das Produkt, sondern einen erkennbaren Nutzen in den Vordergrund stellt. Nur wenige Frauen mögen so genannte Frauenprodukte, da diese meist den Charakter einer Belehrung oder eine herablassende Wirkung besitzen. Sie schätzen aber Produkte, die Weiblichkeit ansprechen oder weibliche Werte kommunizieren.

Easy to use

Frauen bevorzugen nur wenig technische Spielereien, sondern haben einen ausgeprägten pragmatischen Sinn. Sie lieben Dinge, die einfach zu bedienen und wirklich anwenderinnenfreundlich konzipiert sind. Ein zentraler Markenwert von Apple ist zum Beispiel der Aspekt «Easy to use». Die Erfinder des iPods und des iPhones haben neben einem schönen, puristischen Design sehr stark darauf geachtet, das Benutzen ihrer Produkte so einfach wie möglich zu gestalten. Die Kombination mit ansprechendem Design erklärt auch ihren jüngsten Erfolg sowohl bei Frauen als auch im Übrigen bei der kreativen Klasse oder der Avantgarde.

Life-Design als Ästhetisierung des Alltags

Durch die Kombination des Kreativen Zeitalters mit dem Megatrend Frauen entsteht ein sehr ausgeprägtes Streben nach Verschönerung des Lebens und des Lebensalltags. Eine immer bessere Kenntnis von Lebenskunst zielt darauf, das Dasein zu verfeinern.

Aktuell erfährt die Kochkunst erneut eine große Aufwertung – sowohl bei Frauen als auch bei Männern. Dies paart sich sehr häufig mit dem Wunsch, nach dem Feng-Shui-Prinzip immer «evolutionärer» und natürlicher zu wohnen. Daraus resultiert wiederum der jüngste Boom rund um Kunst und Kultur. Menschen beschäftigen sich wieder häufiger mit den schönen Seiten des Lebens und sind bereit, mehr Geld hierfür zu investieren. Auf diese Weise entstehen neue Geschäftsmodelle wie zum Beispiel Lumas, die nach dem Motto «Schöne Fotografie für alle» ausgewählte Künstler bittet, limitierte Auflagen ihrer Fotografien zu produzieren und diese zu fairen Preisen in den immer zahlreicher werdenden Galerien beziehungsweise im Internet auszustellen. Dieses Konzept ist so erfolgreich, dass 2006 ein Private-Equity-Unternehmen durch seine Beteilung das weitere Wachstum finanzierte.

Moral plus: Ethik, Nachhaltigkeit, Authentizität
Frauen sorgen schon seit Urzeiten stärker für den gesellschaftlichen Zusammenhalt als Männer. Das äußert sich heute bei Investitionen darin, dass Frauen stärker Nachhaltigkeit, ethische Verhaltenscodexe oder ein ökologisches Weltgleichgewicht erwarten. Renault schaffte es, durch eine ökologische, innovative Dieseltechnologie überdurchschnittlich viele Frauen als Käufer zu gewinnen. Auch die Kosmetikmarke Dove begeisterte mit ihrer «Initiative für wahre Schönheit und mehr Selbstwertgefühl» zahlreiche Frauen, die sich stärker nach weiblicher Natürlichkeit als nach einer gesellschaftlich aufoktroyierten Wunschrolle ausrichten. Per Dialog-Website äußern sich Frauen zu dieser Kampagne, so zum Beispiel Daniela D., 24 Jahre, Mannheim: «Ihr habt sooo recht! Jede Frau ist auf ihre Weise schön!» Dove hat dazu einen Leitfaden, «Das wahre Ich», herausgegeben, der Töchtern Hilfestellungen gibt, mit ihren Müttern besser über ihr Selbstwertgefühl und Schönheitsbild sprechen zu können. Dove weist darin darauf hin, dass 72 Prozent der Mädchen weltweit aus Unzufriedenheit mit ihrem Aussehen auf Aktivitäten verzichten. In über 16 Ländern existieren Diskussionsforen, in denen Frauen über Wunsch- und Ist-Bild ihres Körpers oder ihres Aussehens sprechen. Dove fördert so genannte Bodytalk-Workshops, in denen Pädagogen oder Jugendgruppenleiter in ihren Schulen oder Jugendgruppen Workshops zum Thema Schönheit und Selbstwertgefühl durchführen und die Jugendlichen so professionelle Unterstützung erfahren. In Deutschland finden solche Coachings beispielsweise über das Frankfurter Zentrum für Essstörungen statt.
Das Presse-Echo auf die Anzeigenkampagne der sechs «Real-Wo-

men von der Straße» war enorm und durchweg positiv. Nachgelegt hat Dove mit «Pro Age» ihrer Marke für reife Frauen, die Schönheit unabhängig vom Alter postuliert. Dove konnte neben ihren funktionellen Markeneigenschaften auch den kulturellen Code des Aufklärers, des Vorreiters für ein besseres Frauenbild in die Marke integrieren. So hat es Dove geschafft, mit einem mehr oder weniger austauschbaren Produkt Meinungsführerschaft für ein wirkliches Frauenthema zu übernehmen und dadurch ihren Markenwert und damit ihren Umsatz und Ertrag deutlich zu steigern.

BrandFuture-Checkliste
- Wie Frauen-fit ist Ihre Marke?
- Sprechen Sie mit Ihren Markenwerten und mit Ihrer Markenstilistik Frauen an?
- Ist Ihr Angebot attraktiv genug und einfach genug zu benutzen?
- Sind Sie empathisch freundlich, statt aufdringlich und penetrant?
- Nutzen Sie Frauen-Netzwerke? Versuchen Sie systematisch relevante Frauennetzwerke in Ihrem Markt für sich als Partner und Multiplikatoren zu gewinnen?
- Sind Sie nachhaltig genug? Ist Ihr Produkt moralisch und ökologisch einwandfrei, ohne im Genuss oder Geschmack eingeschränkt zu sein?
- Spricht Ihre Marke das Authentizitätsbedürfnis von Frauen an?

Megatrend 4: Down-Aging – Wie wir beim Älterwerden immer jünger werden

The idea is to die young as late as possible.

Ashley Montagu

Das ZDF zeigte im Januar 2007 die Zukunftsdoku-Soap «2030 – Aufstand der Alten». Senioren überfielen Apotheken, da ihnen das Geld für Medikamente fehlte, und in afrikanischen Verweillagern vegetierten Greise vor sich hin. Ist diese Zukunftsvision real oder ist sie eher ein Zeichen eindimensionalen Denkens, das an die klassische Erwerbsbiografie des Industriearbeitsalters gekoppelt ist: Tätigkeit in der Produktion oder in 8–17-Uhr-Bürojobs, offizielle Pension mit 67, tatsächlicher Ruhestand auf Grund des Lebens-Arbeitszeitendes, aber meist schon mit 60 Jahren?

Das Altersbild, das vom ZDF zweifelsohne mit Absicht überzeichnet wurde, ist aus meiner Sicht eine typisch deutsche, angstgetriebene, rückwärtsgewandte Inszenierung. Stattdessen wünscht man sich einen Aufruf und eine konstruktive Gedankenfolie, wie wir mit dem Phänomen Down-Aging umgehen können. Es ist doch eher so, dass wir real immer älter werden und uns dabei maßgeblich jünger fühlen als die «Alten» von früher.

Neues Lebensalter: Selbstbestimmung und Genuss

Altersforschungen in Norwegen und Japan haben gezeigt, dass wir bei einem Lebensalter von 90 Jahren lediglich die letzten 7,5 Jahre als Handicap-Phase erleben werden. Damit gewinnen wir eine agile Lebenszeit zwischen 60 und 85, die wir in vollen Zügen, bestenfalls mit leichten körperlichen Einschränkungen, genießen können. In einem neuen Lebensalter der Selbstbestimmung mit viel freier Zeit können sich diese und kommende Generationen älterer Menschen auf Lebensqualität, Entwicklung von Reife und Weisheit sowie eine aktive Erziehung ihrer Enkel konzentrieren.

Bis heute ist das finale maximale Alter der Menschen nicht zu berechnen. Jüngste Forschungen gehen davon aus, dass die Menschheit genetisch in der Lage ist, 120 Jahre alt zu werden. Die Alterstrendprognosen der UNO werden jährlich erhöht. Im Fall einer Weiterentwicklung der Gesellschaft geht man davon aus, dass unsere Lebenserwartung mit jedem gelebten Jahr um drei Monate steigt. Das heißt, in drei Jahren wird sich Ihre Lebenswahrscheinlichkeit um fast ein weiteres Jahr erhöht haben.

Diese Dynamik führt dazu, dass wir unser Älterwerden auf jeden Fall unterschätzen, was radikale Folgen für die Vorbereitung auf das Alter hat. Die vordringlichste Frage ist, wovon wir leben werden und was uns in den rund 30 Jahren der dritten Lebensphase Sinn geben wird. Hier entstehen erhebliche Marktpotenziale, unter anderem für Finanzdienstleister und Lebensberater, die uns ganzheitlich auf den dritten Lebensabschnitt vorbereiten.

Im Gegensatz zu komplizierten Modellen wie der Riester-Rente oder der Rürup-Rente in Deutschland gibt es in den USA bereits erste innovative Konzepte, darunter die so genannte Reverse Mortgage, die rückwärts orientierte Hypothek. Bei diesem Konzept treten ältere Menschen ihr schuldenfreies Haus einer Versicherungs- oder Leasinggesellschaft ab und erhalten dafür eine lebenslange Rente inklusive Sozial- und Gesundheitsbetreuung.

Wie und mit welchen Themen und Aktivitäten werden wir den dritten Lebensabschnitt sinnhaft verbringen? In diesem Bereich ist eine ganz neue Service- und Freizeitindustrie im Entstehen begriffen: Abenteuerreisen ab 50, Partner- und Single-Plattformen wie E-Harmony, die sich an Menschen ab 50 richten. Beratungsgesellschaften spezialisieren sich, diese Zielgruppe in ihrer Lebensplanung zu coachen. Beratungsnetzwerke von erfahrenen, pensionierten Managern sind im Aufbau, die ihre Erfahrung auf Tagesbasis jungen Unternehmern oder als Teilzeitmanager für mittelständische Unternehmen zur Verfügung stellen. Einige Menschen über 50 nehmen sich die Freiheit, wie Sharon Stone, weiterhin als Sexsymbol zu gelten und aktiv an der Verlängerung ihrer Fertilitätsphase zu arbeiten, um auch noch mit 50 oder älter Mutter zu werden.

Im Internet gibt es wunderbare Plattformen wie zum Beispiel Thirdage.com oder Tips-for-Boomers.com, die mit dem Motto werben, das Leben mit 50+ noch einmal neu zu erfinden. Dort stößt man auf einen selbstbewussten Umgang mit dieser neuen «Altersphase», wo sowohl Tipps für guten Sex ab 50 als auch bewusster Umgang mit Alzheimer unter anderem in Form von Videos angeboten werden. Man kann dort vom Videotanzkurs über die Finanzberatung bis zum Viagra-Kauf sein komplettes Leben neu organisieren. Natürlich gibt es dort auch hochwertigere Angebote, wie Studiengänge für Senioren zum Thema Kunst und Literatur.

Down-Aging heißt, dass die heute 60-Jährigen ein Selbstbild und ein Lebenskonzept verinnerlichen, das demjenigen eines 40-Jährigen vor ungefähr 30 Jahren entspricht. Der wachsende Bereich der Anti-Aging-Medizin hat herausgefunden, dass wir unser eigenes Alter bewusst durch die richtige Partnerwahl, hohe Bildung, täglich mäßigen Weinkonsum und richtige Ernährung sowie guten Schlaf selbst beeinflussen können. Die Erkenntnisse aus dieser noch jungen Medizinsparte und das wachsende Bewusstsein, das neue Alter als ein junges zu empfinden, wird unser Altersbild maßgeblich verändern. Statt in den Ruhestand zu treten, werden wir neue Arbeitszeitmodelle entwickeln und bis über 70 oder 80 freiwillig (oder auch unfreiwillig) berufstätig sein, sei es in Teilzeitarbeit, als Berater oder sogar in Festanstellung. Es ist sehr wahrscheinlich, dass wir nach 30 oder 40 Jahren Tätigkeit als Banker, Manager oder Angestellter eine dritte oder vierte Karriere erleben werden, und zwar als späte Selbstverwirklichung in Bereichen von Kunst, Kultur, Literatur oder auch im Umfeld sozialer Tätigkeiten.

Die ältere Generation wird immer reicher

Obwohl eine Vielzahl älterer Menschen aus der unteren Mittelschicht über ein geringes Auskommen verfügen, wird das Einkommen einer sehr großen Anzahl in den nächsten zwanzig Jahren in zunehmendem Alter durch Erbschaften stark ansteigen. Bereits heute sind mehr als zwei Drittel des verfügbaren Vermögens und Einkommens in den Händen von Menschen über 50 («The Economist»). In den nächsten zwanzig Jahren wird ein Großteil des Vermögens, das in den Nachkriegsjahren aufgebaut wurde, an 60-jährige «Kinder» vererbt werden. Was bedeutet das für Ihre Markenführung?

Die neuen Hedonisten kommen

Wer heute versucht, auf die Babyboomer-Generation 55+ mit Seniorenkonzepten und Seniorenmarken zu antworten, hat nichts verstanden. Diese Alterskohorte ist in den wilden 1960ern aufgewachsen und gehört wohl zu einer der hedonistischsten Kundengruppen. Babyboomers wollen ihr Leben genießen, sich ewig jung und frei fühlen und ihren Kult-Traum von der Easy-Rider-Freiheit endlich auf ihrer Harley Davidson ausleben können. Harley Davidson hat es übrigens geschafft, mit einem Kunden-Altersdurchschnitt von 54 Jahren eine attraktive Marke für Babyboomers zu etablieren – ohne als Seniorenmarke zu gelten. Die größten Chancen für Marken liegen in dieser Zielgruppe darin, deren hedonistischen Werte und Bequemlichkeitswünsche zu befriedigen und sie gleichzeitig im Jungbleiben sowohl geistig und körperlich als auch durch Konsum zu unterstützen.

Zweiter und dritter Aufbruch: Healthness und Lebensqualität
Durch das verlängerte Lebenszeitalter verändert sich die Lebensbiografie vom herkömmlich eher linearen Verlauf von Kindheit und Jugend über Erwerbs- und Familienleben bis zu einem kurzen Ruhestand neu hin zu einer Multigrafie des Wissenszeitalters. Diese zeichnet sich aus durch eine verlängerte Phase der Post-Adoleszenz nach der ersten Ausbildung, in der Menschen verschiedene «Identitäten» ausprobieren und unterschiedliche Lebens- und Arbeitsformen für sich erfahren wollen. Der Ruhestand weicht einem neuen zweiten oder dritten Aufbruch, in dem neue Partnerschaften, neue berufliche Herausforderungen oder auch einfach nur neue Hobbys und Lebensstile gepflegt werden.

Menschen in dieser Lebensphase wollen nicht im Sinne von Wellness nur entspannt oder relaxt, sondern konkret dabei unterstützt werden, ihre eigene Lebenseffektivität, ihre psychosoziale Gesundheit und ihre körperliche Fitness dauerhaft aufrecht zu erhalten. Aus diesem Wunsch heraus entstehen neue Lebensqualitätsmärkte.

Unter dem Oberbegriff «Lebensqualität» verstecken sich die wachsenden Boom-Märkte Gesundheit, Schönheit, dauerhafte Sexiness, aber auch Partnerschaftsmärkte, neue, soziale Lebensformen, wie Alten-WGs oder Generationshäuser. Weiterhin gibt es Angebote zur Selbstverwirklichung, Reife und Weisheit, statt leiser, passiver Abschied mit seichter Unterhaltung aus dem Musikantenstadl, und natürlich auch unter dem Motto «Aging Money» flexiblere und nachhaltigere Finanzierungsformen wie die Reverse Hypothek, nachhaltigen Geldzufluss mit dauerhafter Gesundheitsvorsorge und -fürsorge zu kombinieren. Eine innovative Unfallversicherung der Allianz bietet Menschen über 60 neben der reinen Finanzleistung soziale und persönliche Services wie Einkaufen, Waschen, Pflegen und Unterhalt. Neue Finanzberatungskonzepte werden aus 100 000 Euro zum 60. Lebensjahr eine Million zu Lebenszeiten aufbauen.

Deep Support

Ein weiteres großes Markt- und Markenpotenzial liegt in der umfassenden Lebenshilfe *Deep Support*. Der Begriff bezeichnet den Ausbau eines Netzwerkes, das Unterstützung in der wachsenden Lebenskomplexität bietet. Alle Lebenserleichterungen bezüglich Finanzen, Vitalität oder Lebensplanung werden künftig vor allem von der älteren Generation nachgefragt werden.

Doch Vorsicht: Marken altern automatisch. Jeder von uns möchte so jung wie möglich sein und nimmt dabei die favorisierten Marken im Wesentlichen mit. Eine Positionierung als Jugendmarke oder als «Reife Marke für reife Menschen» kann erfolgreich sein. Im Zeitalter der individuellen, komplexen Lebensbiografien und dem Wunsch nach Dauerjugendlichkeit ist generell von einer strikten Alterspositionierung abzuraten, außer Sie inszenieren das Alter jung und zeitlos wie Dove mit ProAge.

BrandFuture Checkliste
- Wie ist die Down-Aging-Fitness Ihrer Marke?
- Sprechen Sie die Werte der Babyboomers, also Freiheit, Hedonismus, Komfort und Qualität an?
- Wie können Sie vom Anti-Aging- und Gesundheitsboom profitieren?
- Fördert Ihre Marke die Lebensqualität Ihrer Kunden?
- Haben Sie noch ein Seniorenkonzept? Wenn ja, dann weg damit!
- Welche Produkte und Dienstleistungen, Informationen und Erfahrungen bieten Sie an, die Sie und Ihre Marke für diese Gruppe relevant und attraktiv machen?

- Nutzen Sie unter Ihren Mitarbeitenden oder Partnern systematisch die Erfahrung der Älteren?
- Versuchen Sie, diese auch langfristig an sich zu binden und sie in den nächsten Jahren als Markenbotschafter für diese Altersgruppe zu nutzen? Eines ist sicher: Ein 55-Jähriger wird sich nicht von einem 25-jährigen Banker zum Thema Dritter Lebensabschnitt glaubwürdig beraten lassen.

Megatrend 5: «We are the Media» – Web 2.0 und das Ende der Massenmedien

Spätestens seit dem Milliarden-Verkauf von YouTube an Google haben wir sie wieder: die Diskussion, ob dies alles nur ein Hype ist, der an uns – finanziell – vorübergeht, oder ob der Deal ein weiteres Zeichen für einen fundamentalen Paradigmenwechsel hinsichtlich Kommunikation und neuer Geschäftsmodelle ist. Was läuft denn wirklich?

Die «New York Times» stellt fest, dass sie online mehr Leserinnen und Leser hat als in der Print-Ausgabe. Zeitungen in den USA haben in den letzten zwanzig Jahren sage und schreibe ein Drittel ihrer Auflage verloren. Die gebildeten, kreativen Schichten verbringen maßgeblich mehr Zeit im Internet als vor dem Fernseher und mit Printmedien. Insgesamt ist das Internet heute in den USA schon die Nummer zwei unter den Medien zu Hause und die Nummer eins Informationsquelle im Büro – noch vor dem Radio und den Zeitungen.

Selbst reine monologische Onlinemedien verlieren Anteile an interaktive Blogs und freie Meinungsmacher, die über verschiedenste Plattformen direkten Zugang zu Millionen von Lesern haben. Tagtäglich werden von Amateuren auf YouTube Hunderttausende Videos hochgeladen, die in einem globalen Kampf um unsere Augen und Aufmerksamkeitsspannen ringen. Innerhalb des wachsenden Internetsegments findet eine erneute Evolution vom Web 1.0 zum Web 2.0 statt. Schon heute sind in den USA laut Comsource Network zehn von den zwanzig Topsites mit den meisten individuellen Besuchern *(Unique Visitors)* so genannte Web-2.0-Seiten.

Wie stellt sich die Situation im deutschsprachigen Raum dar? Da laut einer aktuellen Studie von Academic Date (2006) nur 6 Prozent der Deutschen den Begriff «Web 2.0» kennen, ist es sinnvoll, sich als Markenberater und Markenverantwortlicher folgende Frage zu stellen: Was bedeuten die Technologie des Web 2.0 und ihre Möglichkeiten für unsere Marken und ihre Führung (siehe Grafik)?

Was ist Web 2.0?

Der Begriff wurde von Tim O'Reilly, Internet-Guru aus dem Zeitalter der New Economy, geprägt und steht für die nächste Stufe der Internettechnologien. Internetnutzer generieren Inhalte und veröffentlichen diese auf offenen Plattformen. Weiterhin bieten Internetanwendungen die Möglichkeit zur bilateralen Vernetzung.

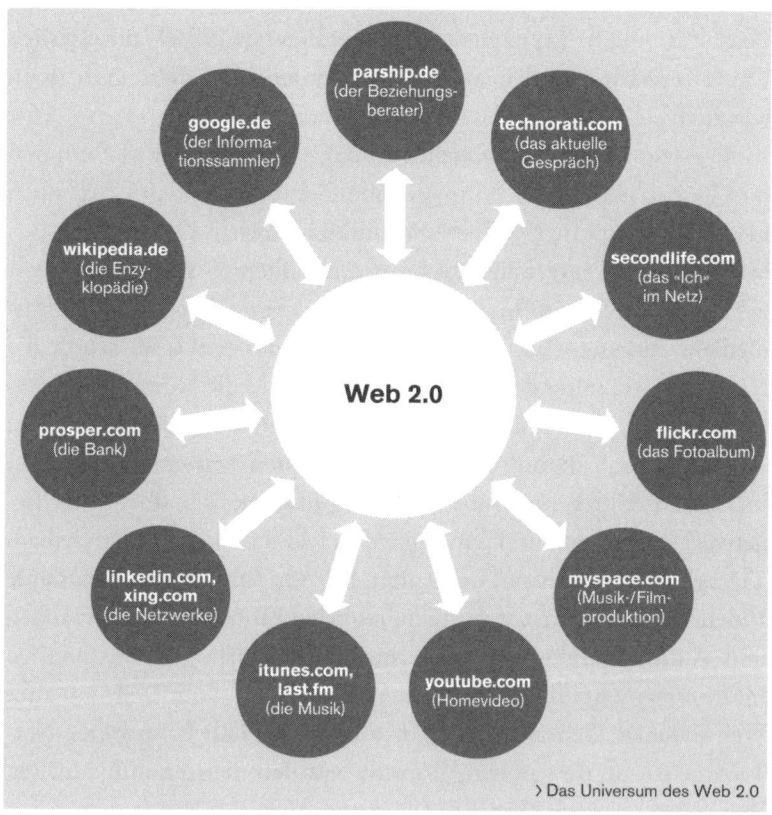

> Das Universum des Web 2.0

Nicht jeder von Ihnen ist ein Web-2.0-Fan oder -Freak. Zum Zweck des Kennenlernens stelle ich Ihnen die aktuellen Protagonisten des Web-2.0-Universums vor.

Die Netzwerke des Web 2.0: Linked-in und Xing

Bei Linked-in oder Xing (ehemals OpenBC) stellt man sein persönliches Profil ein, lädt Geschäftspartner, Freunde und Bekannte dazu ein, sich als Mitglied seines Netzwerkes auszugeben und ebenfalls ein persönliches Profil abzugeben. Die Hauptfunktion dieser Plattformen besteht neben klassischem Networking darin, leichter neue Kundengruppen oder Vertriebskanäle zu erschließen, einfacher neue Mitarbeiter zu gewinnen, einen Arbeitsplatz zu finden oder auch schneller und transparenter neue Kontakte über Weiterempfehlung zu knüpfen. Neben diesen beiden klassischen offenen Netzwerkplattformen entstehen zunehmend spezialisierte Netzwerke etwa für Hunde- und Katzenfreunde oder exklusive Plattformen, in die man nur auf (mehrfache) Einladung zugelassen wird, wie zum Beispiel die Millionärsplattform asmallworld.com.

Die Enzyklopädie des Web: Wikipedia

Wikipedia ist eine Enzyklopädie mit einem Umfang von über 1,5 Millionen Artikeln, die rund 30 000 freiwillige Autoren verfassen und pflegen. Ein ausgeklügeltes System von grundlegenden Richtlinien und moderierten Diskussionen positioniert Wikipedia im Vergleich mit klassischen Enzyklopädien wie der Enyzklopädia Britannica oder dem Brockhaus auf vordere Ränge. Ein Erfolgsfaktor von Wikipedia stellt die hohe Selbstreflexionsfähigkeit dar. Regelmäßige Stärken- und Schwächenanalysen in so genannten Metadiskussionen führen zu fortlaufenden Optimierungen und dem zunehmenden Beweis, dass auch die «Weisheit der Vielen» Expertenwissen zumindest in diesem Thema ersetzen kann.

Der aktuelle Diskussionsmonitor des Web: Technorati

Technorati ist zurzeit *die* Autorität im Netz. Sie durchforstet das Web konstant nach aktuellen Diskussionsthemen und Personen mit

«Hot-Status». Technorati verfolgt aktuell rund 68 Millionen Blogs und andere unabhängige nutzergenerierte Inhalte (Fotos, Videos, Votings).

Dies funktioniert vorwiegend durch das Eruieren der am häufigsten genannten Schlüsselwörter wie USA, Britney Spears oder Edmund Stoiber. Technorati erstellt eine tagtägliche Hitliste der meistgenannten und -diskutierten Begriffe.

Eine weitere Funktion ist die Darstellung der so genannten Top Tags. Darunter sind kleine Label zu verstehen, mit denen Blogger ihre Information für die Öffentlichkeit kategorisieren, um dadurch für möglichst gut gefunden zu werden.

Die dritte Funktion ist die Suche nach Blogs mit hoher oder niedriger Autorität. Je mehr Menschen sich zu einem Blog verlinkt haben, desto höher ist deren (zahlenmäßige) Autorität. Technorati findet die populärsten Diskussionen, Menschen, Videos, Filme, Games, DVDs im Web und ist somit das aktuelle Schaufenster des World Wide Web.

Das weltweit größte Fotoalbum: Flickr.com
Die digitale Bilderplattform Flickr.com erlaubt es, eigene Bilder ins Netz zu laden und sie sowohl Freunden und Familie als auch der gesamten Öffentlichkeit zu zeigen. Auch hier führen Suchwörter wie Glück, Urlaub, Hochzeit oder Kindergeburtstag zum Auffinden der entsprechend betitelten Fotos. Das Stichwort «Glück» zeigt zum Beispiel fast 800 000 Fotos an. Neben der privaten Veröffentlichung ist es einigen Hobbyfotografen bereits gelungen, ihre Bilder über diese Plattform professionellen Medien anzubieten und zu verkaufen.

Die Kreditbank des Internets: Prosper oder Zopa
Prosper (Zopa in England) funktioniert analog Ebay für Kredite. Über 180 000 Mitglieder fungieren bereits über ein automatisiertes Scoring-Verfahren als Kreditnehmer beziehungsweise -geber; Gruppenstatus birgt hierbei Rating- oder Zinsvorteile. Wie funktioniert das?

Der Kreditsuchende gibt die notwendigen Daten ein: Kreditsumme, Verwendungszweck und Wunschzinssatz. In Abhängigkeit von der Qualität seiner Angaben weist das System dem Kreditsuchenden einen Zinssatz zu. Parallel haben interessierte Geldgeber Zugang zu für sie relevanten Kreditgesuchen und vergeben je nach Attraktivität der entsprechenden Kreditratings und -zinssätze Teilbeträge oder Kredite in der gewünschten Höhe. Für jeden Kreditgeber oder Kreditnehmer wird eine transparente Kredithistorie angelegt. Je nach Kredithistorie sind eigene Bonitäten und damit Zinssätze beeinflussbar. Die Möglichkeit, sich auch Kreditnehmergruppen anzuschließen, erhöht die Bonität und gleichzeitig den sozialen Druck, den Tilgungen seiner Kredite nachzukommen.

Die Vorteile liegen auf der Hand: hohe Transparenz und geringe Kosten für alle Beteiligten, da der Overhead eines teuren Filialsystems entfällt. Daraus entsteht ein eigenes Banksystem. Es ermöglicht privaten Investoren, ihr eigenes Kreditvergabeportfolio zum Teil mit sehr hohen Erträgen zu bewirtschaften. Gesetzliche Restriktionen erlauben derzeit kein derartiges privates Kreditsystem in Deutschland.

Die Unterhaltungsindustrie des Webs: iTunes, YouTube, MySpace und LastFM

iTunes hat es geschafft, die Online-Musikindustrie zu legalisieren, indem sie mit Hilfe ihrer iTunes-Plattform und des iPods den legalen Download von Musik für 99 Cent pro Titel ermöglichte. Neben Downloadfunktionalitäten kann man bei Apple auch eigene Musik oder eigene Inhalte uploaden, wie zum Beispiel eigene private Radiosendungen oder Auszüge einer Harald-Schmidt-Show, die im Anschluss individuell auf den eigenen iPod downloadbar sind. Analog dazu funktioniert die Plattform YouTube. Die kreative Plattform MySpace hat hingegen einen kommerziellen Schwerpunkt. Sie bietet einzelnen Künstlern aus der Musik- und Videowelt eine kostenlose Veröffentlichung an. Dort werden sie mittels Voting (abstimmen) und Rating (Ranglisten) selektiert, weiterempfohlen und somit attraktiv und bekannt gemacht.

Allen genannten Plattformen ist gemein, dass ihre Inhalte nutzergeneriert sind und über Mechanismen des Taggings, von Weiterempfehlung und Linking – unter dem Motto «Weisheit der Vielen» – demokratisch ihren Platz in der Community zugewiesen bekommen, den sie aus Nutzersicht verdienen.

Das Ich im Netz: «Second Life»

Second Life ist eine Parallelwelt, in der mittlerweile über 3,8 Millionen Menschen in Gestalt eines so genannten individuell gestaltbaren Avatars ein zweites Leben führen. Wie im realen Dasein kann man dort für Geld, genannt Linden-Dollars, fast alles erwerben. Es bilden sich die gleichen Strukturen aus, man kauft Häuser und passende Einrichtungen sowie beispielsweise in Adidas- oder Nike-Shops das passende Accessoire zu seinem virtuellen Lebensstil. Auch die französische Politik positionierte sich in diesem virtuellen Universum: «Jean-Marie LePen» wie auch die 2007 unterlegene Präsidentschaftskandidatin «Segolène Royal» hatten dort ihre eigenen Wahlbüros eröffnet. Vor Le-Pens virtuellem Wahlbüro fanden sogar die einen oder anderen virtuellen Demonstrationen statt.

Das Leben in Second Life wird immer vielfältiger und komplexer. Daher erklärt ein Reiseführer, wie man einen Avatar kreiert, Menschen kennenlernt, Spaß hat, Häuser baut oder im Internet handelt. Das wirklich Interessante – und gleichsam Erschreckende – an Second Life ist, dass die meisten Menschen ihrem normalen Leben entfliehen und sich eine zweite Existenz in einer vermeintlich schöneren Welt aufbauen. In der realen Welt nicht auslebbare Bedürfnisse erfahren hier eine schnelle «Befriedigung»: So gibt es viele Avatare, die gleich nackt in Cafés gehen, um dort, ganz ungeniert, nach schnellem Sex zu fragen. Nicht sehr originell, aber die wesentlichen menschlichen Probleme reisen eben auch im Virtuellen mit. Eine Weiterentwicklung von Second Life deutet sich jetzt schon an: Zweitgeist.de oder .com, bei dem nicht mehr eine proprietäre Welt geschaffen wird, sondern man sich auf verschiedenen WebSsites gemeinsam trifft; ein offenes statt geschlossenes System.

Als Markenverantwortlicher würde ich dieses Zweite-Welt-Phänomen nur beobachten und heute noch kein Geld dafür ausgeben, da es eher dröge, langweilig und doch eben eher leer ist. Es treiben sich dort, neben Menschen mit zuviel Zeit und zu wenig Geld, im wesentlichen Redakteure und Werbetreibende herum.

Die Ideen-Börse: InnoCentive

Auf InnoCentive, einem Spin-off von Eli Lilly, können Firmen wie Wissenschaftler Ideen, Erfindungen und Problemlösungen austauschen. Eine Firma stellt ihr Entwicklungsproblem ins Netz und fragt auf diese Weise Lösungen an. Die beste Idee wird von der Firma ausgewählt, im Anschluss erhält der Wissenschaftler eine angemessene Entlohnung. Zurzeit bietet der Internet-DVD-Versender Netflix eine Million Dollar für einen Algorithmus, der mit zehn Prozent Wahrscheinlichkeit besser vorhersagt, welcher Kunde welche Filme aufgrund seiner DVD-Film-Historie mag. 1500 Ideen aus 126 Ländern wurden eingereicht, eine Menge Ideen, die – monetär gewichtet – von Firmen inhouse nicht bezahlbar wären. Im Schnitt bewerben sich 240 Wissenschaftler auf eine Problemlösung, rund 30 Prozent der Probleme werden gelöst.

Partnerschaftsplattformen Match.com oder Parship.de

Web 2.0 bietet auch dem vagabundierenden Internet-Single die vielfältigsten Möglichkeiten, um sein passendes Pendant für eine dauerhafte Partnerschaft, für den schnellen Seitensprung oder für die serielle Lebensabschnittsbegleitung zu finden. Videos im Selbstporträt oder ein über ausgeklügelte Fragebogen entwickeltes psychologisches Profil stellen die Instrumente der Partnersuche dar. Die Erfolgsquoten schwanken zwischen 24 und 37 Prozent.

Die Spinne im Netz: Google

Google hat den Entwicklungssprung von einer Informations-Sammelmaschine in die Nummer-eins-Position der Informationssuche geschafft. Ihre Machtposition führt zwischenzeitlich zu einer Dominanz des Online-Werbemarktes. Google News erlaubt Zugang zu allen aktuellen Informationen und über Google Maps lässt sich mittlerweile fast die ganze Welt via Satellit scannen. So findet man zum Beispiel die nächstgelegene Pizzeria in Berlin-Mitte ganz einfach aus der Luft.

Schlüsselfunktionen des Web 2.0

Entscheidende Elemente, die das Web 2.0 charakterisieren und damit auch die Art der Markenführung beeinflussen:

- *Von der monologischen zur dialogischen Kommunikation:* Web-2.0-Medien sind interaktiv und leben von Feedback-Mechanismen. Im Gegensatz zur herkömmlichen Einbahnstrasse der Information und des Entertainments stellen sie kommunale Kanäle dar, in denen die Community sich austauscht, gegenseitig Unterhaltung produziert und Kontakte geknüpft werden.
- *«Wiki-nomics»:* Der Mediennutzer produziert seine eigenen Inhalte wie Musikvideos, Filmsequenzen, Fotos oder auch Beiträge für Wikipedia. Er ist Produzent seiner selbst und seiner Inhalte. Der US-Wirtschaftsbuch-Autor Don Tapscott nennt diese neue soziale Art des Wirtschaftens treffend «Wiki-nomics».
- *Plattform statt Kanal:* Alle Angebote des Web 2.0 verstehen sich als offene Plattformen, die Tools zur Verfügung stellen, die ihre Nutzer für die Herstellung ihrer Inhalte benötigen. Die Anforderung an Web-2.0-Anwendungen erweitert sich rasend schnell – ist heute nur das Web ausreichend interaktionsfähig, so werden die Distributionskanäle TV und insbesondere Mobile mit ihren unterschiedlichen Bildschirmformaten und Funktionen und dem Kampf der Hersteller, Carrier und Dienste eine spannende, schwierige, aber unvermeidliche Herausforderung.
- *Vernetzung statt Broadcasting:* Statt wie im klassischen Fernsehen eine Show, ein Video für viele auszustrahlen, stellt man in Web-2.0-Plattformen seine Inhalte ein, wird dann auf Basis seiner eingesetzten Stichwörter (Tags) gefunden, sodann mit Hilfe von einem Rating-System bewertet und aufgrund vieler Verlinkungen und Weiterempfehlungen an eine sichtbare Stelle gerückt.
- *Die Weisheit der Vielen:* Durch Bewertungsmechanismen wie Rezensionen mit Sternen und Bewertung der Rezension selber durch «Diese Rezension war für 20 Leute hilfreich» oder etwa «98 Prozent der Kunden waren sehr zufrieden» entsteht ein glaubwürdiges Bewertungssystem, wie es beispielsweise die Stiftung Warentest durch herkömmliche Vorgehensweise kaum etablieren

kann. Bewertungsmechanismen fördern Transparenz und Glaubwürdigkeit der Kommunikation, aber auch den Ehrgeiz der Anbieter, eine hohe Reputation zu erreichen. Stellen Sie sich ein solches System für Handwerker vor!

- *Open Source statt Copyrights:* Plattformen wie Google geben ihren
Source-Code der Software weiter, um von ihren Benutzern selbst
neue Applikationen entwickeln zu lassen, damit sie noch indivi-
dueller auf deren Wünsche eingehen können. Ein Beispiel für
wahrhaft enge Vernetzung zwischen Anbieter und User.

- *Mashing, Mixing, Cutting – aus 1 mach 403:* Das Potenzial des
Web 2.0 und der digitalen Medien, insbesondere der mobilen,
wird daran deutlich, dass Warner Music die CD eines koreani-
schen Popstars in 403 verkaufbare Einheiten zerlegt hat. Statt nur
eine CD zu verkaufen, kann man die CD komplett herunterla-
den, jeden Titel einzeln kaufen, mieten, live «streamen», ein On-
linevideo-Download oder ein digitales Karaoke-Format bekommen. Für das Handy gibt es selbstverständlich das Gleiche noch
mal, zusätzlich 48 gemixte Klingeltöne, mit oder ohne Bild-
schirmschoner und «Wallpaper» und weitere 18 Videodownloads
und 112 Ringback-Töne. An diesem Beispiel aus dem Technolo-
gie-Magazin «Wired» wird deutlich, wie individualisiert und
konzentriert aus Kunst Erlebnishäppchen *on demand* produziert
und in die eigene Lebenswelt integriert werden können. Können
Sie Ihre Markenerfahrung auf eine Minute digitalisieren? Gibt es
ein «Best of» Ihrer Markenerfahrung, das auf den Plattformen erfolgreich reüssieren kann?

Auswirkungen für die Markenführung

Generell gelten das Internet und auch das Web 2.0 als Hilfsmittel
der Kommunikation. Sie stellen eine neue Sozialtechnik der globalen Interaktion dar, fungieren eher noch als Plattformen denn als
pure Geschäftsmodelle. Wenn sie auch noch nicht gleich ein Branding 2.0 nach sich ziehen mögen, eröffnet sich dennoch ein neuer
Horizont der Interaktion mit Fans und Noch-nicht-Fans einer
Marke. Außerdem zwingt diese neue Art des direkten Austausches

unter Konsumenten zu einer extrem hohen Dichte und Glaubwürdigkeit in der Markenkommunikation. Im Web haben die Konsumenten das Wort, und sie nehmen kein Blatt vor den Mund.

1. Leistung und Nutzwert im Fokus

- Auch im Web 2.0 gilt: «Eine Marke ist der verdichtete Ausdruck einer attraktiven und spezifischen Unternehmensleistung.» Inhaltsleere Emotion und austauschbare Leistung ohne Nutzen erfahren wegen Irrelevanz eine gnadenlose Wegbewertung oder schlicht Nichtbeachtung. Seriöse, gut aufbereitete und relevante Informationen sind immer noch ein Mehrwert, ein sinnstiftender Beitrag in einer Welt der beliebigen Meinungen. Die wesentlichen Werttreiber, die Sie im Web 2.0 anbieten müssen, sind
- Information (Wikipedia),
- kurzweilige Unterhaltung (YouTube),
- Selbstdarstellung (Technorati, MySpace),
- Kontakte (Linked-In, Xing und andere)
- und Ko-Kreativität (individuelle Maßanfertigungsplattformen wie NikeID).

2. Sucht man Sie noch oder findet man Sie schon?

Findbarkeit ist eine Schlüsselfunktion für die Zukunft. Neben der echten Vertikalisierung im Handel findet durch Google und ähnliche Anbieter auch eine virtuelle Vertikalisierung statt. Welches sind die wichtigsten Suchbegriffe für Ihr Unternehmen? Wie oft wird auf Ihre Website verlinkt? Haben Sie schon einen Suchmaschinen-Optimierer, der ein optimales Listing und geringe «Costs per Click» sicherstellt?

3. Ein aufmerksamkeitsstarker Auftritt ist gefragt!

Wenn man Sie findet, erzählen Sie dann eine interessante Geschichte, die fasziniert? Haben Sie eine starke Stilistik, Zeichen und Bilder, die Sie aus dem Zeichensalat herausstechen lassen? Verwenden Sie stimulierende Bilder? Machen Sie neugierig? Überschreiten Sie ruhig auch einmal die Grenzen, aber enttäuschen Sie Ihre Kunden nicht durch Kompliziertheit oder schlechte Leistung.

4. Vom Produktdesign zum Erfahrungsdesign

Materielle Produkte werden auf der Funktionsebene immer austauschbarer. Der wirkliche Differenziator ist das spezifische Erleben Ihrer Marke. Wie versinnlichen Sie Ihre Markenwerte im Web und an anderen Kundenkontaktpunkten? Verfolgen Sie die Idee der SIMPLEXITY? Ist Ihre Leistung einfach verständlich und dadurch vertrauenswürdig, aber dabei auch komplex genug und ästhetisch auffällig?

5. Dialogisieren statt monologisieren

Eine erfolgreiche Marke ist gut vernetzt. Sie steht im aktiven Dialog mit ihren starken Nutzern und Fans. Sie arbeitet pro-aktiv mit den Beeinflussern wie Journalisten, Bloggern und relevanten Foren als 10-Prozentige tatsächlich aktive Web-User. 90 Prozent der Nutzer sind laut Nielsen unsichtbare, passive Konsumenten der Inhalte. Dies gilt daher auch noch für eigene Mitarbeiter, Lieferanten und Distributionspartner.

6. Social Commerce oder Weiterempfehlbarkeit

Kann ein Kunde sich Ihre Markenstory merken? Ist Ihr Produkt so interessant, das er es weiterempfiehlt? Und machen Sie es ihm leicht, Ihre Marke weiterzuempfehlen? Hat er etwas davon, wenn er Sie weiterempfiehlt? Diese so genannte «Peer to Peer»-Kommunikation ist günstiger, glaubwürdiger und somit auch wirksamer als jeder Werbefilm. Was tun Sie dafür, um sie zu nutzen? Lernen Sie von Amazon.com/de, die alle Techniken der Online-Weiterempfehlung, der Leseaffinitäten, des Taggings, der Stichwortsuche und privaten Buchlisten nutzen.

7. Offenheit und Innovation

Nutzen Sie die Ideen Ihrer Kunden für Produktinnovationen im Sinne einer «Open Innovation». Sind Sie eine Marke, die sich als Plattform für Selbstdesign und Darstellung versteht? Bieten Sie Module für Kunden, um neue persönliche Produkte zu entwickeln? Lernen Sie von iTunes, Flickr und ähnlichen Anbietern.

8. Zugang: kostenfreies Testen

Das Web hat uns das kostenfreie Testen von Dienstleitungen und Informationen gelehrt: 30 Sekunden Musikauszüge auf iTunes, Demo-Software oder Trailer von DVDs. Wie sieht es mit der Preview-Fähigkeit Ihrer Marke aus? Wie lässt sich Ihre Markenerfahrung digitalisieren? Testen Sie auch die Preissetzung mit ausgewählten Nutzergruppen.

9. Authentizität: Ehrlich währt am längsten

Im Web 2.0 ist jeder Nutzer auch ein «Tester». Durch Kundenbewertungen, Branchen-Reviews, Tests, Weiterempfehlungen und Branchen-Blogs wird jede Kommunikation sofort transparent und jede Lüge – auch ein gefälschter Forumsbeitrag – zum Bumerang. Bleiben Sie ehrlich und transparent, auch und gerade in Krisensituationen. Missbrauchen Sie nie die Nutzerdaten oder Meinungen aus Ihrem Forum.

10. Das Ende der Reichweite: weniger «above the line»

Investieren Sie Ihr Werbebudget vermehrt in zielgerichtete Dialog- und Viral-Kommunikation mit Ihren Fans, anstatt es ausschließlich für klassische TV- und Print-Werbung auszugeben. Die Nutzenkurve dürfte hier insbesondere bei den modernen stilbildenden Schichten überschritten sein: Selbst über steigende Werbeinvestitionen erreichen Sie immer weniger Ihrer Kunden. Laut der US-New-Media-Studie von Piper Jaffray Report (2007) haben sich seit 1986 die generellen Medienkanäle von 12 auf 36 mit zum Beispiel iPod, Blog, Handy, Mobile Gaming etc. verdreifacht. Die Konsumenten schauen zu 41 Prozent weniger fern als vor nur zwei Jahren und tun dies nicht mehr ausschließlich. Sondern 40 Prozent verbringen während des Fernsehens schon parallel Zeit mit ko-kreativen Medien wie dem iPod, Playstation, Internet. Wer von ihnen über einen Festplattenrekorder verfügt, überspringt zu 52 Prozent immer und zu 36 Prozent meist die Werbespots!

11. Profitable Mini-Nischen oder das Ende der Hits

Chris Anderson beschreibt in seinem bahnbrechenden Artikel «The Long Tail» im Internet-Vordenker-Magazin «Wired» eine neue Marktlogik. Wo sich früher durch hohe Marketing-, Produktions- und Lagerkosten nur die «Schnelldreher» und auflagestarken Hits lohnten, lässt sich heute im «langen Schwanz» des Marktes, jenseits der 100 besten Hits auch mit geringen Verkäufen bei den restlichen 95 Prozent des Marktes exzellent Geld verdienen. So macht Amazon 2,3 Millionen Bücher per Klick verfügbar und verdient mit ihnen mehr als der Händler, der nur die Toptitel anbietet. Die Kunden oder Künstler produzieren in Eigenleistung billiger und besser als je zuvor. Es werden in allen Branchen *Nouveau Niches* entstehen, wo am Ende jeder das Produkt produziert bekommt, das er haben will.

Online-Plattformen bilden intelligentere und bessere Distributionsplattformen als die herkömmlichen und echten «Social Commerce»-Techniken wie Kundenbewertung, Weiterempfehlung und Hitlisten übernehmen den Vermarktungspart glaubwürdiger als Werbung. Märkte demokratisieren sich, da User mit ihren Produktionswerkzeugen iTunes, iLife und anderen Tools eigene Podcasts und Videos entwickeln. Deshalb lohnen sich auch kleine Auflagen. Durch Web-2.0-Effekte wie Tagging, Findbarkeit und Weiterempfehlung können Ihre Produkte durch einfache, billige und schnelle Distribution zum Renner werden. Empfehlungen und Bestsellerlisten sind der Bekanntheitstreibstoff.

Ein weiterer Beschleuniger dieser «Me-Medien» stellt die Konvergenz der Kommunikationstechnologien im Internet, der Unterhaltungselektronik und der Telekommunikation dar, die sich im neuesten iPhone von Apple für Endkunden materialisiert. Das iPhone bildet die neue Ikone der Medienkonvergenz, mit der man alle kommunikativen Träume von Telefonieren und SMS über Internetsurfen und Fotografieren bis hin zu Fernsehen mit einem Fingertipp realisieren kann. Es ist eine Frage der Zeit, bis das Web 2.0 und die anderen Medien wie TV und Radio sich in einem mobilen digitalen Begleiter wiederfinden, der sich «seamless», das heißt ohne

Widerstand, in das Hausnetz seines intelligenten Hauses integriert, wenn man daheim ist.

Fazit: Die gute Nachricht ist, dass eine Marke auch im Web 2.0 immer noch aus einer erfahrbaren, spezifischen Kernleistung und nicht nur durch Kommunikation besteht. Wenn Sie aber diese Kernleistung mit dem Web 2.0 verbinden, können Sie Ihre Zukunftsfähigkeit maßgeblich erhöhen. Natürlich ist die Marke, ihre Bedeutung und ihr Erfolg im Internet mehr in den Händen der Kunden und Experten als bei klassischer Werbung, oder man merkt es eben direkter und schneller als früher. Die Marke wurde schon immer in den Köpfen der Kunden kreiert und nicht in der Marketingabteilung. Wer aber ein gutes Produkt, eine überlegene Leistung anbietet, braucht sich nicht zu fürchten. Fürchten müssen sich nur die Manipulatoren, die Durchschnitt, Me-too-Produkte als neuesten Hype verkaufen wollen. Das Web 2.0 bietet auch neuen kleinen Nischenmarken ohne große Mediabudgets die Möglichkeit zur InBrand oder Starbrand zu werden, da sich gute Leistungen immer schneller verbreiten werden.

BrandFuture-Checkliste
- Wie ist Ihre spezifische Markenerfahrung digitalisierbar?
- Wo und wie findet man Ihre Marke im Web?
- Sind Sie spannend und aufmerksamkeitsstark genug?
- Wie fördern Sie die «Peer to Peer»-Kommunikation, die Weiterempfehlung?
- Wie lässt sich der «Open Innovation»-Gedanke mit Ihrer Marke realisieren?
- Wie lässt sich der Dialog mit Ihren Beeinflussern optimieren?
- Kommunizieren Sie ehrlich und transparent?
- Messen Sie Ihre Glaubwürdigkeit?
- Wie ist Ihr Kundenzufriedenheits-Rating im Web?
- Ist die Bedienung Ihrer Internetoberfläche intuitiv und einfach?
- Kann man Ihre Marke mit mobilen Geräten verbinden und dort erlebbar machen?

Megatrend 6: Das gute Geld und die neue Moral

Bislang stellten Moral und Ökonomie zwei getrennte Welten dar. In der einen regierte quasi der eiskalte Kapitalismus, der auf die Steigerung des Shareholder-Values zielte und der sich nicht um Langfristigkeiten, ethische oder ökologische Konsequenzen zu kümmern schien. Auf der anderen Seite befanden sich die so genannten Weltverbesserer als Idealisten am Rande der Gesellschaft, die sich in Form von Spenden, sozialen Aktivitäten oder Protesten für Mensch und Umwelt engagierten. Seit kurzem haben sich aber die einst so klar entgegengesetzten Positionen aufzulösen begonnen. Geld und Moral schließen sich nicht mehr zwingend aus, sondern Moral beziehungsweise Ethik wird zum profitablen Wettbewerbsvorteil.

Worauf ist diese Entwicklung zurückzuführen? Globalisierung und medialer Populismus führen uns ehemals ferne Krisengebiete wie Afrika oder den Nahen Osten, Katastrophen wie den Tsunami 2005 und den beinahe alltäglichen Terrorismus vor. Darüber hinaus sehnen sich die sensationslustigen Medien («Bad news are good news») danach, Entlassungen bei Fabrikschließungen, Umweltskandale oder zu hohe Managergehälter anzuprangern, um sich als Anwälte des kleinen Mannes zu inszenieren. Auch Popstars haben das Thema Moral und Nachhaltigkeit als neue Plattform der Selbstdarstellung entdeckt und spielen diese Geige virtuos. Für Madonna oder Hollywood-Größen «Brangelina» (Spitzname von Angelina Jolie und Brad Pitt) ist es en vogue, Kinder aus der Dritten Welt zu adoptieren und damit öffentlichkeitswirksam ihre moralische Grundhaltung zu demonstrieren. Als Retter der Kinder verleihen ihnen diese Adoptionen, wie Matthias Horx schreibt, eine erlöserhafte Aura. Für gebildete Schichten haben solche Aktionen einen faden Beigeschmack von PR-Maßnahmen, und so fragte denn «The Guardian» aus England zynisch, ob «hungernde Babys alte Rockstars retten könnten».

Soziales Unternehmertum: Neues Joint Venture von Kapitalismus und Moral

Jeffrey D. Sachs' Buch «Das Ende der Armut» oder C. K. Prahalads Buch «Der Reichtum der Dritten Welt» beschreiben eine neue Entwicklungspolitik, in der Unternehmen als aktive Entwicklungshelfer auftreten. Damit fördern sie das Unternehmertum in den Schwellenländern und treiben damit Kapitalismus und Moral gleichzeitig voran. Wie das in der Praxis funktioniert, hat der Banker Mohamed Yusuf aus Bangladesch mit seinem Konzept der Mikrokredite populär gemacht (Seite 56).

Soziales Unternehmertum ist stark im Kommen und äußerst förderlich fürs Image. So hat die deutsche Zeitschrift «brandeins» eine Serie über soziale Innovationen aufgelegt, um das soziale Unternehmertum zu fördern und dessen Ideen zu verbreiten. Ein Investor dieser Themen ist zum Beispiel Pierre Omidyar, der Gründer von Ebay, der mit seinem «Omidyar Network» in *Social Entrepreneurs* investiert. So entstehen neuartige Unternehmensgebilde wie zum Beispiel das Netzwerk «Ashoka», das wie ein Venture-Capital-Fond organisiert ist und nach strengen Auswahlkriterien Personen fördert, die vielversprechende soziale Innovationen entwickeln.

Der bekannteste *Social Entrepreneur* von «Ashoka» ist – bezeichnenderweise – einmal mehr Mohammed Yusuf, der bereits mehrfach erwähnte Friedensnobelpreisträger 2006. Als einer der Vorreiter dieser Welle hat das führende Marketingmagazin «Fast Company» bereits 1984 den «Social Capitalist Award» eingeführt. Der Preis wird an Unternehmer verliehen, deren innovative Entwicklungen sich gesellschaftlich positiv auswirken, die ein hohes Wachstumspotenzial besitzen und hoch effizient sind. Ein besonderes Kriterium stellt die Nachhaltigkeit der Innovation dar, damit die darauf basierende Organisation dauerhaft auf eigene Einnahmequellen zurückgreifen kann. 2007 wurden insgesamt 43 *Social Entrepreneurs* von «Fast Company» ausgezeichnet.

Das Empfinden von Ethik und dessen monetäres Potenzial spiegeln sich auch in der Investorenwelt wider. Nach einer Studie von ABN Amro Asset Management würden über 88 Prozent der privaten Investoren in Nachhaltigkeitsfonds investieren. In Deutschland sind bereits heute schon 5,3 Milliarden Euro in diese Art des Investments geflossen.

Gute-Tat-Kampagnen sind im Aufschwung

Dass die Spenderlogik trotz allem noch nicht am Ende ist, wird dadurch deutlich, dass sich die Gute-Tat-Kampagnen der Großkonzerne bezüglich *Corporate Social Responsibility* inflationär entwickeln. So spendet Blend-a-med für jede verkaufte Tube Zahnpasta 1 Cent an SOS-Kinderdörfer in Brasilien. Ritter Sport fördert gemeinsam mit Unicef Schulprojekte in Afrika. The Bodyshop hat einen Lippenpflegestift entworfen, der eine Kampagne gegen häusliche Gewalt gegenüber Frauen unterstützt. Krombacher macht sich für die Regenwaldstiftung des WWF stark.

Diese Beispiele zeigen, dass Steigerung der Verkaufszahlen nicht nur mit taditionellem Marketing, sondern vor allem mit guten Taten und Imageförderung verbunden ist. In den letzten sechs Jahren sind über 3500 Unternehmen aus 90 Ländern dem UN-Global-Compact beigetreten, einem Pakt zur Umsetzung sozialer und ökologischer Prinzipien in der globalen Wirtschaft. Unternehmen verpflichten sich darin, definierte Grundsätze im Bereich Menschenrechte, Arbeitsbeziehungen, Umweltschutz und Korruptionsbekämpfung einzuhalten.

Als weiteres sehr öffentlichkeitswirksames und gut durchdachtes Beispiel sei Volkswagen genannt, die in den USA eine Kampagne für das Tragen von Sicherheitsgurten lancierten, die gezielt Jugendliche und besonders deren emotionale Seite anspricht. Ziel ist, die hohe Zahl von Autounfällen mit tödlichem Ausgang zu minimieren, die nicht angeschnallte Teenager verursachen oder betreffen. Die Kampagne «Fasten Your Seat Belt … Go Far» umfasst Unterrichtsmaterial für Lehrer sowie einen USA-weiten Kreativ-Wettbewerb, der die Schüler dazu auffordert, Printanzeigen und Werbespots zum Thema zu gestalten. Die besten Beiträge werden prämiert und darüber hinaus landesweit im TV ausgestrahlt. Aufmerksamstark und zum Wohle der Jugend. Bravo!

Ein buchstäblich erfrischendes Beispiel zum Schluss: Der britische Starkoch Jamie Oliver, der für die jugendszenige Version des Lohas-Bürgers steht, engagiert sich mit Kochunterricht an britischen

Schulkantinen für gesünderes und bezahlbares Bioessen. Es bleibt zu hoffen, dass diese Aktion nicht nur sein eigenes Image fördert, sondern das schlechte Ernährungsverhalten der jungen Briten nachhaltig verbessert. Die Authentizität seiner Initiative wird dadurch unterlegt, dass er selbst Vater zweier Kinder ist.

BrandFuture-Checkliste

- Wie ist die Moral-Fitness Ihrer Marke?
- Wie können Sie den Nachhaltigkeitsaspekt in Ihre Leistungserbringung und in die eigentlichen Leistungen und Produkte Ihrer Marke integrieren?
- Wie können Sie den Energieverbrauch reduzieren?
- Wie können Sie dabei gleichzeitig die Herstellungsbedingungen verbessern?
- Wie können Sie Ihren Beitrag zur Social Corporate Responsibility ehrlich leisten und in Ihrer Markenkommunikation sichtbar machen?

Renaissance des fairen Handels

Seit seinem Erscheinen Anfang der 1990er-Jahre hat das Fair-Trade-Label nach einem eher trostlosen Dasein in den vergangenen vier Jahren einen erheblichen Sprung nach vorn erlebt. In 2005 wurde der Umsatz von 1,1 Milliarden Euro überschritten – ein Anstieg von 37 Prozent gegenüber 2004. War Fair Trade früher Ausdruck von ökologisch und moralisch zwar einwandfreien, aber dafür nicht sehr appetitlich aussehenden Produkten, steht Fair Trade heute für hervorragenden – und authentisch natürlichen! – Genuss, kombiniert mit ökologischer Verantwortlichkeit. Seit einiger Zeit sind Fair-Trade-Produkte nicht mehr nur in den einschlägigen Fachgeschäften, sondern auch im Handel und in Supermärkten erhältlich und wachsen in Europa über alle Produktkategorien mit durchschnittlich 20 Prozent pro Jahr.

Seit einigen Jahren etabliert sich Fair Trade in der Modeindustrie. Mainstream-Modemarken wie Fair Indigo kreieren einen regelrechten Fair-Trade-Chic. Fair Indigo setzt auf qualitativ hochwertige

Kleidung und bringt durch das deutlich sichtbare Logo gleichzeitig eine moralische Wertorientierung zum Ausdruck, mit der Mann und Frau Bobo und Lohas sich gerne sehen lassen. Dieser neue Moralismus (Matthias Horx) wird von tiefer liegenden Trends gespeist und in den nächsten Jahren noch stärker an Einfluss gewinnen – nicht zuletzt deshalb, da sich zunehmend Kapitalmärkte für moralisch korrekte Investments interessieren und mittlerweile weltweit 354 Fonds zum Thema Nachhaltigkeit und Umwelt aufgelegt haben.

Grün wird glamourös

Auch Hollywood gefällt sich in Grün. Zur letzten Oscar-Verleihung erschienen Leonardo DiCaprio und Cameron Diaz mit einem Hybridauto. George Clooney fährt seit Neuestem einen «Tango» der Firma Commuter – ein Auto, das noch kleiner und sparsamer ist als der Smart.

Diese neue Ökowelle, die im Gegensatz zur früheren Ökobewegung nicht etwa auf Entsagung, sondern auf die Kombination von Genuss, Hochtechnologie und Ökologie setzt, erreicht durch die neuen Verkündungsengel des Ökofuturismus (Niklas Maak, FAZ) einen ersten Höhepunkt. Al Gores oscarprämierter Film «An Inconvenient Truth» ruft als Auftakt eine neue Umweltrevolution aus. Es entstehen Ökohandelsgiganten wie die überproportional wachsende Supermarktkette Holefood, die biologische Ware hochwertig inszeniert, zelebriert und mit Premiumaspekten teuer verkauft. Neben der fieberhaften Suche der Automobilindustrie nach wirtschaftlichen Dieselhybridmotoren und Brennstoffzellfahrzeugen – für die sogar die deutsche Ministerin Renate Künast mit dem Spruch «Fahrt Toyota» wirbt – greift die neue Ökodenke des *Radical Chique* auch auf das Wohnen über. Niedrig- oder Null-Energie-Häuser mit Bauhauskomfort sind momentan der letzte Schrei bei den gebildeten Schichten in den USA und Europa. Ein gewichtiges – und taktisch sehr clever gesetztes – Zeichen ist auch, dass Arnold Schwarzenegger seinen Hummer-Geländewagen auf Elektroantrieb umgerüstet hat. Elegant kombiniert er damit sowohl Macht als auch ökologisch-soziale Verantwortung. Glamour und Grün sind demnach keine Widersprüche mehr. So hat «Vanity Fair» in Amerika denn auch eine *Green Issue*, eine grüne Ausgabe, die sich den Themen der Lohas widmet und das neue Bewusstsein als *Radical Chique* feiert.

True Fashion und Radical Chique

Auch die Modebranche springt auf diese Trends auf. Aus Öko, fair und nachhaltig lässt sich ein neuer authentischer Stil kreieren. In der Mode steht *Radical Chique* für Produkte, die ohne Kinderarbeit und dank einer so genannten «sweatshop-fee» unter Zahlung von angemessenen Löhnen, ökologisch einwandfrei und ohne Verwendung von Pestiziden hergestellt werden.

Es versteht sich von selbst, dass die Styles zu den «coolsten» und angesagtesten weit und breit gehören. Spannende Marken sind hier zum Beispiel Misericordia oder Koyichi Liberty. Einen Schritt weiter geht die Marke American Apparel. Sie produziert als urbaner Streetwear-Anbieter exklusiv-vertikal integriert ohne fremde Zulieferer aus Fernost in der Innenstadt von Los Angeles und behandelt alle Mitarbeiter gleich. Sie bezahlen branchenübliche Löhne und achten strikt auf die Erfüllung aller ethischen Anforderungen. American Apparel verfügt über eine offene und gestaltbare Unternehmenskultur und hat sich zum Ziel gesetzt, dass jeder Mitarbeiter American Apparel positiv erlebt und sich fachlich und sozial einbringen kann. Das Management bietet den Mitarbeitern eine Unternehmensbeteiligung an und versucht dadurch, kapitalistisches mit sozialem Weiterkommen und Status zu verknüpfen. Der Erfolg scheint ihrem Konzept Recht zu geben. American Apparel betreibt heute mit über 4000 Angestellten die größte Textilfabrik in den USA und verfügt über 120 Retail-Shops in elf Ländern. Die Marke gilt unterdessen als mustergültiges Vorbild für die gesamte Branche.

Ein weiterer Erfolgsfaktor sind ihre Models. Es handelt sich hierbei nicht um Supermodels oder Fashion Queens der Hochglanzmagazine, sondern um eigene Mitarbeiter oder auch Kunden. Auf diese Weise spricht die Marke nicht nur eine eigene, authentische Sprache, sondern vernetzt sich zugleich auf sehr wirkungsvolle, sympathische und vor allem attraktive Art mit ihren Kunden. Diese werden sogar aufgefordert, Fotos über den amerikanischen Lebensstil einzusenden, die dann auf ihrer Website veröffentlicht werden.

Ein weiteres wunderbares Beispiel ist Starbury, der günstige Basketballschuh von MBA-Star Steven Marbury. Im Gegensatz zu den bis zu 200 Dollar teuren Basketballschuhen von Adidas oder Nike, die andere MBA-Stars an Fans vertreiben, ist der «Starbury One» für günstige 14.98 Dollar erhältlich. Steven Marbury verzichtet auf eine Entlohnung seines Namensrechts und setzt damit ein bewusstes Zeichen: Basketball soll für Straßenkids nicht nur wieder erschwinglich werden, sie sollen sich für knappe 15 Dollar auch wie ein Star fühlen können. In den letzten Monaten wurden unter gleicher Marke und zu Preisen unter zehn Dollar Jacken, T-Shirts, Jerseys, Hosen und Warm-up-Outfits eingeführt – und erweisen sich als Renner.

Ganz entscheidend ist der Aspekt, dass Konsumenten über ein immer größer werdendes Wissen über Herstellungsverfahren verfügen. Sie wachen über die ökologisch und ethisch einwandfreie Produktion ihrer Sportschuhe und strafen den Hersteller bei Missachtung mit Nichtkauf. Parallel führen ihre negativen Berichte in ihren Internetforen nicht nur zu einer Welle der Empörung, sondern – da öffentlich – zu empfindlichen Umsatzeinbußen.

Moralische und ökologische Elemente und Attribute sind hervorragend geeignet, um in Zukunft attraktive Kundengruppen wie die Lohas anzuziehen, Meinungsführerschaft in seiner Branche aufzubauen und letztendlich auf Produktebene bei sonst gleichen Leistungen einen weiteren sichtbaren Differenziator aufzubauen. Entscheidend ist Authentizität und Ehrlichkeit des Engagements. Jedes werberische Konzept ohne echten Inhalt wird als PR-Gag entlarvt und wirkt sich eher wertvernichtend auf eine Marke aus.

Fazit: Moral wird also immer mehr zum Konsumaspekt. Ethisch propere Angebote und Attribute entwickeln sich in reifen und gesättigten Märkten vom Unterscheidungsmerkmal zum identitätsstiftenden Moment. Es fühlt sich einfach viel besser an, ein aus moralisch-ethischer Sicht gutes Produkt zu kaufen.

BrandFuture-Checkliste

- Wie ist diese neue Businessmoral in Ihren Unternehmenswerten glaubwürdig verankert?
- Welche konkreten Projekte machen Ihr ökologisch-soziales Engagement nach innen wie außen sichtbar?
- Kooperieren Sie mit NGOs (Non-Governmental Organisations)?
- Sind Sie Mitglied in einer Vereinigung, die sich den Werten Nachhaltigkeit, Vielfalt und Ökologie verpflichtet hat?
- Erfinden Sie soziale Innovationen, die zu Ihrer Marke passen und positiv auf die Markenwahrnehmung einzahlen. Seien Sie transparent, glaubwürdig und authentisch, damit Ihr moralisches Engagement nicht als Marketingidee enttarnt wird und Ihre Marke beschädigt.
- Wie stellen Sie hervorragenden Genuss oder die lustvolle Nutzung Ihres Produktes sicher bei gleichzeitig minimalem Ressourcen- und Energieverbrauch?
- Wie können Sie Ihre Marke mit einem grünen Glamour-Element versehen?
- Investieren Sie in neue Technologien, in neue Produktionsanläufe oder -materialien, um diese wachsende und von den Hollywood-Stars repräsentierte Konsumgruppe der Lohas für sich einzunehmen.

Diese sechs Megatrends werden jede Marke früher oder später beeinflussen. Es gilt für Sie, die Chancen frühzeitig wahrzunehmen, entsprechende Risiken zu erkennen und Ihre bestehende Marke mit einer revolutionären Idee anzureichern oder eine neue Marke zu kreieren, um auch in Zukunft die Nummer eins zu sein.

Folgende Checkliste kann Ihnen dabei helfen, Inspirationen, Anregungen und Ideen für Ihre Markenentwicklung zu sammeln:

BrandFuture-Checkliste

- Branchen-Impact: Welches sind die drei wichtigsten Trends für unsere Branche? Sind diese Trends für meine Marke relevant?

- Bedeutung für die Marke: Was bedeuten die Trends konkret für meine Marke? Welche Chancen und Risiken entstehen? Wie kann ich diese Erkenntnis mit meinen Marken-Memen verbinden?

- BrandFuture-Ideen: Wo wird meine Marke (defensiv) bedroht? Welche evolutionären Chancen entstehen daraus (Werte, Produkte, Marketingideen)? Welche revolutionären Markenideen (neue Märkte, neue Marken) bilden sich aus der Kombination meiner Meme mit den Zukunftsperspektiven aus den Megatrends?

Kapitel 4

Die neuen Lebensknappheiten und acht großen Konsumfelder

Was bedeuten die im vorhergehenden Kapitel beschriebenen Zukunftstrends konkret für die Entwicklung des Konsumverhaltens? Nebst den essenziellen Grundbedürfnissen Nahrung und ein Dach über dem Kopf ergeben sich aus den persönlichen Lebensumständen, den gesellschaftlichen Entwicklungen und aus den Wertvorstellungen generell zwei Impulse. Zum einen die elementaren Bedürfnisse nach Sicherheit, materiellem Wohlstand, sozialer Anbindung und geistiger, körperlicher wie emotionaler Gesundheit. Zum anderen die Statusbedürfnisse nach mehr sozialer Bestätigung, nach höherem gesellschaftlichem Rang, nach spiritueller Zufriedenheit, nach gesünderem und besserem Essen und nach einer edleren, schöneren Wohnung.

Diese zwei Impulse, also der Frust vermeidende auf der einen und der Lust steigernde auf der anderen, lassen sich umfassend unter dem Begriff «Lebensknappheiten» bündeln. Begehren und Handlungen der Menschen zielen immer darauf ab, ihre Lebensknappheiten so optimal wie nur möglich zu befriedigen. Das ist die Grundvoraussetzung für Konsum beziehungsweise die Investition von Zeit, Aufmerksamkeit und Geld – bei Erfüllung des Konsumwunsches. Überall dort, wo wir keine Lebensknappheit empfinden, werden wir auch keine Aufmerksamkeit investieren, kaum Geld dafür ausgeben wollen und den Konsum in diese Richtung vermeiden. Dieses Grundkonzept dient uns als Rahmen zur Entwicklung von zukünftigen Konsumfeldern.

Die Pyramide der Lebensknappheiten

Um die Lebensknappheiten und die daraus entstehenden Wachstumsfelder einzuordnen, eignet sich eine einfache und fundierte Theorie als Basis. Es handelt sich um die Maslowsche Bedürfnispyramide, die in den 1960er-Jahren vom amerikanischen Psychologen Abraham Maslow entwickelt und später von Clayton Aldelfer weiterentwickelt wurde. Der Soziologe Ronald Inglehardt hat diese Theorie dann in einer weiteren Stufe auf soziale Systeme und Kulturen adaptiert und damit weltweit Beachtung gefunden.

Die Maslowsche Pyramide soll uns als Orientierungsrahmen und Sortierhilfe für das systematische Bestimmen von Zukunftsmärkten helfen. Indem wir die aus den Zukunftstrends entstehenden Lebens-

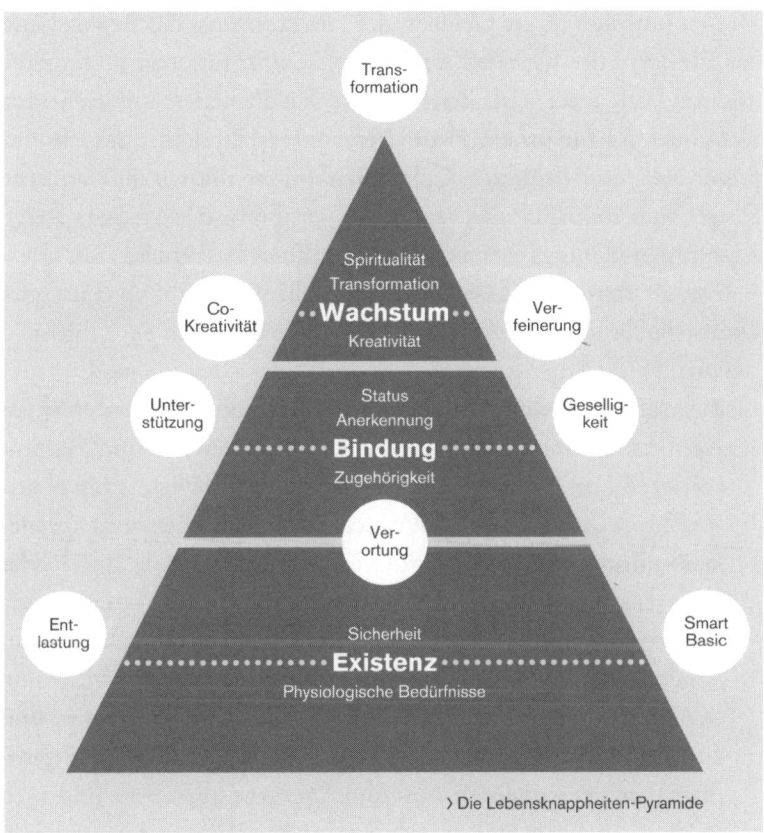

> Die Lebensknappheiten-Pyramide

knappheiten mit der jeweiligen Bedürfnis-Hierarchiestufe und den dahinter liegenden Motiv- und Bedürfnisstrukturen verknüpfen, lassen sich Schritt für Schritt künftige Marktwachstumspotenziale identifizieren.

In diesem Zusammenhang verdient auch einer der neusten und interessantesten Zweige der Evolutionswissenschaften Beachtung, die Neurowissenschaften, die es auch zu einem gewissen Hype in der Marketinggemeinde gebracht haben. Der momentan populärste Vertreter der konsumierbaren Hirnforschung Hans Georg Häusel hat in seinem informativen Buch «Limbic Success» sehr schön den Zusammenhang zwischen den Bedürfnisebenen von Maslow und den drei Hirnregionen mit ihren unbewussten evolutionären Programmierungen beschrieben.

Der jüngste Teil des Gehirns, der Neokortex, ist das Bewusstsein, das Zentrum der Vernunft und zugänglich für rationale Argumente und zugleich jener Teil, der uns von den Primaten unterscheidet. Entscheidend für unsere Prioritäten, unser Handeln, sind die Impulse aus unseren älteren Gehirnstrukturen, die wir mit anderen Säugetieren teilen. Häusel nennt dies das limbische System, dessen Zusammensetzung in seinem Buch detailliert beschrieben ist.

Der älteste Teil des Gehirns, das Reptilienhirn, gibt uns Lust oder Unlustsignale auf drei Ebenen, die uns dann begehren oder ablehnen lassen;

- die größte und wichtigste Ebene, die Balance. Der Mensch ist im Kern ein Harmoniewesen, das nach Gleichgewicht und Harmonie strebt und jede Gefahr vermeiden will. Diese Ebene entspricht bei Maslow dem Wunsch nach Sicherheit und sozialer Einbindung und den Märkten der Seelenfrieden, Liebe oder auch den *Smart Basics*.

- Die zweite Ebene, das Dominanzstreben, entwickelt aus der Konkurrenz um Status, Territorien, Sexualpartner und Nahrung, steuert uns mit den Befehlen «Setze dich durch», «Sei besser» und anderen. Dieses Streben nach Dominanz findet sich im Wesentlichen auf der sozialen Status- und Anerkennungsebene und auch in der Lust nach Spitzenleistung auf der Wachstumsebene von

Maslow wieder. Es sind die Märkte des New Luxury, der Pro-Kreativität.

- Die dritte limbische Instruktion ist die der Stimulation, die Suche nach dem Neuen, nach dem Ungewohnten, nach Entdeckung, nach Vermeidung von Langeweile. Es entspricht den Wachstumsbedürfnissen, nach Transformation, nach ko-kreativer Mitproduktion, aber auch der einfachen Unterhaltung.

Diese drei limbischen Ebenen steuern uns jeweils auf der körperlichen, sozialen, kognitiven (geistigen) und Glaubens-/Sinnebene, die sich eben auch in der Bedürfnispyramide wiederfinden lassen. Die wichtigste Erkenntnis ist aus meiner Sicht, dass es eben nicht die rationalen Erklärungen allein sind, sondern die unbewussten oder teilbewussten limbischen Instruktionen, die gefühlten Lebensknappheiten, die zum Wollen, zum Kaufen, zum Begehren führen. Das rationale Argument, der gerade gekaufte Porsche verbrauche ja relativ wenig Benzin, dient dann sehr oft zur Rechtfertigung des Impulses vor sich selbst oder auch gegenüber den rational aufgeklärten Freunden.

Generell gilt: Je stärker die Lebensknappheit, eben das limbische Lust- (Siegergefühl, spannende Abwechslung, Sex, Geborgenheit, Entlastung) – oder Unlustempfinden (Langeweile, Unzufriedenheit, Angst), desto stärker der gefühlte Mangel und desto stärker auch das Bedürfnis, diesen Mangel durch Aufmerksamkeit, Zeit und Geld im Konsum zu befriedigen. Im Umkehrschluss bedeutet dies natürlich, dass wir überall dort, wo wir Überfluss empfinden, weder Aufmerksamkeit, Zeit noch Geld investieren werden, da kein Lustempfinden mehr vorhanden ist. Unternehmen und Marken, die im Überflussbereich agieren, werden folglich noch stärkerem Preisdruck und Discountierungszwang unterliegen, da der einzige Lust-Stimulus noch im günstigen Schnäppchen liegt. Es sei denn, es gelingt ihnen, ihre Leistungen mit neuen Begehrlichkeiten zu verknüpfen oder zusätzlich aufzuladen, um damit einen Marken-Differenziator zu schaffen, durch den das Angebot eine generelle Lebensknappheit anspricht.

Gesättigter Überfluss und immaterielle Knappheiten

Die künftige Markenlandschaft in hoch entwickelten Ländern wird zwei generelle Tendenzen aufweisen: Auf der einen Seite stehen die Märkte des gesättigten Überflusses, in denen nur Bedürfnisse auf der materiellen Ebene angesprochen werden, und auf der anderen Seite die Märkte der neuen immateriellen Knappheiten.

Die Ersteren werden langfristig nur durch weitere Preissenkungen oder zusätzliche Leistungs- und Qualitätskomponenten ihre Absatzmärkte und Kunden ansprechen. Rein auf Funktion und materielle Mängel ausgerichtete Produkte und Marken werden daher auch in Zukunft immer stärker unter Preisdruck und Absatzproblemen leiden. Dieser Druck wiederum gibt gleichfalls neue Impulse – neue Evolutionsformen von Discountmärkten werden entstehen (siehe auch Seite 136).

Die positive Kehrseite dieser Medaille ist, dass die Übersättigung auf der materiellen Ebene zu neuen Wachstumspotenzialen und Differenzierungsmöglichkeiten auf den darüber liegenden Ebenen der sozialen Wünsche und des persönlichen Wachstums führt. Auf der Ebene der sozialen Wünsche suchen wir nach Geselligkeit und Partnerschaft. In einer globalisierten Welt sehnen wir uns nach Verortung, Regionalität, Historie und nach Verwurzelung. In einer überrationalen, technologischen Welt mit 34 Fernsehkanälen, drei Mobiltelefonen und fünf E-Mail-Accounts brauchen wir Entlastung. In einer Massenkonsumgesellschaft wollen wir Distinktion und Differenzierung durch individuelle Maßanfertigungen in allen Produktfeldern. Wir suchen das Einzigartige, das Echte in der neuen alten Luxuswelt.

Auf der obersten Stufe der Pyramide, der Ebene der Wachstumsbedürfnisse (Selbstverwirklichung und Spiritualität, siehe Seite 105) finden wir in einer übersättigten Gesellschaft das Wachstumspotenzial schlechthin. Jeder ist heute quasi verpflichtet, seines eigenen Glückes Schmied zu sein. Menschen werden zu Baumeistern ihrer eigenen Lebensentwürfe – dazu brauchen sie Anleitung, Orientierung und Ratgeber. Sie suchen das ewige Glücksversprechen beim Dalai Lama, in den besänftigenden Worten des Papstes oder bei anderen Heilsversprechern. Die Vereinzelung und Individualisierung verstärkt dieses Bedürfnis nach einer geistigen Heimat, nach individuellen Formen von Spiritualität noch zusätzlich.

Fazit: Die wirklichen Wachstumspotenziale der Zukunft liegen im immateriellen Konsum. Sie sind dort zu finden, wo in unserer hoch entwickelten, individualisierten, globalisierten und kreativen Gesellschaft, die sich immer mehr durch weibliche Werte auszeichnet, die wirklichen Lebensknappheiten und Sehnsüchte der Menschen liegen.

Die acht relevanten Konsummärkte

Aus den Zukunftstrends und den sich daraus ergebenden Lebensknappheiten entwickeln sich in hoch entwickelten Gesellschaften wie der unsrigen in den nächsten Jahren im Wesentlichen die folgenden acht Zukunftsmärkte, die es mit neuen und alten adaptierten Marken zu bedienen gilt:

- Transformationskonsum – Der Markt der Ich-Evolution
- Pro-kreativer Konsum – Der Kunde als Mitproduzent
- «New Luxury»-Distinktion – Der Markt der feinen Unterschiede
- Unterstützungskonsum – Die Föderation der Life Supporter
- Geselligkeitskonsum – Der Markt der Liebe und des Zusammenseins
- Verortungskonsum – Der Markt der «neuen» Heimat
- Entlastungskonsum – Der Markt des Seelenfriedens
- Smart Basic – oder Der Markt der neuen Mitte

Jeder Einzelne dieser neuen Konsummärkte birgt großes Potenzial. Ob eine Marke daran partizipieren kann, wird davon abhängen, wie es ihr gelingt, sich im Rahmen ihrer Werte, ihrer Grenzen und Meme an diese Bedürfnisse ein- und glaubwürdig anzupassen, um sie anzusprechen, zu stimulieren und zu befriedigen. Um Ihnen hierfür möglichst viel Inspiration mit auf den Weg in die Zukunft zu geben, finden sich bei der Beschreibung für jeden Zukunftsmarkt prägnante und wegweisende Beispiele aus der Praxis sowie Konsequenzen für die Markenführung.

Wie die Abbildung Lebensknappheiten (Seite 105) zeigt, sind diese Märkte unterschiedlichen Bedürfnisebenen zugeordnet. Diese Einordnung ist nicht als absolut einzuschätzen. Sie eignet sich aber sehr gut als gedankliche Orientierung und Rasterung für die weitere Arbeit. Der Übersichtlichkeit halber werden die Zukunftsmärkte nacheinander behandelt. In unserer aktuellen New-Luxury-Studie (2007) befragten wir 900 Deutsche, Österreicher, Schweizer, was ihnen bei Konsum und Luxus wichtiger wird. Das Ergebnis war eindeutig: Die Menschen wollen sich verbessern, ihre Persönlichkeit entfalten, vorankommen; sie wollen freie Zeit, streben mehr nach Kennerschaft und den feinen Unterschieden und bevorzugen faire Marken. Sie wollen nicht mehr den einfachen Statuskonsum oder blind den Modezeitschriften folgen, sondern bevorzugen Konsumformen, wie sie sich aus den folgenden acht Zukunftsmärkten ableiten lassen.

1. Der Transformationskonsum – Der Markt der Ich-Evolution

Ist Ihnen auch schon aufgefallen, dass immer mehr Menschen in unserer Gesellschaft früher oder später in eine (mehr oder weniger große) Sinnkrise stürzen? Dass sich Depressionen und Burnout-Syndrome, aber auch Suchterkrankungen häufen? In Deutschland kennt laut Umfragen jeder Fünfte depressive Stimmungsbilder – eine Hochkonjunktur für die Medizinbranche und psychologische Wissenschaften. Woran liegt das?

Psychologen und Ärzte führen dies darauf zurück, dass sich viele Menschen mit der Herausforderung, alleinige Architekten ihrer selbst zu sein, überfordern. Hinzu kommt, dass alles offener, weniger gewiss als früher und damit letztlich auch unsicherer wird.

Was aus heutiger Sicht früher als einschränkend empfunden wurde – eine vorgegebene Religion, ein Beruf, den man bis zur Pensionierung ausführen würde, oder lebenslange Partnerschaften –, funktionierte aus psychologischer Sicht zumindest als eine Art «Sicherheitsnetz». Heute sind wir Seiltänzer und Trapezartisten, ohne dass wir ein solches Netz selbstverständlich voraussetzen können. Eigeninitiativ müssen wir uns ein solches selbst schaffen. In unserer Gesellschaft ist jeder Einzelne dazu aufgefordert, das Beste aus sich und seinem Leben zu machen.

Man übt immer öfter verschiedene Berufe aus, wechselt immer häufiger seine Partnerschaften und muss sich weitgehend sein eigenes Wertesystem selbst zusammenstellen. Da die klassischen Religionen uns inhaltlich oder durch ihren Auftritt nicht mehr ansprechen, suchen wir nach alternativen spirituellen Wertesystemen. Wir arbeiten an unserer Kompetenz- und Arbeitsbiografie und müssen dort permanent umlernen. Selbst unser soziales System ist nicht mehr von einer klassischen Familie geprägt, sondern wir leben in unseren eigenen sozialen Gemeinschaften mit Menschen, deren Werte, Interessen und sozialen Vorlieben wir teilen.

Grundlage hierfür ist unsere Gesundheit, die in Zukunft nicht mehr als Abwesenheit von Krankheit, sondern als ganzheitliche Selbstkompetenz auf Körper, Geist und Seele begriffen wird.

Nebst den enormen Freiheiten, die uns diese neuen Lebensmöglichkeiten bieten, bedeuten sie auf der anderen Seite aber auch, dass wir für unser eigenes Leben eine größere Verantwortung zu tragen haben. Was gibt Menschen denn Halt und Sicherheit? Aus all den genannten Anforderungen heraus entsteht die Notwendigkeit, an sich selbst, an seinem Ich permanent zu arbeiten und dabei seine Selbstkompetenzen zu stärken, dies insbesondere auch auf der spirituellen Ebene, die letztlich Halt geben kann, wenn alles andere sich in ständigem Fluss befindet. Nur die wenigsten Menschen sind – schon rein aus Zeitgründen – wirklich dazu in der Lage, dies aus sich selbst heraus zu entwickeln. Deshalb wird die Nachfrage nach dem so genannten Transformationskonsum maßgeblich ansteigen.

«Bringt es mich weiter? Macht es mich fitter?»
Zu den neuen Schlüsselbedürfnissen gehören diejenigen nach Sinn und Bedeutung im Leben, nach innerer Sicherheit und Selbstkompetenz sowie nach Inspiration für die eigene Weiterentwicklung. Im-

mer mehr Menschen werden in Zukunft neben der Fragestellung «Macht es mir Spaß?» mit den Fragen konsumieren: «Bringt es mich weiter? Macht es mich fitter? Erhöht es meine Lebensqualität? Macht es mich zu einem besseren Menschen?» Diese Bedürfnisse werden die Schlüsseltreiber für den Transformationskonsum sein.

Die oben erwähnten Lebensknappheiten bilden die Grundlage für Beratungsmärkte, für jegliche Art von Lebenshilfe und Ratgeber, von persönlichen Lifecoachings, «Online-Lebensberatungs-Plattformen» oder Büchern wie «Simplify your Life». Das wäre dann sozusagen der «Wer-bin-ich-und-wer-will-ich-sein»-Markt. Ein wichtiges Indiz stellt die ständige Erweiterung des Lebenshilfe-Buchmarktes dar, der in einem stagnierenden Markt regelmäßig an Umsatz zulegt. Lebenskunst-Philosophen wie Wilhelm Schmid haben in ihren Seminaren hohen Zulauf aus jeder Bildungsschicht – Menschen auf der permanenten Suche nach dem Glück. Für Hotellerie und Tourismus zeigen sich erhebliche Wachstumspotenziale in der steigenden Anzahl von Selbsterfahrungskursen sowie im Trend nach Wellness-Hotels oder Naturtourismus.

Das Entstehen und starke Wachstum von Life-Service-Plattformen wie www.viversum.de, auf der Experten wie Ariella mit medialem Kartenlegen Lebensberatung auf höchstem Niveau anbieten, oder «Madame Nandors Augen: Deine Zukunft via E-Mail, Telefon oder Videochat für 2,39 Euro pro Minute», zeigen das Ausmaß der Sehnsucht von Menschen nach Inspiration, Orientierung und Navigation im Leben. Lebenshilfe im Alltag, Engel und Channeling, Magie und Schamanismus, Alternative Heilmethoden und andere Sparten wie auch Traumdeutung sind daher Wachstumsmärkte für die steigende Zahl der Sinn- und Inspirationssucher. Im Übrigen ist es interessant und sehr bezeichnend, dass unter den Top-20-Experten nur ein einziger Mann zu finden ist. Auf der Kundenseite zeigt sich ein anderes Bild. Die Zukunft ist auch hier «weiblich».

Es gibt Produkt-Beispiele für «Mood Managements», das Managen der Gefühle. Die Aromatherapie beeinflusst die Stimmung: Lavendel beruhigt, Rosmarin wirkt anregend – an sich keine neue Erkenntnis. Neu ist allerdings deren multioptionaler Einsatz dank des

Aroma-Pods. Der für vier verschiedene Gemütsrichtungen – *Awake, Calm, Energize, Focus* – erhältliche Stick aus Neuseeland wurde von einem Labor des Chemie- und Pharmaunternehmens «Healthcare Manufacturing Group» entwickelt. Klein, flexibel und szenig gestylt wird der Stick einfach nur aufgedreht, und man kann dessen Aromen, die das limbische System stimulieren, einatmen.

Auch die Renaissance von Yoga in teils wilden westlichen Adaptionen wie Power-Yoga ist eine weitere Ausprägung der Sehnsucht, nicht nur körperlich fit zu sein, sondern in möglichst kurzer Zeit Körper, Geist und Seele in Einklang zu bringen und sich jede Woche ein Stück entspannter und bewusster zu fühlen. Volkshochschul-Kurse der 1970er-Jahre sind out. Wer heute zur Avantgarde gehört, hat seinen persönlichen Yogalehrer. Wie kann die Lebensknappheit «Wunsch nach Transformation» angesprochen und bedient werden?

Ein Vorreiter des Konsums zur Selbstverbesserung und Selbststärkung ist der Lanserhof in Lans bei Innsbruck. Andreas Wieser gründete ihn bereits vor rund zwanzig Jahren und verfolgte ursprünglich das Ziel, auf Basis der Franz-Xaver-Mayr-Medizin den Körper zu entschlacken und gleichzeitig mit Workshops zur Stärkung der mentalen Balance und Erhöhung der Kreativität eine ganzheitliche und nachhaltige Regeneration von Gesundheit sicherzustellen. Zwischenzeitlich und im Sinne des Trends «Suche nach mehr Spiritualität und Transformation» wurden die asiatischen Elemente stärker ausgebaut. Heute kombiniert der Lanserhof westliche Medizin mit fernöstlichen Komponenten unter dem Motto «The Future of Medicine». Im Zentrum steht dabei das ursprüngliche Lansmed-Konzept, das Fitness und Vitalität (auch im Alter), Bewegungsfähigkeit, Entgiftung, Schönheit und moderne Gourmet-Bio-Energieküche mit dem Lans-Lifestyle und dem Lans Executive Personal Coaching integriert. Die Architektur mit ihren harmonischen Formen und angenehmem Farbspiel in Kombination mit hochwertigem Design inklusive Zen-Elementen trägt ihren Teil zum Gesunden von Körper, Geist und Seele bei.

Auf diese Weise zieht der Lanserhof gestresste Prominente und Manager der Kreativen und der nicht-kreativen Klasse an.

Auch zukunftorientierte Apotheken greifen in diesem Marktsegment zu. Das kalifornische Unternehmen «Elephant Pharmacy» (www.elephantpharmacy.com) zeigt, wie Patienten nicht nur zu Kunden, sondern zu Gästen werden. Auf 1300 Quadratmetern vereint «Elephant Pharmacy» westliche, konventionelle und fernöstliche Medizin. Kunden können außerdem zum Nulltarif Yoga- und Fitnesskurse, Vorträge und Seminare belegen oder die hauseigene Buchabteilung besuchen. Ähnlich positioniert sich auch die weltweit erste und einzige Apotheke, die ausschließlich auf Naturkosmetik und alternative Arzneimittel wie Homöopathie und Kräuter spezialisiert ist. «The Organic Pharmacy» (www.theorganicpharmacy.com) ist zusätzlich zu ihrem e-Shop mit bisher drei Filialen in Großbritannien vertreten. Aus der guten alten Apotheke wird ein stylisches Zentrum für Gesundheit.

Spiritualität zum Essen: Wie wichtig Glaube und Spiritualität sind, zeigt sich auch in Deutschlands Regalen. Wer beim Coffeeshop-Giganten Starbucks seinen Teebeutel Tazo-Tees (www.tazo.com) – «Tees mit Geschichte und Mission» – eintaucht, brüht gleichzeitig Sinn und Sinnlichkeit mit auf. McDonald's verkaufte im vergangenen Jahr Yin-und-Yang-Burger. Energiesuppen mit Konfuzius-Zitaten gibt es bei Soupsoup (www.soupsoup.de). Der österreichische Bio-Anbieter Sonnentor verkauft Christlich-Mystisches in einer ganzen Hildegard-von-Bingen-Linie, unter anderem «Hildegard-Fertigsuppen» und «Hildegard-Energiekekse» (www.sonnentor.com). Manufactum bietet «Gutes aus Klöstern» an, der Supermarktkonzern Edeka informiert seine Kunden über Kochideen nach der chinesischen 5-Elemente-Ernährungslehre. Was bedeutet das Bedürfnis nach Transformationskonsum für die Markenführung?

Von der Penetration zur Inspiration

Marken müssen sich in Zukunft immer mehr als Service-Provider, als Navigatoren und Dienstleister begreifen, die es ihren Kunden ermöglichen, Selbst-Design zu betreiben.

Marken sollten den Kunden neue Perspektiven zur Verfügung stellen, mit denen sie sich selbst weiterentwickeln können, und dabei Orientierung bieten, wie Menschen zu einer höheren Gesundheit, Lebensqualität und mehr Selbstsicherheit finden. Marken sollten neue Gefühle erlebbar machen, neue Träume und neue Visionen ermöglichen. Dies bedeutet, dass Marken auch empfindsamer werden müssen – sie müssen offen auf Kunden zugehen, enger in persönlichen Kontakt mit ihnen treten, noch mehr Empathie für die wirklichen Sehnsüchte und Wünsche der Konsumenten entwickeln.

- Wie inspirieren Sie Ihre Kunden oder penetrieren Sie noch?
- Wie sprechen Sie die Lust an neuer Erfahrung an und was kann Ihre Marke tun, um sie zu befriedigen?
- Wie ermöglichen Sie Ihren Kunden ein besseres Leben, fördern Sie die Gesundheit?
- Stimulieren Sie gute Gefühle?
- Wie verschaffen Sie ihnen neue Perspektiven, einen neuen Sinn?
- Nutzen Sie asiatische, insbesondere neuerdings auch indische oder andere spirituelle Elemente in Ihrer Marke?

2. Pro-kreativer Konsum – Der Kunde als Mitproduzent

Dieser neue Markt speist sich hauptsächlich aus zwei Lebensknappheiten. Zum einen ist es der Drang, sich selbst kreativ einzubringen und sich damit ein Stück weit selbst zu verwirklichen. Zum anderen ist es der Wunsch, sich in einer Gesellschaft des Massenkonsums durch echte Einzigartigkeit abzuheben. In evolutionärer Hinsicht basiert dies auf dem Hintergrund, dass viele Menschen schon über jahrzehntelange Erfahrung mit Konsumieren verfügen und sich dadurch vom ehemals «braven» Konsumenten zu kritischen Kunden entwickelt haben. Sie besitzen im Allgemeinen viele Güter und erwarten im Ersatz- oder Erweiterungsbedarf eine hohe Individualität oder sogar – in zunehmendem Maße – individuelle Spezialanfertigungen.

Von der Selbstbedienung zur Selbst-Produktion

Der Kunde will wahrgenommen und gepflegt werden. Was heißt pro-kreativ genau? Es bedeutet, dass Kunden ihr eigenes Produkt zum Beispiel mit Hilfe von Computer-Scanning in Spezialkabinen des Textileinzelhandels entwerfen oder ihre eigenen Nike-Schuhe mit Hilfe von 3D-Designtools im Internet konzipieren können. Wie bereits beim Megatrend Web 2.0 ausgeführt, bewerten Kunden auch die ethische Politik von Unternehmen auf entsprechenden Internetplattformen. Außerdem veröffentlichen sie ihre Meinung über die Qualität einzelner Produkte in den passenden Verbraucherforen. Der Kunde wird endgültig zum Co-Produzenten der eigentlichen Ware.

Open Innovation

Indem der Kunde seine Wünsche oder seine Meinung in einen direkten oder öffentlichen Produktionsprozess mit einbringt, greift er in diesen ein. In der konstruktiven Ausprägung – die das Ziel jeder Marke sein sollte und zu einer Win-win-Situation führen kann – verschmilzt das Unternehmen immer mehr mit dem Kunden. Das kann längerfristig dazu führen, dass die zurzeit noch hauptsächlich ingenieursgetriebenen Forschungs- und Entwicklungsabteilungen immer mehr zu Forschungs- und Kommunikationsabteilungen werden. Die Entwicklung der F & E zu F & K oder F & E & K beinhaltet, dass Unternehmen Plattformen, Blogs und Werkzeuge zur Herstellung persönlicher Designprodukte zur Verfügung stellen, mittels denen die Lead-User und Fans ihre individuellen Produkte anfertigen oder Prototypen der Hersteller bewerten und auf diese Weise gemeinsam mit dem Unternehmen Verbesserungen entwickeln.

So erwirtschaftete 3M, Erfinder der «Post it», mit seinen – gemeinsam mit Lead-Usern entwickelten – Produkten in den letzten Jahren einen achtmal höheren Umsatz (146 Millionen Dollar) als mit seinen selbstentwickelten (18 Millionen Dollar). Des Weiteren gibt es in USA Outdoor- und Mountain-Bike-Communities, die bis zu 40 Prozent der Produkte für persönliche Bedürfnisse entwickeln. Auch Lego verfügt über eine eigene Lead-User-Community, mit der sie neue Spiele und Konstruktionsmodelle entwickelt. Die Software-Industrie, die Urmutter des Opensource-Gedanken (frei zugänglicher Softwarecode zur Selbstprogrammierung) ist auf SourceForge.net mit über 870 000 Nutzern zu über 90 000 Open-Source-Software-Projekten im Austausch.

Dieser pro-kreative Konsumprozess hat maßgebliche werttreibende Faktoren. Konsumenten sind laut einer Studie der University of Vienna (2005) bereit, bis zu 50 Prozent mehr für individualisierte Produkte zu bezahlen als für ein Standardprodukt. Konsumenten honorieren damit den höheren Produktnutzen und einzigartigen Bezug zum Produkt. In der jeweiligen Community erhalten die Entwickler zum anderen eine höhere Reputation und erwerben «Meriten». Unternehmen profitieren doppelt – auf der Ertragsseite generieren sie einen höheren Umsatz und können Preisaufschläge verbuchen. Auf der Entwicklungsseite steigern die Unternehmen ihre Innovationsrate und reduzieren nicht nur Entwicklungskosten, sondern auch ihre Flopprate bei der Einführung ihrer Produkte und Marken.

Shopping der Zukunft: «Build a Bear Workshop»

Ein schönes Beispiel eines ko-kreativen Angebots ist die Spielwarenfranchisekette «Build a Bear Workshop» aus den USA. Teddybären können dort nicht von der Stange gekauft werden, sondern müssen selbst produziert werden. Dies geschieht im Rahmen eines partyähnlichen Prozesses und über sämtliche Wertschöpfungsstufen hinweg: Auswahl von Fellfarbe und Form, Füllen mit Styropor, Anbringen von Plastikherzen – das Kinder mit einem Herzenswunsch für ihren Bären beteiln können –, Einkleiden nach aktueller Mode, Namensgebung und Erstellen einer Geburtsurkunde bis hin zum Vertonen der Stimme via Mikrofon und dem Anbringen eines RFID-Chips zum Wiederauffinden.

Wertsteigernd wirkt sich der Wunsch von Kindern nach dem «schönsten Bären in der Gruppe» aus, der sich im Kauf von Materialien und Accessoires niederschlägt. Dieser «Kaufprozess» ist in jedem Geschäft standardisiert und macht die Kinder zu Mitproduzenten ihrer eigenen Teddys. Zum Konzept gehört auch eine Online-Plattform, auf der Bärenbesitzer sich gegenseitig Trends und Tipps für ein besseres «Bärenleben» geben. Das ist Shopping der Zukunft! Nach diesem Prinzip können Sie übrigens auch Ihre individuelle Schokolade bei Zotter in Österreich produzieren lassen.

Ko-kreativer Möbelkauf

Der europäische Möbelhandel hat das Zillertaler Einrichtungshaus Wetscher, ein Familienunternehmen, zum führenden Einrichtungshaus in Europa gekürt. Warum? Dort wird durch Achtsamkeit, hohe Empathie und Kreativität in einem sehr ko-kreativen Prozess das Wohnkonzept zusammengestellt. Innenarchitekten heben durch ihr Fachwissen, gepaart mit einem hohen Gespür für Modetrends und den persönlichen Geschmack des Kunden, das Bewusstsein für Wohnen auf die nächste Ebene. Die Basis hierfür bildet die Kombination aus Zillertaler Zimmermannskunst und außergewöhnlichem Servicegrad, den Kunden aus Deutschland und Österreich gleichermaßen schätzen. Versuchen Sie einmal, dort nur einen Tisch zu kaufen.

Apple als Paradebeispiel einer Zukunftsmarke

Apple als Paradebeispiel für hohe Innovation und Serviceorientierung bietet die Download- und Community-Plattform iTunes, die als ko-kreative Plattform den entscheidenden Erfolgsfaktor bildete. Wie bereits beschrieben, sind gleichermaßen Download von Musik oder Upload eigener Mixes oder Potcasts möglich, die der öffentlichen Community zur Nutzung und Bewertung zur Verfügung gestellt werden können. Dadurch wird Apple zur Plattform für ko-kreativen Konsum, Selbstdarstellung und Selbstverwirklichung.

Apple hat sich damit enorm erfolgreich vom Computer-Hersteller zu einem «Enabler», also Befähiger für digitalen Lebensstil, gewandelt. Um dieser Entwicklung Rechnung zu tragen, wurde zwischenzeitlich das Wort «Computer» aus dem Firmennamen verbannt und in «Apple Inc» geändert.

Bei aller Weiterentwicklung ist Apple seinen eigenen Grundsätzen treu geblieben. Die Grundidee der überlegenen Benutzerführung und Bedienbarkeit beweist Apple in seinen Produkten immer wieder neu: Apple war die erste Firma, die die Maus als Bedienungselement kommerziell einsetzte. Ob ikonografische Benutzeroberfläche, «One Finger Trackpad» oder Touchscreen beim iPod – immer wieder überrascht die Firma mit In-Design und dem Kulturcode des guten Rebellen («Think Different»), ausgedrückt durch Steve Jobs faszinierende Keynote-Präsentationen. Apple ist damit ein Paradebeispiel von gut gemachter und permanenter BrandFuture und zeigt mustergültig, wie Unternehmen sich immer wieder erneuern, erweitern und gleichzeitig sich selbst bleiben.

Was heißt ko- beziehungsweise pro-kreativer Konsum für die Markenführung?

Vom Produktverkauf zum pro-kreativen Erfahrungsdesign

Die ko-kreative Entwicklung von Erfahrungen, Services und Produkten ist eine wesentliche Grundlage, um in Zukunft erfolgreiche Produkte an den Markt zu bringen und dort im aktiven Austausch mit Hilfe der Kunden ständig zu verbessern.

- Wie nutzen und fördern Sie ko-kreative Prozesse mit Ihren Kunden?
- Wie lassen sich Ihre Produkte individualisieren?
- Stellen Sie Tools, Foren und Bewertungssysteme zur Verfügung, die Sie in Ihrer Innovationskraft vorwärts bringen können?
- Wie können Sie den Kaufprozess so gestalten, dass er zu einer individuellen Erfahrung Ihrer Marke wird?

3. New Luxury – Der Markt der feinen Unterschiede

In besser bis sehr gut situierten Kreisen steigt das Bedürfnis, sich von den «Aufsteigern», dem «schnellen neuen Geld» der Neureichen zu unterscheiden. Der wesentliche Nährboden für den «New Luxury»-Markt ist sodann der Wunsch nach persönlichem und authentischem Genuss, nach immer feinerer Kennerschaft und Distinktion. Dem zugrunde liegt hauptsächlich der Drang nach Unterscheidbarkeit von der zunehmenden Vermassung des industriellen Pseudoluxus. Hinzu kommt das intensive Bedürfnis nach echtem Erleben, statt einem protzigen Zurschaustellen.

Menschen, die seit Jahrzehnten Erfahrung mit Luxus haben, entwickeln im Zeitverlauf einen immer feineren Umgang mit ihm. Die Renaissance der Knigge-Bücher, das Boomen der Connaisseurship-Kultur und der Kennerschaftsliteratur zu Wein, Essen, Zigarren, Uhren, Autos oder Interieur-Design weisen darauf hin, dass Luxus etwas sehr Persönliches geworden ist, das sich nicht mehr inszenieren will. Einige Luxusmarken sind nur noch für Kenner zu decodieren, da diese keine deutlich sichtbaren Zeichen aufweisen, sondern durch ihre hochwertige Verarbeitung oder Insidercodes zu erkennen sind – wie bestimmte Schnallen bei Taschen oder ein kleiner roter Stoff, der zum Beispiel unter allen maßgeschneiderten Schuhzungen von Eduard Meier aus München hervorlugt. Das wirklich Luxuriöse erschließt sich erst auf den zweiten Blick und nur durch Vorbildung und echte Beschäftigung mit dem Thema. Kennen Sie den Unterschied zwischen einem guten und einem schlechten Espresso oder wissen Sie, wie man in Mailand die romantischen Muster in den Cappuccino-Schaum zeichnet? Wie unterscheiden sich die neuen österreichischen Rotweine von der «Old School» aus dem Bordeaux? Dieses Wissen zeichnet Sie auf dem Weg zum echten Kenner aus.

Natürlich wird Luxus auch in Zukunft, vor allem in den aufsteigenden Staaten wie China, Indien, Russland oder Brasilien mit sichtbaren, äußeren Statuszeichen wie etwa den Labels Louis Vuitton, Ermenegildo Zegna, Porsche, Dior, Prada oder Maserati in Verbindung gebracht. In den etablierten, postindustriellen, reiferen Konsumstaaten wird Luxus jedoch zunehmend primär durch die innere Erfahrung geprägt, durch den Ausdruck und das (Er-)Leben einer Kennerschaft in den ausgewählten Luxussegmenten. Es geht weniger um Prestige als um die selbstverständliche Expertise und Unterscheidbarkeit von Oberfläche und «wahrem Wert».

Es ist wichtiger, ein innovatives Weingut zu kennen, als die x-te Flasche Baron Rothschild zu köpfen, von dem man nicht weiß, aus welchen Trauben dieser hergestellt ist. Vor diesem Hintergrund ist zum Beispiel auch die Renaissance speziell erlesener Schokolade-Artikel zu bewerten. Wie die enormen Wachstumsraten der Schweizer Schokoladen-Dynastie Lindt & Sprüngli zeigen, kann man auch ein vormals simples Produkt wie Schokolade mit gekonnter Aufwertung, Re-Inszenierung, kombiniert mit einer eingängigen Erzählung, in eine Sonderedition «CruSauvage Jahrgangstrüffel» verwandeln und diesen neuen Markt mit Erfolg bedienen.

Gemeinsamer Kennerschaftsgenuss

Mit «Slow Food» sucht eine ganze Bewegung den neuen Genuss-Luxus. Unter dem Motto «Gut, sauber, fair» zelebriert sie das Zubereiten und Genießen von originalen unbehandelten Nahrungsmitteln europaweit. Gegründet hatte sich die Bewegung 1986 mit dem Leitgedanken: «Bewegung zur Wahrung des Rechts auf Genuss». Eine wahrlich europäische Idee.

Sie hat sich in Italien als Antwort auf den Methanol-Skandal in italienischen Weinen aus einer linken Protestbewegung heraus entwickelt und ist heute eine große internationale Organisation mit Tausenden von Anhängern. Ihr Mission-Statement lautet: «Slow Food ist eine weltweite Vereinigung von bewussten Genießern und mündigen Konsumenten, die es sich zur Aufgabe gemacht haben, die Kultur des Essens und Trinkens zu pflegen und lebendig zu halten. Fördert eine verantwortliche Landwirtschaft und Fischerei, eine artgerechte Viehzucht, das traditionelle Lebensmittelhandwerk und die Bewahrung der regionalen Geschmacksvielfalt! Bringt Produzenten, Händler und Verbraucher miteinander in Kontakt, vermittelt Wissen über die Qualität von Nahrungsmitteln und macht so den Ernährungsmarkt transparent.»

«Slow Food» vertreibt Guides, Genussführer, veranstaltet Seminare, Events und dreht Filme zum Thema Ess- und Weinkultur. Mit «SlowBier» wurde sogar eine internationale Biermesse installiert. Die Basiszelle der Bewegung ist ein «Convivien», lat. für Tafelrunde. Insgesamt existieren 55 dieser Orte, an denen Slow Food zelebriert, gelebt und weiterverbreitet wird. Insofern kombiniert Slow Food die Kennerschaft mit dem Markt der Liebe und des Zusammenseins, auf den ich später zurückkomme.

Illy: Ritual, Leidenschaft für Exzellenz und (Kaffee-)Kunst

Seit über 70 Jahren perfektioniert die italienische Kaffeemarke Illy den italienischen Espressokaffee. Sie gilt heute unter den Küchenchefs und Baristas als die unangefochtene Nummer eins. Warum ist das so?

Der wesentliche Unterschied liegt in der Kernleistung der Marke,

121

in der Konzentration auf die Verwendung der perfekten Kaffeebohnenmischung. Illy konzentriert sich dabei zu hundert Prozent auf den feinsten Arabica-Kaffee, der aus dreizehn Ländern kommt und während des gesamten Produktionsprozesses unter strikten Illy-Standards hergestellt wird. Neben der reinen Herstellung und dem Vetrieb bietet Illy zudem sämtliche Informationen über Espressorituale, Anleitungen zur Espressoherstellung und gibt Empfehlungen über Espressomaschinen samt passender Espressorezepte.

Illy unterstützt seine Kunden außerdem durch die «University of Coffee» in der Verfeinerung ihrer Espressokünste. In Triest kann man zum Beispiel in zwei Tagen für 680 Euro zum Kaffeeexperten werden oder eine Zusatzausbildung zum Coffee-Sommelier absolvieren. Jeder Toskana- und Mailand-Reisende bewundert die Kunst der italienischen Baristas, meistens gut aussehende Frauen, die mit Milch wunderbare Herzen in den Cappuccino zeichnen. Wer seine Liebste auch zu Hause mit dieser Kunst überraschen will, kann dies an eintägigen Cappuccino-Art-Seminaren in ganz Italien lernen.

Illy ist also, wie die Amerikaner sagen würden, eine «Destination Brand» rund um das Thema Espresso. In jüngster Zeit hat Illy die Markenwelt des reinen Kaffees mit seinem Illy-Galeria-Konzept zu einem Ort stilisiert, an dem Kaffeekultur und Kunst zusammentreffen. Die Leidenschaft für Exzellenz im Espresso wird damit auch zur Leidenschaft für Schönheit und Kunst im Lebensalltag. Illy veranstaltet dazu Kunstausstellungen, bietet Kunst-Kaffeetassen an, fördert weltweit junge Künstler in Kunstwettbewerben und erweitert so seine ursprünglich auf Kaffeebohnen reduzierte Marke hin zu einem geistig und seelisch inspirierenden Ort, an dem europäische Lebenskultur inszeniert wird.

Illy kombiniert damit Lust und Genuss mit dem Wunsch nach Verfeinerung und Inspiration an einem Ort des geselligen Zusammenseins.

Winesense: Kennerschaftsgenuss und Sinnlichkeit
Verfeinerungskonsum auf Südafrikanisch: Winesense hat sich der Weinverkostung der Weinerfahrung «by the glass» verschrieben. Je-

der Weinkenner bedauert es, wenn in den meisten Restaurants die Weine nur per Flasche zu ordern sind und nicht glasweise. Winesense hat in Südafrika ein Konzept entwickelt, mit dem Weine glasweise testbar und so für Kunden immer neue Weinerfahrungen erlebbar sind.

Es versteht sich von selbst, dass die getesteten Weine im Shop oder per Internet erhältlich sind. Winesense bietet auch Weinverkostungen zu bestimmten Themen an, die mit passenden Gerichten kombiniert werden. Weinsense ist der Pilgerort für modernen, abwechslungsreichen Weingenuss, gepaart mit leichter Bistroküche für den Business-Kunden bis hin zum abendlichen Apéritif mit einer tagtäglich neuen Weinerfahrung. Jeder Gast verfügt dabei über eine individuelle Kundenkarte, auf der alle bisherigen Weinerfahrungen gespeichert sind, so dass die eigene Weinhistorie online wie offline verfolgbar ist und die präferierten Weine immer nachbestellbar sind.

Ein ähnliches Konzept der neuen Connoisseurship verfolgt Wein & Co. mit eigenen Restaurants in Österreich. Zu den Probiergläsern Wein werden italienische Gerichte serviert. Die entdeckten Lieblingsweine können nebenan im Wein & Co.-Shop flaschen- oder kistenweise gekauft werden. Zehn Prozent der Rechnung aus dem Restaurant rechnet Wein & Co. auf den Weinkauf an und erwirkt damit einen zusätzlichen Smart-Shopping-Effekt.

Best Cellars: Demokratisierung von Kennerschaft

Best Cellars bietet in USA ein weiteres wunderbares Weinkonzept, das Kennerschaft auch für Weinanfänger offeriert. Jedem Wein wird eine der acht Geschmacksrichtungen zugeordnet: prickelnd, frisch, weich, lustvoll, saftig, stark oder süß. Diese dominierenden Geschmacksrichtungen navigieren durch verschiedene Weine unterschiedlicher Herkunft. So steht ein Rioja zwischen einem Malbec aus Argentinien und einem Bordeaux aus Frankreich.

Diese Navigationshilfe und Vorselektion der Weine bietet hervorragende Orientierung und verhilft zum Aufbau seines Weinwissens in den bevorzugten Geschmacksrichtungen. Die Mission der Gründer ist die «Demokratisierung der Weinkennerschaft». Best

Cellars möchte breite Bevölkerungsschichten auf dem Weg zu einer Weinkultur und -kenntnis begleiten und diese Kennerschaft über erschwingliche Preise (unter 15 Dollar) offerieren.

Winesense, Best Cellars und Wein & Co. integrieren die klassische Weinkultur mit modernen Elementen der Kennerschaft, mit modularer Erfahrung, mit Smart-Shopping-Effekten sowie dem Home-Delivery-Service-Komfort. Damit sind sie wegweisend für eine neue Genusskultur, die jenseits protziger Marken und Labels agiert und auf individuelle Erfahrung, Kennerschaft und Distinktion baut.

Von der Statuskommunikation zur inneren authentischen Markenerzählung

Luxusmarken brauchen eine faszinierende, spannende Erzählung über das Besondere und Einzigartige am Produkt, zum Beispiel über den ganz speziellen Produktionsprozess. Sie brauchen einen authentischen Mythos über ihre Entstehung, über den sich dann der Luxuskäufer in Form von Geschichten und einzigartigen Genuss- und Shop-Erlebnissen seine eigene, einzigartige Erfahrung holt und diese nach außen hin sichtbar macht. Fragen Sie sich, wo Ihre Marke eine besondere Erfahrung schafft oder durch eine Geschichte über das Produkt, dessen Herstellungsprozess oder die Rohstoffe etwas Einzigartiges ausdrücken kann.

- Wie ist der Genusswert Ihrer Marke?
- Vertiefen Sie das Wissen Ihrer Kunden?
- Wie stimulieren Sie die fünf Sinne?
- Ermöglichen Sie Ihren Kunden, die Kennerschaft durch Hintergrundwissen zu zeigen?
- Erzählen Ihre Produkte eine Geschichte, die sich an Tafelrunden weitererzählen lässt?
- Ist Ihre Marke ein echtes, authentisches Original oder nur eine Kopie, ein «Me Too»?
- Verwenden Sie besondere Herstellungsverfahren, eine Anwendung, eine Einzigartigkeit, die Sie kommunizieren können?
- Haben Sie besondere kulturelle Werte und Fertigkeiten, die sich kommunizieren lassen?

4. Unterstützungskonsum – die neue Föderation der Life-Supporter

Die steigende Quote der Doppelverdiener-Haushalte mit oder ohne Kind, die zunehmende Mobilität der Arbeitswelt, die Flexibilisierung der Arbeitszeit, der Wunsch, erfolgreich im Beruf zu sein und zugleich Familie mit Kindern zu haben, bedeuten eine Zunahme von Komplexität und Dynamik des Alltags. Sie erfordern für einzelne Bereiche entlastende Dienstleistungspartner oder die Möglichkeit zur Auslagerung einzelner Tätigkeiten an vertrauensvolle Organisationen. Die Nachfrage nach Life-Assistance wird also einen der wesentlichen Zukunftsmärkte darstellen.

Das Bedürfnis nach tatsächlicher Unterstützung in wichtigen Lebensbereichen wie Finanzen, Gesundheit, Mobilität, Freizeit und Arbeit nennt Eleonor Zuboff «Deep Support». Diesen Dienstleistungsbereich sieht sie als nächste große Welle der hoch qualifizierten Wertschöpfung.

Im Grunde stellt diese Entwicklung eine Renaissance des Advokaten, des «Fürsprechers» in finanziellen und generellen Lebensfragen dar, ein Wiederaufleben des Concierge mit erweiterten Funktionen als eine Art Anlaufstelle für die alltäglichen Dienstleistungen von Brief- und Paketannahme über kleine Besorgungen bis hin zur Haushaltsüberwachung oder zum Management der Familien-Finanzen.

Wie können die neuen Bedürfnisse befriedigt werden?

Ein zentrales neues Bedürfnis bildet Gewinnung von Zeit und Lebensqualität durch das Outsourcen wesentlicher Lebensbereiche. Das Bedürfnis nach Sorge, Mitgefühl, Entspannung und Entlastung ist ein zentrales Thema in kreativen, modernen Milieus.

Früher wurden entlastende Funktionen im Haushalt von Großfamilien speziell von Großmüttern und -vätern übernommen und werden heute und künftig noch verstärkter durch moderne Dienstleistungsbeziehungen ersetzt. Parallel hierzu findet gleichzeitig eine Renaissance des Netzwerks der Großfamilie durch Freunde oder Patchwork-Onkeln und -Tanten statt. Diese Föderation der Life-

Supporter erfüllt zugleich die Funktion eines sozialen Netzes wie auch die der Entlastung und des Zeitgewinns im Lebensalltag.

Bei Familien-Service.de hilft eine Agentur Frauen, Familie und Beruf in Einklang zu bringen. Begründer dieser Idee ist Gisela Erler, die 1991 von BMW beauftragt wurde, ein auf die Bedürfnisse der Mitarbeiter zugeschnittenes Programm zur Kinderbetreuung zu erstellen. Heute beschäftigt der Familienservice 120 Mitarbeiter und betreut 10 000 Kunden pro Jahr. Der Familienservice vermittelt nicht nur Kinderbetreuung, sondern berät auch im Privat- und Berufsleben, erstellt Studien und hilft bei der Altersbetreuung.

Neben Privatpersonen sourcen auch Unternehmen im B2B-Bereich Aftersales-Tätigkeiten ihrer Wertschöpfungskette aus. Im IT-Dienstleistungsbereich übernimmt die Firma Hemmersbach, deutscher Marktführer für «technische Vor-Ort Services», unter dem Motto «Create True Service» mit über 300 000 Einsätzen im Jahr für Hersteller wie HP oder Medion die komplette B2B-Kundenbetreuung im Servicebereich.

In den USA bietet GeekSquad diese Leistung mit über 9000 Agenten für den Endkunden. Die Agenten treten uniformiert in einem schwarz-weißen VW Beetle, in weißem Hemd und schwarzer Krawatte auf und verkaufen als neue *Tech Butler* für vernetzte Zuhause paketierte Dienstleitungen von der W-Lan-Installation bis hin zum Emergency Recovery. Den auslagernden Unternehmen gelingt über Outsourcing von Pre- und Aftersales-Funktionen eine Konzentration auf Ihre Kernprozesse.

Deep-Support-Bank der Zukunft stellt die Quirin-Bank aus Berlin dar, die eine neue Form des Privatbanking anbietet. Der Kunde «abonniert» je nach Leistungspaket einen Finanzbegleiter für einen Festpreis ab 75 Euro monatlich plus 0,5 bis 2 Prozent der Wertsteigerung, je nach gewünschtem Betreuungslevel. Alle im Zuge der Portfolio-Betreuung bei anderen Finanzinstituten generierten Rückvergütungen und Produktprovisionen erhält der Kunde – echter «Financial Life Support» und kein getarnter Produktverkauf. Ein transparentes, faires Angebot, wie es im deutschen Markt seinesgleichen sucht.

Auch Mobilitätsservices für die Kreative Klasse entstehen in den Business-Hubs Europas: Das Company Hotel in der renommierten Frankfurter Goethestraße ist auf einen Büroservice in der Fünf-Sterne-Klasse spezialisiert und bietet keine Übernachtungen an. In direkter Nachbarschaft zu den Luxusmarken Prada, Cartier und Chanel soll speziell ausländischen Unternehmen ein Start in Deutschland erleichtert werden. Aber auch ortsansässige Freelancer und Kleinstunternehmer profitieren von den angebotenen drei Leistungspaketen. Eine Expansion nach Zürich, Monte Carlo und Oman ist demnächst geplant.

Vom Produktverkäufer zum Lebensunterstützer
Marken in diesem Konsumfeld stehen für Entlastung und Urvertrauen. Sie verkaufen Empathie und Aufmerksamkeit. Sie bieten Lebenshilfe in den Bereichen Beruf, Finanzen, Gesundheit, Mobilität und Home- beziehungsweise Familien-Services. Dieser Markt wird geprägt durch das kreative Zeitalter der neuen Selbstständigen oder globalen Wissensarbeiter, die von Individualisierung, Vereinzelung der Haushalte und dem Karrierestreben von Frauen mit Kindern geprägt sind – ein Markt mit größtem Wachstumspotenzial im Dienstleistungssektor.

- Wirkt Ihre Marke unterstützend und entlastend?
- Ist Urvertrauen in Ihre Marke möglich?
- Verschafft Ihre Marke Ihrem Kunden Zeitgewinn oder kostet sie ihn Zeit, Nerven, Aufwand und Aufmerksamkeit, etwa weil das Leistungsversprechen nicht eingelöst wird?
- Fungieren Sie als Advokat und Fürsprecher Ihrer Kunden und entlasten Sie sie in einem Lebensbereich?
- Welche Markenkontaktpunkte können Sie noch komfortabler und maßgeschneiderter gestalten?

5. Geselligkeitskonsum – Der Markt der Liebe und des Zusammenseins

Die fragmentierte Gesellschaft fördert die Sehnsucht nach Bindung, Geselligkeit und Nähe. Der Wunsch nach Geselligkeitskonsum speist sich dabei aus dem Drang nach einer individualisierten Selbstverwirklichung, die man nur dann als erfüllt erleben kann, wenn sie von anderen als solche wahrgenommen wird. Das heißt, man will einerseits tatsächliche Nähe empfinden und andererseits diese Nähe dafür nutzen, seine Individualität kreativ auszudrücken, um als einzigartige Person wahrgenommen zu werden.

Dies äußert sich im – zunächst paradox erscheinenden – Wunsch, Individualität gemeinsam zu erleben. Die Apple-iTunes- und -iPod-Werbung bringt es mal wieder auf den Punkt: Sie zeigt mehrere Tänzer; jeder von ihnen tanzt zu seiner iPod-Musik seinen Stil, seinen Musikmix. Sie beobachten sich dabei und fühlen sich als Gemeinschaft – gemeinsam allein, aber doch verbunden, durch das Band der Ekstase.

Das Paradoxon löst sich allerdings auf, wenn Sie erkennen, dass sich die Lebensknappheit Geselligkeit aus zwei Bedürfnissen heraus nährt: dem Wunsch nach Wahrnehmung von Dritten als kreatives Individuum und der Sehnsucht nach geselliger Nähe.

Dieses Bedürfnis spiegelt sich stark im nachhaltigen Boom des gemeinsamen Kochens mit Freunden wieder. Meist spielt sich dies in der Designer-Küche eines der Teilnehmer mit ausgewählten, kennerhaft zubereiteten Gerichten und eigens dafür gekauften Weinen aus hervorragenden, eher unbekannten Weingütern ab. Die zwei starken Bedürfnisse nach Gemeinschaft und gelebter Individualität verschaffen der Küche eine Renaissance als Zentrum des sozialen Zusammenlebens wie auch als Inszenierungsplattform für den Einzelnen und verdrängen passiven, stumpfen TV-Konsum immer weiter in den Hintergrund.

Dieser Wunsch nach Geselligkeitskonsum hat zwei generelle Ausprägungen. Eine findet sich in der analogen Slow-Food-Erfahrung wieder, die zweite drückt sich durch den digitalen Web-2.0-Lifestyle-Apparat aus (siehe dazu Seite 81).

Wie können diese Bedürfnisse befriedigt werden? Starbucks Coffee verinnerlicht das Konzept nach Geselligkeitskonsum mustergültig. Starbucks verkauft nicht nur Kaffee, sondern positioniert sich erfolgreich als «The Third Place», der dritte Platz zwischen Arbeit und Zuhause. Hier können Sie – Ihren individuell kreierten Kaffee trinkend – im bequemen Sessel allein entspannen, lesen, im Internet surfen oder sich mit Freunden treffen.

Eine weltweit wachsende Geselligkeitskonsummarke stellt das PACHA dar. In den 80er-Jahren als Hippie-Disco auf Ibiza gegründet, ist es mittlerweile zu einem weltweiten Unterhaltungsweltkonzern mit über 21 PACHA-Night-Clubs gewachsen. Partypeople jeden Alters und jeder Nationalität kennen die Marke für die besten House-Partys. Das PACHA ist ein Erlebnisgefäß, in dem ritualisiert DJ-Größen wie Roger Sanchez, Bob Sinclair oder Eric Morillo ihre Partys steigen lassen. Der Eintritt kostet ab 50 Euro aufwärts und das 0,2 l Wasser sind für 8 Euro zu haben: Spaßfaktor pur mit Inszenierungen als Tänzer, MMS-Messages, MusicStream als Internet-Radio und regelmäßige CD-Releases, die man auch schon vorab auf My Space hören, downloaden und bewerten kann. Über große Reiseanbieter ist PACHA bereits als Pauschalreise buchbar. Die beiden Kirschen, Markenzeichen von PACHA, werden gern sichtbar getragen als «Cherry Collection Disco Visor», eine Art Disco-Sonnenschutz.

Der Boom der *Social Networking Softwares* wie Open BC oder Friendster (siehe auch Seite 81f.) liefert einen weiteren Hinweis darauf, dass der Mensch sich als soziales Wesen auch in Zukunft nach Gemeinschaft sehnt, in der er sich aktiv und kreativ betätigen kann. Letztendlich sind die «YouTubes» und «MySpaces» dieser Welt nichts anderes als gigantische Selbstdarstellungsmaschinen, in denen man sich gegenseitig in seiner Besonderheit und Attraktivität bestätigt. Individuelle Erfahrungen sollen gemeinsam erlebt werden. Darüber hinaus bilden sie auch Vermarktungsplattformen für junge Künstler und Trailer-Plattformen für die etablierte Unterhaltungsindustrie, die dort ihr «Best of» oder «Previews» von Kinofilmen einstellen.

Ebenso stellt die virtuelle Parallel-Welt Second Life eine gigantische Aufmerksamkeitsmaschine dar, die auch für Werbetreibende interessant sein kann. Marken wie Adidas, Toyota oder Sony haben dort bereits Flagshipstores errichtet und kämpfen um die Aufmerksamkeit des Avatar-Besitzers.

Ein großes Markenpotenzial bildet der Geselligkeitskonsum für Medien- und Telekommunikationsmarken. Nokias Claim «Connecting People» steht stellvertretend dafür. Nokia bespielt mit seiner neuen Frauenkollektion «La armour» die vielschichtige Persönlichkeit, die die Nutzerin heute ausdrücken will. Wie gebe ich mich heute? Welche Seite von mir drücke ich aus? Kreativ? Sozial? Fortschrittlich? Das Handy ist als Spiegel verwendbar, kann verschiedene Formen annehmen und ist – je nach Anlass – mit Valli-Accessories wie Perlen oder Kunstdiamanten schmückbar. In einem *Model Contest* kann Frau sich ihre Cat-Walk-Darstellung «uploaden» und sie von anderen Nutzern der Model-Community bewerten lassen.

Der Kern des Geselligen ist in einer Welt der Singles die Partnerbörse der Liebe. Matthias Horx und Eike Wenzel schreiben in ihrem Trendreport 2007: «Allein in Deutschland gibt es mehr als 2500(!) Partner- und Kontaktbörsen, Jahresumsatz laut ‹Online-Dating-Report-2005› des Marktbeobachters singleboersen-vergleich.de im letzten Jahr: rund 75 Millionen Euro – eine 250-prozentige Steigerung gegenüber 2003.» Ein Großteil des bundesdeutschen Beziehungsstresses tummelt sich demnach im Internet. Neben den Alles-Bieter-Portalen (zum Beispiel www.dating-cafe.de) finden sich unzählige spezialisierte Online-Partnervermittlungen, die sich zum Ziel gesetzt haben, langfristige Beziehungen zu vermitteln. Es gibt Anbieter für Akademiker (www.elitepartner.de), Alleinerziehende (www.moms-dads-kids.de), Dicke (www.rubensfan.de), gehörlose Singles (www.gl-sh.de) oder große Menschen (www.großeleute.de und www.lange-gesingles.de). Landbewohner haben die Möglichkeit, über www.landflirt.de nach Gleichgesinnten zu suchen. Wen die Welt hinter Gitterstäben reizt, der kann über www.hintergitter.de mit Inhaftierten Kontakt aufnehmen. Außerdem finden sich im Netz religiöse Singlebörsen zum Beispiel für Juden (www.jewish-singles.de) oder Christen (www.cpdienst.de). Beziehungsanbahnungsseiten für ältere Menschen sind zum Beispiel www.50plus-treff.de, www.seniorfriendfinder.com oder www.DerZweiteFrueh-ling.de, wie parship.de ein Portal der Verlagsgruppe Georg von Holtzbrinck. In den USA haben selbst die Vegetarier ihr exklusives Beziehungsportal (www.veggiedate.com). Auch hier wird der Kunde Mit-Produzent. Es kombinieren sich die Faktoren Kreativitätsentfaltung, Aufmerksamkeitshunger mit Kollaborationslust. «Jeder ist ein Künstler», hat Joseph Beuys einmal gesagt. Dies lässt sich jetzt durch soziale Medien verwirklichen.

Vom monologischen Produktangebot zur sozialen Darstellungs- und Erlebnisplattform

Zu den wesentlichen Schlüsselfaktoren von Angeboten und Leistungen, die das Bedürfnis nach Geselligkeitskonsum befriedigen, gehören Anschlussfähigkeit und Offenheit. Marken bieten so Zeiträume, Tools, Medien und soziale Anlässe, um einerseits Geselligkeit und andererseits individuellen und kreativen Ausdruck zu ermöglichen. Der englische Begriff «conviviality» (gemeinsam individuell erleben) drückt dieses Phänomen exakt aus. Wie einfach ist der Zugang zu Ihrer Marke und wie kann ich mich als Person mit ihr verbinden und sie nutzen? Markenführer müssen sich die Frage stellen, wie ihre Marken diese Herausforderungen online oder offline meistern können.

- Stellt Ihre Marke eine Plattform des geselligen Erlebens zur Verfügung?
- Können sich Ihre Kunden durch Ihre Marke «produzieren» und kreativ sein?
- Erlauben Sie Ihren Kunden, ihren Aufmerksamkeitshunger zu stillen?
- Nutzt Ihre Marke die Tools und Ideen des Social Networking, der sozialen Medien, um Ihre Markenwerte, Ihre Produkte zu verbreiten? Sind sie viral via Fans und Multiplikatoren von Gruppe zu Gruppe («Peer2Peer») zu vertreiben?
- Ist Ihre Marke ausreichend vernetzt, um eine soziale Bindung zwischen verschiedenen Nutzer-Gruppen aufzubauen?

6. Verortungskonsum: Der Markt der «neuen» Heimat

Je stärker sich die Globalisierung, Technisierung und Mediatisierung unserer Gesellschaft ausformt, desto mehr erwacht die Sehnsucht nach Verortung, «Heimat», nach unmittelbar vermittelten Emotionen, nach Originalität und Authentizität. Die zunehmende Virtualisierung und in gewisser Weise auch Künstlichkeit der Welt wird die Suche nach dem Echten und Wahren, nach authentischen Erlebnissen, richtiggehend beflügeln. Bereits heute weckt die Ortlosigkeit der Industrieprodukte den Wunsch nach Marmelade von der Großmutter, und die Überdosis elektronischer Musik macht ein Konzert auf einem echten Steinway-Flügel zum unvergesslichen Erlebnis, dessen Erinnerung uns lange Gänsehaut verursacht.

Wie können diese Bedürfnisse befriedigt werden?

Besitzt Ihre Marke einen Bezug zu lokalen Werten, ist es ein Versäumnis, diesen nicht zu nutzen und gekonnt zu positionieren. Der Verortungskonsum lässt sich nämlich dem New-Luxury-Markt, der sozialen Distinktion unterordnen. Er lässt sich aber auch in den Nicht-Luxussegmenten als Differenziator entwickeln, wie etwa Camper oder Manufaktum zeigen.

Die mallorquinische Schuhmarke Camper wirbt mit dem «imperfekten Schuh», der auch noch ökologisch ist. Der komfortable Schuh mit seiner typischen breiten Kappe wurde 1975 als Ausdruck eines neuen Lifestyles in einer Ära des sozialen Wandels in Spanien zu Komfort, Freiheit und Kreativität vom Schuhmachersohn Antiono Flux geschaffen. Der Camper-Schuh steht in der Tradition des mallorquinischen Schuhmacherhandwerks. Dieses analoge Lebensgefühl unterstreicht das Unternehmen mit ihrer Walking-Society in einem interaktiven Magazine, in dem es darum geht, die Welt langsam zu Fuß zu erkunden, über die Vielfalt und Schönheit dieser zu berichten und sich darüber auszutauschen. Abgerundet wird diese Markenidee mit dem 25 Zimmer Hotel CasaCamper, «a simple Hotel» in Barcelona, das aus naturbelassenen Materialien besteht und im integrierten Restaurant «Foodball» «Biofood» anbietet. Camper drückt in seiner Marke einmal mehr die Idee aus, dass Luxus in der Einfachheit, Authentizität und natürlichem Umgang mit der Umwelt liegt.

Manufactum als «anderer» und transparenter Versandhandel nicht nur für traditionelle Haushaltsgegenstände stellt bei jedem Produkt seine Herkunftsgeschichte, seine Qualität sowie Besonderheiten der Herstellung und Funktion heraus. Der Gründer schreibt dazu auf seiner Website: «Wir haben uns vorgenommen, Dinge zusammenzutragen, die in einem umfassenden Sinne ‹gut› sind, nämlich nach hergebrachten Standards arbeitsaufwendig gefertigt und daher solide und funktionstüchtig, aus ihrer Funktion heraus materialgerecht gestaltet und daher schön, aus klassischen Materialien (Metall, Glas, Holz unter anderem) hergestellt, langlebig und reparierbar und daher umweltverträglich. Das Ergebnis unserer Mühen legen wir Ihnen hier online vor. Etwa 8500 in diesem weiten Sinne ‹gute› Dinge sind hier versammelt, vielfach Klassiker, langlebig nicht nur aufgrund von Technik und Material, sondern auch, weil sie über allen Moden und Trends stehen. Wir hoffen, daß Ihnen die Produkte gefallen.»

Ein weiteres wunderbares Beispiel für Verortungskonsum par excellence bietet das Schweizer Unternehmen Hatecke. Hatecke inszeniert sein Bündnerfleisch wie Kunstobjekte. Dabei verwurzelt er sich über den Claim «Vivanda Alpina Engadina» (es lebe die Engadiner Bergwelt) mit der gesamten Kulturlandschaft des Engadins, die sowohl Hochwertigkeit, Natürlichkeit, aber auch eine Art magische Kraft der Natur ausstrahlt. Hatecke verkauft nicht nur Salsiz oder Bündnerfleisch, sondern inszeniert sie – zu einem Preis von 60 Schweizer Franken (rund 40 Euro) pro 500 g – als Kunstwerke des Fleischdesigns. Stilecht werden sie in eigenen Fleischboutiquen von Scuol bis St. Moritz statt in herkömmlichen Metzgereien feilgeboten. Die Kombination von hervorragender Handwerkskunst, der Verortung im Engadin und der modernen, puristischen Inszenierung machen Hatecke zur Nummer eins in der Welt, wenn es um Fleischdesign aus dem Engadin geht.

Von der künstlichen ortlosen Marke zur echten lokalen Verortung

Marken, die dieses Bedürfnis nach Authentizität, nach Örtlichkeit, nach Zugehörigkeit, nach Herkunft und handwerklicher Meisterschaft befriedigen, setzen damit auf den Gegentrend zu Globalisierung, Virtualisierung und Individualisierung. Es zeigt die Sehnsucht nach dem Echten und nach kultureller Herkunft.

- Hat Ihre Marke einen lokalen, ethnischen kulturellen Wert, den Sie stärker herausstellen können?
- Bietet Ihre Marke örtliche, mentale, seelische oder emotionale Heimat?
- Können Sie den Wert «original» stark und glaubwürdig aus Ihrer Marke herausentwickeln?
- Können Sie Ihre Marke mit Träumen, Mythen und Dramen im Sinne eines «Storytelling», Geschichtenerzählens, aufladen, um sie in eine persönliche, kulturelle oder soziale Heldenerzählung einzuordnen und den Kunden damit emotional anzusprechen?

7. Entlastungskonsum: Der Markt des Seelenfriedens

Easy-Listening, Easy-Jet, Easy-Telephony, Easy-Dentist, Easy-Net – an jeder Ecke sehen wir Easy-Angebote, die unser Leben leichter machen sollen. Was sind ihre Existenzberechtigungen und warum haben sie Erfolg? Im Grunde gilt bei ihnen dieselbe Argumentation wie beim Wachstumsmarkt «Deep-Support»: Die Sehnsucht nach Reduktion, nach Vereinfachung ist nichts anderes als eine fast schon allergische Reaktion auf Überlastung durch vielfältigste und undurchschaubare Angebote, wie zum Beispiel die Tarif- und Zinsdschungel diverser Telekommunikationsanbieter oder Finanzdienstleister.

Zu viele Aufmerksamkeitsreize forcieren den Wunsch nach Reizreduktion und die Fokussierung auf das Wesentliche. Zu viel Lebens- und Informationskomplexität fördert die Sehnsucht nach Klarheit und Transparenz und – wie es die Marketingtrendforscherin Faith Popcorn schon Anfang der 1990er-Jahre beschreibt – die Sehnsucht nach Cocooning, nach dem sich Einspinnen in einen Kokon, nach dem Schaffen einer eigenen Lebenswelt, in der man sich – zumindest phasenweise – sicher abschotten kann.

Hierfür wird in Zukunft in allen Branchen ein großer Markt entstehen. Transparente und reduzierte Geschäftsmodelle wie auf das

Wesentliche reduzierte Fluglinien oder «flatline»-Telefontarife werden prosperieren und deutliche Marktanteile gewinnen. Davon profitieren auch Wohnindustrie und Entspannungsdienstleister vom klassischen Fitnessstudio über die Wellness-Salons bis hin zur persönlichen Nordic-Walking-Gruppe.

Wie können diese Bedürfnisse befriedigt werden?

Dieses grundlegende Bedürfnis nach Reduktion von Komplexität kann grundsätzlich in allen Sparten und in allen Bereichen befriedigt werden. An erster Stelle steht dabei eine aufs Wesentliche reduzierte Kommunikationsleistung, die gleichzeitig transparent und klar den Kunden erreicht und durch Einlösen des Leistungsversprechens sein Vertrauen stärkt. Auf diese Weise hat die Privatkunden-Bank ING DiBa im sicherlich komplexen und intransparenten Bankenmarkt in Deutschland mit ihrem Leistungsversprechen «einfach, schnell, günstig» über 5,5 Millionen Kunden gewonnen. Gleiche Sehnsucht nach einem transparenten Mobil-Telefontarif machen sich Simyo und andere Billig-Mobilfunk-Anbieter zu Nutze.

Von der Stimulanz zur Entlastung durch Transparenz und Einfachheit

Die Grundlage für Entlastung und Entspannung ist Vertrauen. Es ist also die Frage, ob man Ihrer Marke – fast schon blind – vertrauen kann und sie ihre Leistungen einfach, verständlich und mit transparenten Kostenstrukturen kommuniziert.

• Fördern Sie die mentale Entspannung Ihrer Kunden?
• Kann man sich in jedem Fall auf Sie verlassen?
• Reduzieren Sie den Stress und die Überreizung der Kunden?
• Werden Ihre Leistungen und Kosten transparent und einfach verständlich kommuniziert?
• Ist die Benutzeroberfläche intuitiv und auf das Wesentliche reduziert?

8 Smart Basic oder der Markt der neuen Mitte

Beim letzten der Zukunftsmärkte bewegen wir uns aus dem hauptsächlich immateriellen Bereich zurück in den knallhart umkämpften

Produktsektor im Discountbereich – zumindest scheinbar. Denn auch in diesem Marktfeld lassen sich mit innovativen Markenkonzepten Differenzierungsfaktoren ein- und aufbauen, die einen Ausweg aus dem Discountbrei erlauben. Diese Differenzierungsfaktoren sprechen ebenfalls die Lebensknappheiten Schönheit, Convenience und Qualität an, die sich aus Zukunftstrends ergeben, wenn auch in einer, nennen wir sie: Light-Version. Werfen wir also einen Blick in die Welt des Smart Basic.

Media Markt, Aldi oder Lidl ist es in der ersten großen Welle des Discounting gelungen, den klassischen Fach- und Einzelhandel und damit die durchschnittliche Mitte anzugreifen und ihr erhebliche Marktanteile abzuknöpfen. Durch Sättigung dieser Märkte gehen mittlerweile die Differenzierungsmerkmale unter den etablierten Discountern und damit auch deren Erträge zurück. Aus diesen klassischen Discount-Modellen, die auf dem Prinzip «weniger Leistung zu einem günstigeren Preis» beruhen, entwickeln sich nun neue Evolutionsformen, die sich mit «Smart Basic» oder «Cheap Chic» beschreiben lassen. Smart Basic impliziert nicht nur billig, sondern auch schön, einfach, transparent und ist sogar mit einem gewissen Mehrwert und Prestige aufgeladen.

Geschäftsmodelle wie Hennes & Mauritz gehören zu den Vorreitern dieser Konzepte. Sie schaffen es, günstige Produkte mit modischen Elementen zu versehen, sich mit Topmodels zu schmücken und ihre Mode mit trendigem Lifestyle zu verknüpfen. Indem sie die Umschlagshäufigkeit multiplizieren und ihre Verkaufsräume mit einer annehmbaren Einkaufsatmosphäre verknüpfen, etabliert sich Hennes & Mauritz von unten nach oben als die neue Mitte des Einzelhandels. Gekrönt wird das Konzept durch Haute-Couture-Kollektionen zum Discount-Preis von Karl Lagerfeld, Madonna, Stella McCartney und anderen.

Im Accessoire-Bereich verfolgen Strauss Innovations und Butlers ähnliche Konzepte.

Das Pendant bei den Fluglinien bildet Jet Blue, der trotz günstiger Flugpreise besondere und neue Services bietet: Per Digital-TV an jedem der lederbezogenen Sitze oder Airplane-Yoga-Karten kümmert sich das freundliche Servicepersonal um das geistige und körperliche Wohl der Kunden an Bord. Eine Erweiterung der Modelle von Easy-Jet oder Air Berlin, die ausschließlich eine günstige Beförderung von A nach B anbieten.

Der wachsende Fast-Food-Sektor hat seine Smart-Basic-Konzepte schnell belegt, gehört das Pausenbrot wohl zu den Fast-Food-Klassikern schlechthin. Aufgewertet mit edlen Rohstoffen und exquisiten Belägen avanciert die Stulle gegenwärtig zum neuen Smart-Snack schlechthin: Panera Bread in den USA (www.panerabread.com), Alain Ducasses Modell mit einer Kombination aus Tante-Emma-Laden und Deli-Shop namens «be» in Frankreich (www.boulangepicier.com) oder der «Sandwicher» in Deutschland mit seinem Prinzip «Fastgoodfood» (www.sandwicher.de).

«Cheap Chic Travel»: In der Hotellerie sind kostengünstige Designhotels wie Cube in Österreich mit oder ohne Erlebnisplattformen die ersten Anzeichen für das Uptrading des klassischen Discountbereichs in der Welt des Smart Basics. Selbst die deutschen Jugendherbergen nutzen diesen Trend: Bundesweit über 30 Angebote ab 100 Euro bieten Backpackern bei Tai-Chi und Qigong Entspannung, verwöhnen mit Meersalz-Peeling und Ayurveda-Massagen und geben Kraft für die nächste Etappe (www.djh-reisen.de). Generell verbinden diese Konzepte günstige Preise mit einem transparenten, einfachen Angebot, einer schönen Design-Oberfläche und kleinen, aufgewerteten Serviceelementen. Durch diese Kombination von relativ günstig und chic sind die Smart-Basic-Anbieter sicherlich auf dem besten Wege, den klassischen Deep-Discountern den Rang abzulaufen, die nach wie vor rein über den Preis verkaufen und einfache Produkt ohne jegliche Atmosphäre, Inspiration und Kreativität offerieren.

So ensteht aus dem Uptrading der vertikalen Discountkonzepte die neue Mitte im Handel und Dienstleistungssegment. Sie vereint gute Qualität, günstige Preise, gutes Design, Convenience und schnelle Produktlebenszyklen. Diese Konzepte verdrängen die alte Mitte, den traditionellen Fachhandel durch Kostenstruktur, Erlebnis und Überraschungskraft.

Von einfach nur billig hin zu Smart Basic

- Wie kann Ihre Marke das Smart-Basic-Konzept nutzen?
- Wie können Sie Ihre Produkte auf das Wesentliche reduzieren?
- Sind Sie noch im Deep Discount oder in der alten Mitte tätig?
- Wie können Sie Ihre Leistungen vereinfachen?
- Können Sie sie mit Convenience-Aspekten anreichern?
- Wie können Sie sie schöner machen?
- Wie können Sie Überraschungseffekte im Sortiment ermöglichen?

Zusammenfassend bieten die acht Konsumfelder, die sich aus den Lebensknappheiten speisen, eine Inspiration dafür, wie man bekannte Bedürfnisse zeitgemäß anspricht und für die Evolution der eigenen Marke nutzen kann. Stellen Sie sich mit untenstehender Checkliste die Frage, welche Märkte und Konsumfelder für Ihre Marke Relevanz besitzen und welche BrandFuture-Ideen für Sie sinnvoll sein können. Wichtig dabei ist, dass Sie immer Ihre Markengrenzen beachten, aber auch mutig genug sind, um die vorhandenen Werte neu zu interpretieren oder mit den aktuellen Nährböden anzureichern. Verfolgen Sie dabei nicht jeden (kurzfristigen) Trend, sondern modernisieren Sie Ihre Marke selbstbewusst und selbstähnlich.

Acht Konsumfelder	Meine BrandFuture-Ideen
Transformation	
Ko-Kreativität	
Verfeinerung	
Unterstützung	
Geselligkeit	
Verortung	
Entlastung	
Cheap Chic, Smart Basic	

> Die Lebensknappheiten

Kapitel 5

Unbewusste Zukunft: Archetypologie und kulturelle Codes für die Markenführung

Wie Sie die verborgenen Wünsche und Treiber Ihrer Kunden nutzen

Zukunft ist immer ein offenes, komplexes Werden, das von vielen Faktoren gespeist und beeinflusst wird: «L'avenir, c'est un brico-lage» – Die Zukunft ist ein ewiges Patchwork. Dennoch – und das ist entscheidend – liegen diesem Werden universelle Kräfte zu-grunde, die es gezielt zu nutzen gilt. Nebst den evolutionären Ge-setzmäßigkeiten und den großen gesellschaftlichen Strömungen, den Megatrends, sind diese Kräfte auch im Unbewussten, im kultu-rellen, individuellen wie auch im kollektiven Unbewussten zu fin-den. Diese mächtigen und in den Grundzügen zeitlosen Motive und Wunschmotivatoren zu nutzen ist deshalb ebenso Teil der evolutio-nären Markenführung wie die in den vorhergehenden Kapiteln be-handelten Aspekte.

Hier wenden wir uns deshalb der Frage zu, wie Sie Ihr Marken-potenzial stärker und nachhaltig erschließen können, indem Sie Ihre Marke jenseits klassischer funktionaler Nutzenargumentatio nen und genereller Lebensknappheiten mit der Kraft des Unbe-wussten aufladen. Seit der Schweizer Psychoanalytiker Carl Gustav Jung diese prägenden Motive in so genannte Archetypen zu-sammengefasst und damit systematisiert hat, werden sie in den ver-schiedensten Anwendungsgebieten als Instrumente und hilfreiche Treiber für die Persönlichkeits- wie auch Team- und Unterneh-mensentwicklung verwendet.

Warum macht es Sinn, sich als Markenführer mit Archetypen und Kulturcodes zu beschäftigen? Was sind die Vorteile gegenüber archetypisch nicht fundierten kreativen Images?

Archetypen sprechen eine universelle Sprache, haben eine globale Symbolkraft und eignen sich somit sehr gut für internationale Marken.

- *Anschaulich und klar:* Die Archetypen, die in Heldensagen wie in jedem guten Film eine Rolle spielen, lassen sich authentisch erzählen und sehr anschaulich inszenieren. Dadurch werden sie für Kunden leicht verständlich. Es liegt auf der Hand, dass sich über klar umrissene Identifikationsfiguren, wie die Archetypen sie darstellen, einfacher eine starke Bindung aufbauen lässt als bei einem komplexen Markenimage.

- *Dauerhafte Kraft statt Mode:* Die archetypisch geprägte Marke setzt auf eine zeitlose Kraft, die uns Menschen instinktiv beeinflusst, und zielt nicht auf einen kurzen oberflächlichen Hype. Gerade in Zeiten des Wandels wirken universelle Kräfte stabilisierend und sind dadurch für viele Menschen anziehend.

- *Direkte und unbewusste Ansprache der Motive des Kunden:* Die Archetypen sprechen unsere unbewussten Motive, Träume, Sehnsüchte und Prägungen direkt ohne Umwege an und erleichtern Marken und Markenführern dadurch den Zugang zum Kunden. Dies ist umso wichtiger in einer Zeit des Bilder- und Zeichenüberflusses.

Nutzen Sie also die Erkenntnisse aus der Archetypologie, um Ihre Marke, Ihren Markencharakter und dessen Erscheinung tiefer und universeller zu verankern und somit eine noch höhere und stabilere Faszination für Ihre heutigen und zukünftigen Kunden aufzubauen.

Marke im Spannungsfeld von vier grundlegenden Motiven

Zukunftsfähige Markenführung lässt sich sehr plausibel mit der Theorie der Archetypen verbinden. Schauen wir uns zunächst noch einmal das Spannungsfeld an, in dessen Dynamik eine zukunftsfähige Marke strategisch gekonnt navigieren muss.

1. Eine starke Marke ist eigensinnig und eigenwillig

Eine starke Marke hat einen starken Charakter und ein sehr individuelles Profil. Sie ist also spezifisch und drückt dies über ihre Stilistik an allen Kundenkontaktpunkten für alle Sinne erfahrbar aus.

2. Eine starke Marke ist Kunden vertraut und relevant

Eine Marke ist nur dann stark, wenn sie sich dem Kunden öffnet, ihm vertraut und relevant für ihn ist beziehungsweise wird. Eine starke Marke ist auf ihre Fans bezogen und entwickelt sich im Austausch mit ihnen weiter. Eine Marke, die zwar einen starken Charakter, aber keine Relevanz für den Kunden hat oder mit ihm nicht in Kontakt tritt, wird letztendlich nicht selektiert und stirbt aus.

Dies ist einer der grundlegenden Widersprüche, die man durch gute Markenführung ausbalancieren muss: Starke Marken müssen eigensinnig sein und sich gleichzeitig dem Kunden hingeben, offen für ihn sein, ihn an sich binden, ohne sich jedoch bei ihm anzubiedern, ihm hinterherzulaufen, um dabei den eigenen Charakter und die Eigenwilligkeit zu verlieren.

Ein weiterer Pol des Widerspruches ergibt sich aus den folgenden zwei Dimensionen:

3. Eine starke Marke hat dauerhafte Stabilität

Eine Marke ist nur dann stark, wenn sich ihre spezifischen Leistungen dauerhaft in den Köpfen der Kunden zu positiven Vorurteilen sedimentieren und sie somit dauerhafte, nicht hinterfragbare Werte für ihre Kunden ausstrahlt. Dadurch schafft sie Orientierung, Vertrauen und Entlastung und erhält die grundlegende Existenzberechtigung im Umfeld mit ihren Kunden. Der Kunde weiß, was er an der

Marke hat, und erkennt sich in ihren Werten wieder. Die Marke wird zum Orientierungspunkt, zum Stabilitätsgaranten, zu einer Navigationsplattform in seinem Leben.

4. Eine starke Marke besitzt Wandlungsfähigkeit

Auf der anderen Seite muss eine Marke offen sein. Sie muss sich veränderten Rahmenbedingungen, Trends, neuen Wünschen, Werten und Technologien sowie unbekannten Marktfeldern öffnen und auf der Leistungsebene immer wieder zur richtigen Zeit die richtigen Antworten liefern können. Zugleich muss es ihr gelingen, der drohenden Austauschbarkeit durch Imitation von Mitbewerbern zu entgehen. Nur so bleibt sie zukunftsfähig, vital und wertvoll.

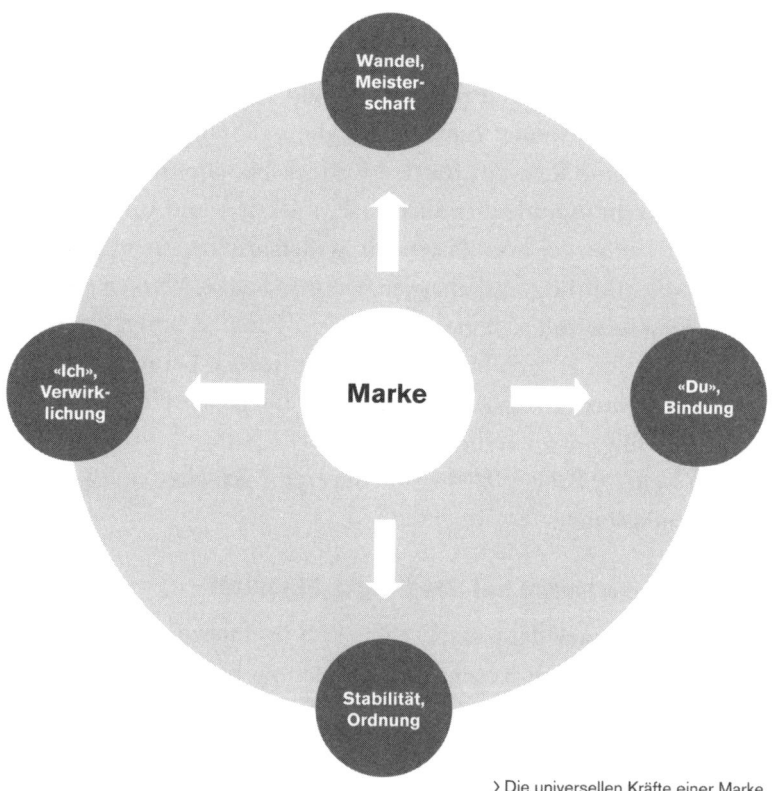

> Die universellen Kräfte einer Marke

Für diese vor allem letztgenannten Anforderungen immer wieder die richtige Mischung zu finden, die Ihre Kunden anspricht und anzieht, ist die eigentliche Aufgabe der strategischen Markenpflege. Die Archetypologie für die Markenführung und das Wissen um kulturelle Codes können Sie bei Ihrer Arbeit effizient und wirkungsvoll unterstützen. Die Grafik auf Seite 142 skizziert das Spektrum.

Archetypologie für die Markenführung

Die vier grundlegenden Voraussetzungen, wie Sie sie auf der Abbildung auf Seite 142 finden, lassen sich mit der Archetypen-Theorie verknüpfen und dadurch für die strategische Markenführung fruchtbar machen.

Diese Grundmotive sind keine Neuerfindung, sondern spielen im Leben eines jeden Menschen eine entscheidende Rolle. So prägen sie denn auch bereits die griechische Mythologie der Antike und finden sich in leicht anderer Formulierung in den Analysen des Wissenschaftlers und Mythenerzählers Joseph Campell («Schöpferische Mythologie») aus dem Jahre 1968.

Um 1900 hat Carl Gustav Jung diese tiefenpsychologischen Grundkräfte differenziert erforscht und in seiner Theorie der Archetypen systematisiert. Der Tiefenpsychologe Fritz Riemann beschrieb sie dann in den 1960er-Jahren in seinem Buch «Grundformen der Angst» als treibende Kräfte der Persönlichkeitsentwicklung. Auch Abraham Maslow erkannte sie als generelle Kräfte hinter grundlegenden Motivationen und Bedürfnissen der Menschen und verwendete sie für seine berühmte Pyramide. Hier sollen nun vor allem die für die Praxis der Markenführung und die Idee der Marke als charakterstarke Markengestalt und Persönlichkeit relevanten Aspekte im Vordergrund stehen.

Für die Markenführung hoch interessant ist die Tatsache, dass den vier tiefenpsychologischen Kräften beziehungsweise Wünschen – Stabilität versus Wandel und Bindung versus Selbstverwirklichung – Archetypen zugeordnet werden können.

Klären wir zunächst, was unter Archetypen genau zu verstehen

143

ist. Laut der zeitgenössischen archetypischen Psychologie von Carol S. Pearson (Präsidentin des CASA – Center for Archetypal Studies and Applications) repräsentieren Archetypen universale psychologische Strukturen, die in allen Kulturen und Epochen für unsere Entscheidungen relevant sind. Archetypen spiegeln sich wider in Kunst, Literatur, Mythen, Träumen und Symbolen. Menschen leben archetypische Verhaltensweisen. Sie fühlen sich von unterschiedlichen Archetypen stark, wenig oder gar nicht angezogen. Archetypische Muster beeinflussen unsere Ängste, Träume und Wünsche. Aus diesem Grund ist es für die Markenführung von größter Bedeutung, welcher Archetypus hinter der eigenen Marke verborgen liegt und welche typlogischen Muster auf die anvisierten Kunden besonders attraktiv wirken.

Je nach Theorie finden sich Archetypen in leicht unterschiedlichen Ausprägungen. Ich lehne mich an die Typologie von Carol S. Pearson an, da sie völlig esoterikfrei damit umgeht und eine aktuelle Forschung dazu betreibt. Sie arbeitet mit den folgenden zwölf Typen:

- dem Schöpfer,
- dem Beschützer beziehungsweise der Fürsorglichen,
- dem Herrscher,
- dem Helden,
- dem Rebellen,
- dem Magier,
- dem Durchschnittstyp,
- dem Genießer beziehungsweise Liebhaber,
- dem Narren beziehungsweise Spaßvogel,
- dem Unschuldigen,
- dem Entdecker und
- dem Weisen.

Die aktuelle tiefenpsychologische Forschung geht davon aus, dass diese Archetypen im kollektiven Unbewussten existieren und je nach Lebensphase und Reife, aber auch je nach Lebenssituation unser Denken, Handeln und unsere Wünsche unterschiedlich beeinflussen. Beispielsweise sehnt sich eine Kultur in der Phase des Übergangs eher nach den Archetypen des Herrschers und Entscheiders beziehungsweise nach einer starken Führungspersönlichkeit, die für Stabilität und Ordnung sorgt.

Auf der anderen Seite sucht ein Mensch (oder eine Kultur), der mit sich selbst unzufrieden ist und dem Erstarrung oder Stagnation droht, eher den Archetypus des Kreativen. Eine Kultur in dieser Situation sehnt sich nach dem Zauberer, der eine bessere Welt für sie erschafft, oder nach einer liebenden Figur, die sie auf diesem Weg begleitet.

Jede starke Marke strahlt einen Archetypus oder eine passende Kombination von Archetypen aus und löst bei den Kunden genau dadurch eine spezifische un- oder teilbewusste Faszination aus. Das ist mitunter eine Ursache für den Erfolg der Marke Apple. Nebst der Erfindung von einfach zu bedienenden Produkten und dem digitalen Lebensstil per se spielt sie geschickt auf der Klaviatur des Archetypus des Helden beziehungsweise des sympathischen Rebellen und begehrt somit unterschwellig gegen das Establishment auf – hier in der Form von Bill Gates und der «bösen» Microsoft –, was bei vielen Benutzern bewusst, teil- oder unbewusst genau die richtige Saite anschlägt.

Für das Aufbauen von echter Markenkraft und -faszination ist es von entscheidender Bedeutung zu wissen, welche Archetypen in der eigenen Marke glaubwürdig vorhanden sind und wie sie heute von den Kunden wahrgenommen werden. Ebenso entscheidend wird es sein herauszufinden, wo noch Faszinationspotenziale etwa aufgrund mangelnder Kommunikation oder Sichtbarkeit der archetypischen Kraft lauern, die stärker ausgespielt werden können.

Definitionsgemäß sind individuelle archetypische Prägungen an universelle Gründungs- und Heldengeschichten der Kultur gebunden, in der man aufwächst. Sie umfassen Bedeutungen von Symbolen, Vorstellungen darüber, was erstrebenwert ist, sowie offene und verborgene Sehnsüchte. Es ist nicht schwer nachzuvollziehen, dass Archetypen je nach Kulturkreis in der Stilistik wie auch in der Symbolwelt unterschiedliche Ausprägungen und Formen annehmen können. Was sie aber im Inneren, in unserer Seele, an Motiven ansprechen, bleibt dabei gleich, weil es sich um grundlegende Verhaltens-, Handlungs- und Wunschmuster handelt.

Für die erfolgreiche Markenführung müssen auch die kulturspezifischen Codes berücksichtigt werden. Sie sind die zweite wichtige Schiene unbewusster Prägungen. Sie beeinflussen Verhaltensmuster, wie zum Beispiel Alltagsrituale, von der Hygiene über das Verhalten bei Tisch bis hin zur Art und Weise, wie Partnerschaften eingegangen und gelebt werden. Kulturelle Codes sind in der Geschichte einer Kultur, ihrem historischen Wachsen, begründet und prägen sich ebenfalls in einer frühkindlichen Phase ein. Sie werden darüber hinaus individuell bis in die Postadoleszenz angenommen und formen uns somit bis Anfang dreißig. Kulturelle Muster steuern unser Verhalten und unsere Wünsche ganz wesentlich.

Marken oder Meme sprechen diese Codes entweder positiv oder negativ an. Erfolgreiche Marken treffen auch hier den richtigen Code und werden vom ihm nachhaltig genährt. Marken, die kulturellen Konventionen widersprechen, haben immer entweder die Chance, als rebellische Marke zu reüssieren, oder sie laufen Gefahr, sich auszugrenzen und in der Folge auszusterben.

Kulturelle Codes und archetypische Muster sind ein Schlüssel zur Welt: Sie zu kennen ist in einem globalisierten und damit interkulturellen Markt existenziell wichtig. Eine nützliche «Landkarte» der kulturellen Prägungen bietet zum Beispiel die *World Value Survey* von Ronald Inglehart, in der seit vielen Jahren Werte und Bedürfnisse von über 30 Ländern erforscht und untereinander verglichen werden.

Hilfreich sind auch die Ausführungen von Clotaire Rappaille in seinem Buch «Der Kulturcode» sowie Studien und Abhandlungen zum Thema Archetypen, wie sie von Carl Gustav Jung zu Beginn des 20. Jahrhundert initiiert wurden und heute in USA durch Carol S. Pearson weitergeführt werden.

Die zwölf klassischen Archetypen und die vier Dimensionen des Lebens

Carol S. Pearsons Archetypen (Seite 142) bilden zwölf universelle Muster ab. Sie finden diese im Folgenden für die Markenführung adaptiert und weiterentwickelt als Orientierungsrahmen für Ihre praktische Arbeit. Besonders interessant ist, dass sich die Archetypen den vier Lebensdimensionen – Stabilität versus Wandel und Bindung versus Selbstverwirklichung – zuordnen lassen.

- *Stabilität und Kontrolle:* Die Archetypen, die sich nach Stabilität, Struktur und Orientierung sehnen, stellt zum einen der Schöpfer dar, der aus dem Durcheinander ein neues Produkt, einen neuen Sinn, eine Sinn gebende Geschichte formt. Zum anderen die Fürsorgliche, die die Emotionen und Wünsche der Einzelnen wahrnimmt und Menschen ein Gefühl von Sicherheit und Geborgenheit entwickeln lässt. Der dritte archetypische Charakter, der für Sicherheit und Ordnung steht, bildet die starke Führungspersönlichkeit (im Englischen «the Ruler»), die durch klare Regeln, politische Leitlinien, Verhaltensweisen und Rituale für Ordnung und Übersichtlichkeit sorgt.

- *Wandel und Meisterschaft:* Folgende Archetypen repräsentieren Wandel, Sehnsucht nach Veränderung und einem besseren Leben, aber auch die Lust an Herausforderungen und die Fähigkeit, Risiken einzugehen: zum einen der klassische Held, der ausgewählt wird, um ein individuelles Abenteuer zu erleben und dadurch die Gemeinschaft vor einer Gefahr rettet oder diese in ein Paradies führt. Außerhalb der Gesellschaft steht der Rebell, der im Sinne eines Che Guevara die bestehenden kulturellen Normen hinterfragt und angreift, eine Persönlichkeit, die das Leben eines Abenteurers leben kann, oder ein Robin Hood, der im Namen der Minderbemittelten und Entrechteten agiert. Die höchste Form des Wandels wird aber vom Magier repräsentiert, der für Transformation einer Gesellschaft, einer Person oder auch deren Heilung steht. Alle diese drei Archetypen symbolisieren Wandel und das Erreichen von persönlichen wie auch gesellschaftlichen Zielen.

- *Unabhängigkeit und Individualität:* Drei Archetypen entsprechen dem Streben nach Glück, Unabhängigkeit und Erfüllung beziehungsweise Lustbefriedigung am stärksten: der Unschuldige als Masterarchetyp des heutigen jungen, mehrheitlich noch nicht hyperkritischen Konsumenten, der ausschließlich Spaß haben will, die Welt mit kindlichen Augen betrachtet und im Hier und Jetzt sein Lebensglück maximieren möchte. Der Entdecker als zweiter Archetyp sieht seine Erfüllung und sein Glück in der Zukunft, im Aufspüren noch unbekannter Lebensformen, im Entdecken seines persönlichen Sinnes, seiner persönlichen Ganzheit, mit dem Ziel, dabei innere wie äußere Abenteuer zu erleben. Die Figur für die höchste Form der Suche nach Unabhängigkeit und Individualität ist die des Weisen. Er strebt nach dem höchsten Bewusstsein für sich und die Welt, um Frieden und Wohlstand zu mehren. In Persönlichkeiten wie dem Dalai Lama wird heute zum Beispiel eine solche höchste Form des Weisen gesehen.

- *Bindung und Glück:* Einer der Archetypen, der dem Wunsch nach Vernetzung und Bindung, nach Austausch und Interaktion sowie Freude entspricht, ist der so genannte «Durchschnittstyp». Er ist in der Lage, sich in eine Gruppe einzufügen und seinen Beitrag zu leisten, ohne besonders aufzufallen. Die nächste Stufe der Bindung repräsentiert der Liebhaber, der attraktiv ist, starke Gefühle und auch sexuelles Begehren in anderen hervorruft. Die höchste Form des wirklich ausgelassenen Zusammenseins repräsentiert der Narr, der Spaßvogel, der uns in gute Stimmung versetzt, den Moment leben lernt und gemeinsam mit anderen intensive Freude entwickelt. In unserer heutigen Gesellschaft werden diese beiden Archetypen in der Öffentlichkeit stark wahrgenommen, da es in den beliebten Casting-Shows immer häufiger um die Ratio geht: «Werde ich gemocht? Bin ich attraktiv? Dann haben wir gemeinsam Spaß und ich werde anerkannt.» Auf der anderen Seite zeigt die permanente Suche nach der wirklichen Liebe, dem wahren Partner, sehr deutlich, dass die Sehnsucht nach Bindung und Anerkennung unsere Gesellschaft momentan stark prägt.

Die zwölf Archetypen und ihre Meme im Überblick

Diese zwölf universellen Archetypen entsprechen den wesentlichen Urmustern unseres Daseins. Daneben sind Mischformen denkbar oder ein Aufbau der klassischen sieben Sünden und sieben Tugenden. Sie alle einzeln aufzuführen, würde den Rahmen dieses Buches sprengen. Werden Sie selbst zu deren Entdeckerinnen und Entdeckern und fusionieren Sie sie mit Ihrer Marke.

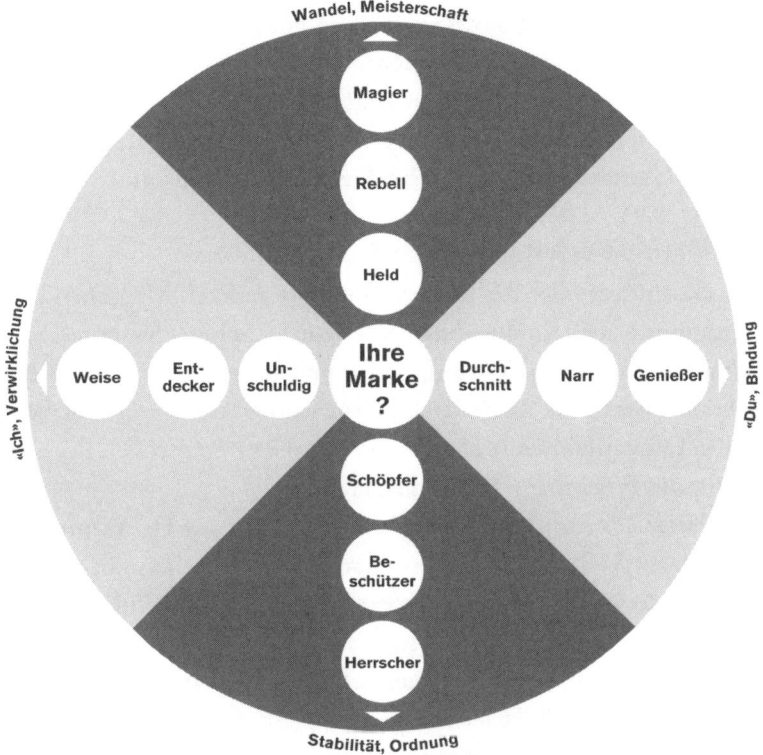

Quelle: Adaption von Carol S. Pearson
«The Hero and the Outlaw»

> Die zwölf universellen kulturellen
Archetypen und ihre Codes für Marken

Der Schöpfer

Der Schöpfer will etwas erschaffen, das einen langfristigen Wert hat. Er möchte eine Vision in die Tat umsetzen und entwickelt dabei kreative, künstlerische Fähigkeiten. Er will eine neue Realität, ein neues

Leben schaffen. Mittelmäßigkeit vermeidet er. Vor Fantasielosigkeit hat er Angst. Wolfgang Amadeus Mozart und Leonardo Da Vinci als berühmte Protagonisten entsprechen diesem Archetypen.

Der Archetyp des Schöpfers liefert eine gute Identitätsfolie für Marken, die in kreativen Bereichen wie zum Beispiel Marketing, Public Relations, Computerspiele und Medien wie Second Life oder Casting- und Kochshows positioniert sind. Sie bieten ihren Kunden durch Tools und Plattformen wie etwa YouTube inspirierende Entwicklungsmöglichkeiten und Optionen an, ähnlich wie Baumärkte mit ihrem Do-it-yourself-Angebot. Die Baumarktkette Hornbach hat diesen Archetypus mit dem Claim «Es gibt immer was zu tun» und mit ihrem Ansatz «Das Einzige, was im Projekt zählt, ist das Projekt» sehr anschaulich im unteren Preissegment aktiviert.

Der Beschützer, die Fürsorgliche

Der Beschützer oder die Fürsorgliche hilft anderen Menschen und bietet ihnen, im wahrsten Sinne des Wortes, Schutz. Sie opfert sich dabei selbstlos für andere auf, ist für andere Menschen da, nimmt sich einer Sache an, um Schaden abzuwenden, und vermeidet Egoismus. Oft wird dieser Archetyp auch als «Übermutter» beschrieben, die für das Fruchtbare, für Vitaliät steht.

Mutter Theresa, Pfarrer Jürgen Fliege und Lady Di entsprechen als Protagonisten diesem Archetypen. Die deutsche Familienministerin Ursula von der Leyen repräsentiert eine etwas maskulinere Ausprägung dieses mütterlichen Typus.

Der Archetyp des Beschützers offeriert eine gute Identität für Marken, die zum Beispiel Familien unterstützen, fürsorglich handeln und durch hervorragenden Service versuchen, einen Wettbewerbsvorteil zu erlangen. Er ist geeignet für Marken, die im Bereich Gesundheit, Bildung und Fürsorge tätig sind, aber auch Selbstfürsorge betreiben oder generell in gemeinnützigen Feldern tätig sind. Die Marke Dove hat diesen Beschützerarchetypus mit ihrer «Aktion für wahre Schönheit» extrem erfolgreich aktiviert. Auch die NGO Greenpeace oder das Kampagnen-Netzwerk «We are what we do» nutzen den Fürsorglichkeitsaspekt. Der ADAC in Gestalt seiner gelben Engel sowie Lebensversicherungen oder Familiendienstleistungsunternehmen bringen ihn ebenfalls zur Geltung.

Der Herrscher

Der Herrscher, oft auch als «ultimative Macht» umschrieben, zielt auf absolute Kontrolle und auf ein gleichzeitig harmonisches und glückliches Umfeld. Er zeigt seine Führungsqualitäten sehr deutlich und will diese weiter ausbauen. Er übernimmt Verantwortung und zeigt seine Steuerungs- und Regelkompetenz deutlich. In übertriebener Form ist er herrisch, rechthaberisch und hat Angst vor Chaos und Kontrollverlust.

Der Archetyp des Herrschers bietet eine gute Identitätsfolie für Marken in Marktführerpositionen. Er eignet sich für hochwertige Premium-Produkte, die von mächtigen Leuten genutzt werden, die Einfluss auf die Gesellschaft haben. Zudem passt er zu Marken, die lebenslange Garantien auf ihre Produkte gewähren, die Sicherheit und Vorhersagbarkeit ausdrücken wollen und generell im höheren bis oberen Preissegment angesiedelt sind.

Von Georg W. Bush über Microsoft und die UNO bis hin zum Wirtschaftsforum in Davos wird dieser Herrscherarchetypus in unterschiedlichen Sympathieprägungen gelebt.

Der Held

Der Held setzt sein Können mit Hilfe von Kompetenz und Mut so ein, dass er die Welt verbessert. Er verfügt über außerordentliche, überdurchschnittliche Fähigkeiten und Kräfte. Er fühlt sich stärker und kompetenter als andere, er will an Einfluss gewinnen und setzt sich für das ein, was in seinen Augen wirklich zählt. Er verfügt über ein hohes Durchsetzungsvermögen, vermeidet Schwäche und Verletzbarkeit und fürchtet Feigheit. Eine Abwandlung des Helden ist der «Krieger», der mit seiner besonderen Kraft den Feind niederringt.

Der Archetyp des Helden liefert eine gute Identität für Marken, die durch Innovationen und Erfindungen die Welt verändern wollen. Der Gegner ist identifizierbar und schlagbar. Der Held kann auch für den gesellschaftlichen Außenseiter stehen, der sich mit der Welt messen möchte oder nur Abenteuer besteht und sich selbst beweisen will, damit er zu Hause geliebt wird.

Von den griechischen Helden der Antike über Superman und John Wayne bis zu den heutigen Sporthelden wie Tiger Woods oder Roger Federer ist der Held ein hochgeschätzter und sehr attraktiver Archetypus, um als Mensch, und besonders auch als Mann, hervorzustechen und gleichzeitig für die Gesellschaft etwas Gutes zu tun. Bildhaft gesprochen geht es meistens darum, einen Feind zu besiegen oder im Wettbewerb zu gewinnen. Apple und Virgin, jeweils repräsentiert durch ihre CEOs Steve Jobs und Richard Branson, aber auch disruptive, das heißt Branchenregeln brechende Marken, wie etwa EasyJet, Dell, ING DiBA und die quirin bank repräsentieren den modernen Helden mit rebellischem Appeal. Die Story dreht sich dabei immer um den «Kampf» gegen das Establishment der Branche und um die Befreiung des Kunden aus den «Fängen des Bösen».

Der Rebell

Der Rebell steht im Gegensatz zum Helden außerhalb der Gesellschaft. Er will alles verändern, was aus seiner Sicht nicht einwandfrei ist. Er strebt nach Revolte und Revolution, oft getrieben durch frühere Verletzungen. Er will stören, teilweise auch zerstören. Er mag es, zu schockieren, und vermeidet dabei inkonsequentes Handeln und Stagnation, immer ein wenig in Sorge, als harmlos betrachtet zu werden.

Der Archetypus Rebell zeigt eine gute Identität für Marken, die eine starke Differenzierung vom Mainstream, von der Mitte der Gesellschaft und dem Mittelmaß beabsichtigen. Er eignet sich für Marken, die besonders stark für Werte einstehen, sich z. B. auch für die traditionellen Dinge einsetzen, die ohne ihr Zutun verloren gehen. Auf der anderen Seite steht der Rebell für zukünftige Utopien, die eine Gesellschaft lebenswerter machen sollen.

Die Figur des Rebellen findet sich ausdrucksstark in den Ikonen James Dean, Che Guevara und dem Berufsrebellen Mick Jagger, aber auch in der Filmfigur des Zorro oder in der Marke Harley Davidson, die auch heute noch für Rebellion gegen das Establishment steht.

Gerade 55-jährigen Angestellten und Unternehmern, die diese
Marke am häufigsten fahren, ermöglicht der Harley-Mythos, ihr «in-
neres» Rebellentum – aller Angepasstheit zum Trotz – auszuleben.
Nicht zuletzt verdankt auch Apple seinen Erfolg dem konsequenten
Rebellenmythos der «guten» Computermarke im Gegensatz zum
«bösen» (Marktbe-)Herrscher Microsoft. Am treffendsten und wirk-
samsten hat Apple dies mit seiner berühmten «Think Different»-
Kampagne ausgedrückt.

Der Magier

Der Magier ist der Meister des Wandels. Er lässt alle Wünsche wahr
werden und ist der Alchemist, der aus tiefem Weltverständnis heraus
die Dinge zum Guten (aber auch zum Bösen) wandeln kann. Er entwickelt starke Visionen und kann den Helden helfen, eine Gesellschaft zu transformieren. Er gibt ihnen Ratschläge und «Zauber-
tränke», damit sie sich mit ihrer Mission durchsetzen können. Er
fürchtet sich vor Unvorhergesehenem und möglichen negativen
Konsequenzen seines Tuns.

Der Archetyp des Magiers offeriert eine gute Identitätsfolie für
Marken, die Produkte und Dienstleitungen anbieten, die Transformation versprechen, von denen sich Kunden erhoffen, durch sie weiser, ganzheitlicher, gesünder, bewusster und gelassener zu werden.
Damit lässt sich der Magier als Archetypus nebst dem Wellness- und
Transformationskonsummarkt auch für neue benutzerfreundliche
und nachhaltige Technologien verwenden.

Protagonisten und Marken, die diesem Archetypus entsprechen,
bestehen aus Kreditfinanzmarken wie Mastercard, Bank Now in der
Schweiz oder easyCredit in Deutschland, die es den Kunden ermöglichen, ihr Leben sofort zu genießen. Der Magier kann aber auch
eine Medizin wie Viagra sein, die alle Probleme aus dem Stehgreif
löst. Auch die aufkommenden asiatischen «YOGI»-Marken versprechen Erlösung durch den Kräutertee. Die Blockbuster-Magier-
Filme wie «Herr der Ringe» oder «Harry Potter» zeigen die Kraft
dieses Archetyps und unsere Sehnsucht nach Transformation und
Erlösung.

Der Durchschnittstyp

Der Durchschnittstyp, der Anti-Held, zielt auf eine Verbindung mit anderen, auf Zugehörigkeit zu einer Gruppe. Dabei möchte er auf keinen Fall aus der Masse herausragen, um keinesfalls anzuecken. «Otto Normalverbraucher», oder in den USA «Everyday Joe» genannt, entwickelt gewöhnliche und solide Tugenden, beabsichtigt eine bestmögliche Integration und Akzeptanz und vermeidet auffälliges Verhalten. Seine größte Angst ist es, abgelehnt und aus der Gruppe verbannt zu werden.

Oft wird dieser Archetyp zum «loyalen Begleiter». Er ist der Buddy, der treu zur Seite steht und Verlass bietet – der Sancho Pansa für uns alle. Er drückt tiefe Freundschaft aus und findet sich als Motiv in unzähligen Filmen, so etwa in «Thelma und Louise» auf ihrer gemeinsamen Reise in den Tod. Stark präsent ist dieser Typus auch in Talkshows vom Typ «Erzähl mir alles, wir sind ja nur unter uns» und Alltagsmarken wie Coca Cola oder das amerikanische Bier Bud(weiser) – die Buddymarke schlechthin.

Dieser Archetyp liefert eine gute Identitätsvorlage für Marken des täglichen Bedarfs, die Menschen das Gefühl geben, einerseits dazuzugehören und andererseits sich auf eine bewusste und positive Art von elitären und teuren Marken oder exklusiven Verhaltensweisen abzugrenzen. Sie passt zu Marken, die für Bodenständigkeit stehen und eine eher mittlere bis niedrige Preisstruktur haben.

So treffen übrigens die meisten Fernsehmoderatorinnen und -moderatoren diesen Typus hervorragend. Von Kai Pflaume bis zu Florian Silbereisen repräsentieren die meisten diesen Typ, da ihre «Durchschnittswirkung» einen hohen Marktanteil verspricht. Deswegen ist ein Volkswagen auch ein Volkswagen, weil er gute Qualität verspricht, ohne elitär und abgehoben zu sein. Die starke Verbindung der Marke Volkswagen mit diesem Archetypus ist mitunter ein Grund für den Misserfolg des Phaetons, dessen Stil und Auftritt auf eine zu elitäre Weise vom Kern des Volkswagen-Mem-Pools abwich.

Eine Marke für jedermann zu sein ist die schwierigste Herausforderung überhaupt, da keine Kanten zugelassen sind. Aber wer dies meistert, wird vom Volk geliebt. Die Retail-Marken Coop und Migros in der Schweiz leben diesen gutbürgerlichen Gedanken sehr gut vor.

Der Liebhaber

Der Liebhaber strebt nach Genuss, ihm ist eine gute Beziehung zu seinen Mitmenschen, zu seiner Arbeit und zu seinem gesamten Umfeld sehr wichtig. Er zielt auf eine Steigerung von Attraktivität, will lieben und geliebt werden und sehnt sich danach, emotional gesamthaft glücklich zu werden. Er hat große Angst vor dem Alleinsein. Eine Untervariante dieses Archetypus ist die Sirene, die Verführerin des Odysseus oder symbolhaft aller anderen Männer, die ihrer Ausstrahlung und Verführungskunst zum Opfer fielen. Das Wesen der Sirene ist zweischneidig, da ihrer Attraktivität etwas Zerstörerisches anhaftet. Sie ist der Urarchetyp des «Sex Sells» für alle Männerprodukte vom Auto bis zur Zeitschrift.

Der Archetyp des Liebhabers bietet eine gute Identitätsfolie für Marken, die Menschen helfen, Liebe oder Freundschaft zu finden, die Schönheit und Kommunikation sowie zwischenmenschliche Nähe fördern. Er eignet sich für Marken, die elegant, kultiviert und luxuriös auftreten oder Produkte und Dienstleistungen vertreiben, die Genuss und Schönheit fördern. Sie sind eher in einer mittleren bis höheren Preisstruktur zu Hause.

Protagonistin und Marke dieses Archetypus ist zum Beispiel «Agent Provocateur», die Frauen mit ihrer Lingerie sich noch sexyer fühlen lässt. Die meisten Kennerschafts- und Genussprodukte wie Kaffee, Schokolade und Wein, aber auch «Pimp my Life»-Fernsehformate oder Zusammenführungsshows wie «Nur die Liebe zählt» nutzen diesen Archetypen nach dem Motto «Pimp yourself – und du wirst geliebt».

Der Narr/der Spaßvogel

Der Narr lebt im Hier und Jetzt und kostet den Moment voll aus. Er sucht das Witzige und Unterhaltsame in jeder Situation und verschafft mit seiner Art sich und seiner Umwelt eine gute Zeit. Er liebt es, zu spielen, und will frei sein. Er ist der Antipode des Langweiligen und hat Angst davor, manchmal doch als langweilig angesehen zu werden.

Der Archetyp des Narren oder Spaßvogels zeigt eine gute Identität für Marken, die hauptsächlich darauf abzielen, Menschen eine gute Zeit zu verschaffen. Er eignet sich aber auch für Marken, die Menschen im Gefühl unterstützen, dazuzugehören, und sich von wichtigtuerischen, moralisierenden Marken abgrenzen wollen. Von Charly Chaplin über Jerry Lewis oder Billy Chrystal bis hin zu Stefan Raab repräsentieren viele Filmschauspieler und Talkshow-Master diesen Archetypus. Die steigende Anzahl der Comedy-Sendungen im deutschsprachigen Fernsehraum zeigt, wie groß die Sehnsucht der Menschen nach Spaß, Freude und damit auch nach einer gewissen Selbstvergessenheit ist. Oft ist darin eine Flucht vor der Realität begründet. Dreamworks und Disney nutzen den Archetypus seit Jahr und Tag. Media Markt – «Ich bin doch nicht blöd», «saubillig» – kombiniert ihn mit dem rebellischen Aufklärertypus.

Der Unschuldige, die Ehrliche

Der Unschuldige möchte geliebt werden, das Paradies im Hier und Jetzt erleben und einfach nur glücklich sein. Ihm ist es wichtig, dazuzugehören und Teil von etwas zu sein. Er hält sich an die Regeln, ist ehrlich und glaubt an das Gute. Er ist geprägt von einer zünftigen Portion Optimismus und will sich immer sicher fühlen. Sorge bereitet ihm, dass er etwas falsch oder schlecht machen und deshalb verlassen werden könnte.

Der Archetyp des Unschuldigen bietet eine gute Identität für Marken, die eine relativ simple Antwort auf ein Problem liefern, eine klare Moralvorstellung haben, eine kindliche Naivität und Freude ausstrahlen, relativ kostengünstig sind und das Gute repräsentieren. Walt Disney in seinem Markendreiklang «Family, Fun, Entertainment» oder Evian suggerieren das einfache, glückliche Leben dieses Archetypus. Aber auch ganz neue Brands ranken sich nun um das Thema Unschuld und Ehrlichkeit – exemplarisch die Saft-, Milch- und Joghurt-Marke Innocent aus Großbritannien, die das Thema der Unschuld zum Markenkern formte. Ihre Produkte mit naturbelassener Milch und natürlichen Bio-Zutaten bieten eine Echtheit des Nahrungsmittels, das in voller Frische und rundem Geschmack beim Kunden ankommen soll – gänzlich «unbehandelt». Die Firmenkultur ist offen und ehrlich, die Angestellten bestimmen mit und sind am Erfolg des Unternehmens beteiligt. Weitere Ehrlichkeitsmarken bilden zum Beispiel die E-Plus-Tochter «base», die für Flatrates und Redefreiheit steht, oder Reformhäuser und neue Bio-Supermärkte.

Der Entdecker

Der Entdecker sucht und wünscht sich ein besseres, authentisches und damit erfüllteres Leben. Er will sich selbst und die Welt entdecken und mit Abenteuern erkunden. Er meidet Konformität, will nicht eingeengt sein und hat Angst vor einer inneren Leere.

Der Archetyp des Entdeckers offeriert eine gute Identität für Marken, die Pioniere sind, eine gewisse Nonkonformität ausstrahlen und Produkte anbieten, die Menschen helfen, ihre Identität und ihre Individualität auszudrücken. Dieser Typus wird häufig von Produkten zum (auf die Abenteuerreise) Mitnehmen – «to go» – genutzt wie auch von Angeboten und Leistungen, die mit einer Entdeckerkultur verbunden sind oder eine solche fördern. In der Modebranche haben sich viele «Selfexpression»-Marken diesen Typus angeeignet, man denke an Diesel, Urbanoutfitters, die Jeansmarke True Religion und Outdoor-Marken wie Patagonia oder The North Face. Er lässt sich auch sehr gut für die Reisebranche fruchtbar machen; so will zum Beispiel der Anbieter «Robinson» mit seiner «Zeit für Gefühle» das innere Entdecken fördern. Auch Luxusmarken nutzen ihn, so etwa die Uhrenmarke IWC mit ihren Pilotenuhren und einer Sonderedition im Namen des legendären Piloten, Entdeckergeistes und Romanciers Antoine de Saint-Exupéry oder Panerei mit ihren Taucheruhren aus dem Ersten Weltkrieg sowie Montblanc mit der Greta Garbo Füller-Edition.

Der Weise

Der Weise, wie Obi Wan Kenobi in «Star Wars» als alter Mann dargestellt, nutzt seine Intelligenz, seinen Verstand, um die Welt zu verstehen und somit die Wahrheit zu erkennen. Er versteht das Denken und strebt das höchste Bewusstsein für sich und die Welt an. Er hasst Ignoranz und vermeidet es, falschen Lehrern und Verführern aufzusitzen.

Der Archetyp des Weisen liefert eine gute Identität für Marken, die Kompetenz und Know-how an ihre Kunden weitergeben, die ihre Kunden zum Denken inspirieren, ihre Qualität durch harte Fakten unterstützen und sich durch überlegene Leistung differenzieren. Als Marken haben die Stanford University und Harvard University im akademischen und McKinsey & Company im geschäftlichen Leben einen solchen Status erreicht und in den meisten Fällen – zuweilen auch zum Leidwesen anderer – die Weisheit vordergründig auf sich gezogen. Als Ikonen der Weisheit gelten Albert Einstein, der Dalai Lama oder Steven Hawking. Der Weise hilft, zeigt den Weg zur Klarheit und manchen Menschen den Weg zum Licht. In der immer älter werdenden Gesellschaft wird dieser Archetypus in den nächsten Jahren ständig an Bedeutung gewinnen.

Ihr Markenarchetypus

Die entscheidende Frage wird nun sein, welcher Archetypus beziehungsweise welcher Archetypen-Cluster heute in Ihrer Marke zu finden ist, und welche Rolle und Relevanz die entsprechenden Archetypen im Leben Ihrer Kunden haben. Wichtig ist auch die Frage, welche Archetypen von den Mitbewerbern bereits besetzt sind und wie gut sie diese nutzen. Die Vorgehensweise für die Analyse verläuft hier analog wie bei den anderen Leistungsebenen, Lebensknappheiten beziehungsweise Zukunftsmärkten. Es geht darum, klar herauszuarbeiten, welche Werte und Archetypen Ihre Marke glaubwürdig ausstrahlt.

Folgende Fragen können Sie dabei unterstützen, die archetypischen Muster Ihrer Marke, Mitbewerber und Kunden zu analysieren und anschließend zielgerichtet zu optimieren.

158

Archetypen der Marke

- Wer war der Gründer des Unternehmens, der Marke und welche Werte hat er verkörpert?
- Welcher Wille, welche mythische Gründungsidee steht hinter dem Unternehmen und der Marke?
- Wie wurde und wird diese Idee in der Kommunikation prägnant ausgedrückt?
- Wie stand und steht die Marke generell zu ihrem kulturellen Hintergrund?
- Welche Aufgabe und welche Rolle hat die Marke heute im Leben Ihrer Kunden?
- Welche soll sie künftig haben?
- Wie drückt sich diese Aufgabe im Produkt und in der Leistung konkret und stilistisch aus?

Archetypen der Mitbewerber

- Gibt es Mitbewerber, die besondere Archetypen besetzen?
- Wie nutzten Sie diese und wo haben Sie Schwächen?
- Wo und wodurch können Sie gleiche Archetypen besser und eingängiger ausdrücken?
- Wie können Sie Ihren zentralen Archetypen gewinnbringend mit anderen archetypischen Mustern clustern beziehungsweise zusammenführen?

Archetypen der Kunden

- Welche Archetypen sind für die Kunden in Ihrer Branche relevant?
- In welchem Lebensstadium, welcher Lebenssituation befinden sich Ihre Kunden?
- Welcher Archetyp passt heute am besten zur Situation Ihrer Kunden?

Durch diese drei Perspektiven der Fragestellung können Sie Ihren differenzierenden Markenarchetypus glaubwürdig und attraktiv herausarbeiten. In einem zweiten Schritt gilt es, sich zu fragen, wie Sie

159

diesen in der Leistung, in Kommunikation und Markenstilistik sowie an den Kundenkontaktpunkten konkret und aufmerksamkeitsstark ausdrücken können. Nutzen Sie universelle Symbole, Riten und Geschichten Ihres Archetypus und inszenieren Sie ihn zu Ihrem Werteset passend neu und zeitgemäß. Wichtig: Wenn Sie mit Archetypen arbeiten, dann sollten Sie es richtig und glaubwürdig tun. Kunden haben ein gutes Gespür und merken sofort, wenn ein Imperator im Jungfrauenkleid vor ihnen steht.

Länderspezifische kulturelle Codes

Neben den zwölf kollektiven Archetypen bildet jede Kultur ihre eigenen Symbole, Riten, Denk- und Handlungsmuster aus, die man unter dem Begriff der kulturellen Codes zusammenfassen kann. Hierbei ist es wichtig, die kulturellen Codes der eigenen Herkunft, aber auch die «exotischen» Codes anderer Kulturen gewinnbringend einzusetzen. Dabei kann die eigene Herkunft (siehe Verortungskonsum Seite 132ff.) im eigenen Kulturkreis, aber auch in anderen Kulturkreisen, die mit europäischer, Schweizer, deutscher oder österreichischer Kultur sehr viel Positives assoziieren, attraktiv positioniert werden. Dies betrifft zum Beispiel europäische Esskultur, Mode oder den europäischen Lifestyle, die alle insbesondere in den neuen Wohlstandskreisen in China, Indien und Osteuropa eine hohe Resonanz finden. Dort gelten sie als Codes beziehungsweise Statussymbole für erreichten Aufstieg. So kauften vor kurzem die Arabischen Emirate für insgesamt eine Milliarde Euro die Markenrechte am Louvre, Paris, inklusive der Aufbauhilfe eines 24 000 qm großen Louvre in Abu Dhabi auf der Insel Saaiyat («Insel des Glücks»).

Die Kultur-Codes und damit auch Vorurteile einzelner Länder lassen sich sowohl im In- als auch im Ausland als wesentliche Differenziatoren nutzen. Die kulturspezifischen Codes wie Qualität, Präzision, Natur, Reinheit und Ehrlichkeit, die auf der ganzen Welt zum Beispiel mit der Schweiz verbunden werden, fördern das Geschäft der Schweizer Banken weltweit, insbesondere in Asien.

Die Uhrenindustrie und Feinkostmarken transportieren die

Schweizer Handwerkskunst in alle Köpfe der Welt und festigen die positiven Vorurteile. In Deutschland profitiert die Maschinenbauindustrie vom hohen Ansehen des *German Engineering,* das bereits im 19. und 20. Jahrhundert geprägt wurde und noch immer branchenbezogene Preisaufschläge von 20 Prozent erwirkt. 97 Prozent der Österreicher bevorzugen laut unserer BrandTrust-Studie (2007) Markenprodukte, die in Österreich hergestellt wurden und verbinden das größtenteils mit einem Qualitätsvorteil. 80 Prozent der Befragten würden dafür auch bis zu 20 Prozent mehr bezahlen.

So lassen sich jahrzehntelange Vorurteile einem Stadtteil gegenüber als authentischer Markendifferenziator nutzen. Die Ottakringer Brauerei als eine der innovativsten Brauereien im deutschsprachigen Raum relaunchte aus dem 16. Bezirk in Wien ein einfaches Arbeiterbier zu einer Kultmarke. Seit Jahrzehnten bestellen Wiener an ihren Würstelständen das einfache Dosenbier – «16er Blech» genannt. Im März 2007 formte sich das Kulturgut zur Marke – das «16er Blech» wurde als stärkeres (nach alter Wiener Rezeptur) in 0,5-Literdosen statt 0,3 Liter beim Albertina Würstelstand präsentiert. Nach alter Wiener Rezeptur gebraut, vollmundige 5,4 Prozent Alkoholgehalt und süffige 12,8 Prozent Stammwürze ins Blech verpackt, begleitet von einer feinen Karamellnote (beachten Sie die Adjektive). Die Trendgastronomie und andere Multiplikatoren zeigen sich begeistert und prognostizieren dem einzigartigen Konzept großen Erfolg bei den Trendsettern, aber auch anderen Schichten. Die Marke macht sich die Kulturcodes ihrer Kunden zu eigen und innoviert sich authentisch aus ihrer gewachsenen Historie.

Eine im wörtlichen Sinne merk-würdige Entwicklung des Vertrauten im Fremden lässt sich zurzeit in Europa festmachen: 15 Millionen Muslime leben in der EU. In Deutschland verdienen sie durchschnittlich rund 2100 Euro monatlich netto – ein Milliarden-Marktpotenzial. Diese Migranten haben eigene Kulturcodes, insbesondere Nahrungsgewohnheiten. Eine Nahrung muss «halal» sein, sie darf zum Beispiel kein Schweinefleisch enthalten. Dieses Merkmal macht sich die «Mecca Cola» aus Frankreich zu Nutze und wirbt mit dem Slogan «Trink nicht wie ein Idiot, sondern trinke engagiert». Das Unternehmen unterstützt mit Teilen seiner Einnahmen soziale Projekte in palästinensischen Gebieten. So bedrängt Mecca Cola die Cola des Westens, indem sie die Bedeutung des Getränks umcodiert und es islamisch korrekt positioniert. Die urbane Zielgruppe der Migranten bildet in Europa und darüber hinaus ein großes Potenzial. Die beste Form des Dialoges mit Kulturen ist, sich mit ihren Codes und Prägungen auseinanderzusetzen, ihre Bedürfnisse zu erforschen und lösungsgerechte Produkte und Marken für die neue Kundengruppe zu entwickeln.

Weltwerte-Wandel

Transnationale und interkulturell agierende Marken müssen die kulturelle Evolutionsstufe der einzelnen Länder kennen und die Resonanz der eigenen Werte und Codes vorab testen, um Hindernisse und Chancen zu erkennen.

Ronald Ingelhart und Prof. Christian Wenzel haben dazu eine hervorragende Studie und Konzeption entwickelt, mit der wir bei BrandTrust unsere Marken interkulturell verorten können. Diese weltweite Studie *(www.worldvaluesurvey.org)* deckt 76 Länder und 85 Prozent der Weltbevölkerung ab und baut auf der Bedürfnispyramide von Maslow auf. Die einzelnen Länder werden in einem Koordinatensystem zu gemeinschaftlichen Bindungswerten wie zum Beispiel Religiosität, Gehorsam, Nationalstolz abgefragt, mit den neuen individuellen Entfaltungswerten, Freiheit, Toleranz, Autonomiegefühl oder Vertrauen in Mitmenschen kombiniert und auf diese Weise für die einzelnen Kulturkreise verortet.

So ist zum Beispiel das protestantische Europa gesellschaftlich die Region mit den höchsten individuellen Entfaltungswerten und der höchsten Abwendung tradierter Gemeinschaftswerte. Innerhalb dieser Gruppe sind die Skandinavier führend, was sich nicht zuletzt in ihrer Vorbildfunktion für unsere Schul- und Sozialsysteme widerspiegelt. Das katholische Europa hat hingegen geringere individuelle Entfaltungswerte. USA – gleich individuell – ist demnach stark im Autoritätsglauben und der Religiosität verwurzelt.

Schwarzafrika und islamische Staaten zeigen die traditionellsten Werte. Dies als Markenpotenzial zu erfassen ist essenziell. Der Verfeinerungstrend zeigt sich nur in den sehr entwickelten Ländern mit hoher Entfaltung und Kreativitätswillen, während der Statuskonsum in Aufsteigerkulturen einen Hauptkonsumtreiber darstellt. Die Studie hilft, systematisch diese Codes und Wünsche zu erkennen und für sich als Anker und Markendifferenziator zu nutzen.

Nachhaltiger Erfolg setzt voraus, die Marke über die Branchencodes und jeweiligen Kulturcodes über tiefenpsychologische Befragungen, Analyse von Alltagskulturstudien oder durch eigene Erfahrung herauszuarbeiten, um sie sowohl unbewusst als auch bewusst für die Ansprache einsetzen zu können. Dies ist besonders für international agierende Marken eine unerlässliche Erfolgsbedingung.

Tipp: In der Markenpraxis empfehlen wir – neben einer klassischen Analyse der Alltagskultur eines Landes und auch der ethnografischen Analyse des Umgangs mit der jeweiligen Produktkategorie –, die Tiefeninterviews einzeln und in Fokusgruppen durchzuführen. In diesen werden generelle Assoziationen und unbewusste Elemente zu Markenthemen und damit verbundenen Kategorien abgefragt. Einen generellen Überblick über die Evolution der Bedürfnisse in den einzelnen Kulturkreisen liefern die sozialen Studien zur World Value Survey von Ronald Inglehardt und Christian Wenzel.

Eine Marke enthält viele Codes

In einer Marke sind immer mehrere Archetypen und kulturelle Codes vereint. Sind sie bereits mit einem zentralen Archetypus in den Köpfen Ihrer Kunden präsent, sollten Sie sich für einen gewissen Zeitraum in der Kommunikation auf diesen konzentrieren. Damit hat diese Kernprägung die Chance, sich in den Köpfen als echter kultureller Anker festzusetzen. Dies kann Ihnen wiederum dauerhaft helfen, sich von reinen Leistungs- oder Lifestyle-Marken im individuellen und kollektiven Unterbewusstsein abzugrenzen.

Die Arbeit mit Archetypen ermöglicht Ihnen, einen neuen Entwicklungs- und Bedeutungsraum für Ihre Marke zu schaffen und zu nutzen. Wenn es Ihnen gelingt, einen für Ihren Markt relevanten Archetypus dauerhaft zu besetzen, werden Sie mit Ihren Kunden eine tiefere und dauerhaftere Bindung aufbauen können – jenseits der immer kurzlebiger werdenden Produktfeatures und Life-Style-Moden. Der Archetypus wird zum Navigator und auch zu einem Grenzzieher, der Sie davor schützt, beliebigen Kampagneideen aufzusitzen, die Ihrem Archetypus widersprechen. Gleichzeitig wird er passende kreative Kampagnen dahingehend inspirieren, die kulturellen Codes und Symbole in Ihrer Markenkommunikation systematischer und wirkungsvoller einzusetzen.

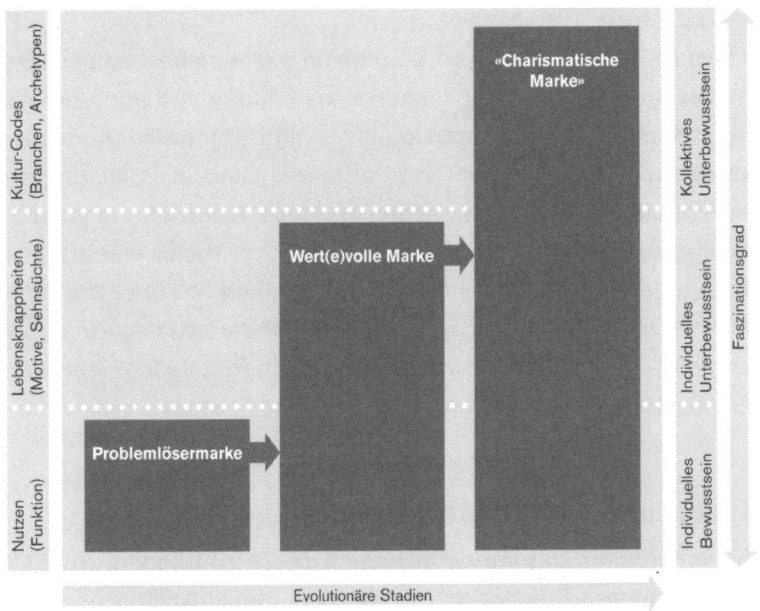

Aus diesen Erkenntnissen lässt sich ein Drei-Schichten-Modell eines ganzheitlichen Markenfitness-Begriffs darstellen. Generell lassen sich drei Typen von Marken unterscheiden:

- *Problemlöser-Marken:* Damit bezeichnen wir reine Funktionsmarken, die ein Problem lösen, aber weder eine der Lebensknappheiten noch eine kulturelle Sehnsucht oder sonstigen Wert ansprechen.

- *Wert(e)volle Marken:* Damit meinen wir Marken, denen es gelingt, eine Knappheit aus dem Lebenskontext des Kunden anzusprechen und diese auf der Funktionsebene besser zu bedienen als andere.

- *Charismatische Marken:* Charismatische Marken symbolisieren Marken, denen es auf drei Ebenen glückt, Kunden anzusprechen, und die Leistungsversprechen auch einlösen. Indem sie alle Ebenen des Bewusstseins und Unbewusstseins mit einbeziehen, faszinieren sie und schaffen eine Attraktivität, die teilweise sogar «unerklärlich» ist. StarBrands haben Charisma.

BrandFuture-Checkliste
- Auf welcher Fitness- und Bedeutungsebene bewegt sich Ihre Marke?
- Denken Sie noch ausschließlich in Branchen-Nutzen-Kategorien?
- Welche Lebensknappheiten bedienen Sie?
- Sprechen Sie hierfür die richtigen kulturellen Codes an?
- Kennen Sie die länderspezifischen Codes für Ihr Produkt?
- Wissen Sie, welche kulturelle Funktion, welchen kulturellen Wert Ihr Produkt bei welchen Verwendern besetzt?
- Kennen Sie die Vorbehalte, die Ihrem Produkt, Ihrer Marke gegenüberstehen?
- Welche generellen Archetypen werden durch Ihre Marke verkörpert? Welche sind identitätsstiftend für Ihre Kunden und können noch weiter einzigartig in Ihrer Branche aus Ihrer Marke heraus entwickelt werden?

BrandFuture-Praxis –
Wie Sie die zukünftige Nummer-eins-Position
Ihrer Marke in fünf Schritten entwickeln

Der folgende Teil bietet Ihnen eine vollständige Methodik für das Entwickeln Ihrer zukunftsfitten Marke. Dabei sollten Sie sich der Tatsache bewusst sein, dass Sie damit einen Weg beziehungsweise einen Prozess beschreiten, der nicht in Kürze erledigt sein wird. Nachhaltigkeit und dauerhafter, ertragreicher Erfolg implizieren Aufwand und setzen ein intensives und engagiertes Arbeiten im Team voraus. Fassen Sie authentisches Commitment als eine unerlässliche Grundvoraussetzung auf.

Eine erfolgreiche Konzeption und Einführung einer Zukunftsmarke setzt die strategische und operative Einbindung in die Unternehmenskultur voraus.

Als Projekt geführt bedeutet dies eine konsequente und dauerhafte Begleitung durch die Geschäftsleitung. Vergegenwärtigen Sie sich, dass es nicht um eine kurzfristige Kampagne geht, sondern um die Zukunft Ihrer Marke, einen wesentlichen Werttreiber Ihres Unternehmens. Setzen Sie Kreativität, markt- und betriebswirtschaftlich fundierte Kenntnisse sowie eine vollständige Methodik ein. Entscheidender Erfolgsfaktor bilden Lösungen und Leistungen für Ihre Kunden – Außensicht ist maßgeblich und das A und O für den Erfolg in der Praxis.

Die im Folgenden dargelegte Methodik umfasst fünf Phasen, die einem logischen Aufbau folgen. Für Leserinnen und Leser, die bereits über viel Marketing- oder Markenstrategie-Erfahrung verfügen oder Projekte betreuen, die im Prozess schon weit fortgeschritten sind, lassen sich selbstverständlich auch einzelne Teile je nach aktueller Problemstellung für Workshops oder spezifische Markenprojekte verwenden. Jeder Part kann auch für sich allein genommen Anregungen und wichtige Fragestellungen einbringen, die versierte Marken- und Unternehmensführer sicherlich an der richtigen Stelle anzuwenden wissen.

Der Übersichtlichkeit halber skizziere ich die fünf Projektschritte nicht aus dem Prinzip heraus, sondern erläutere sie konkret und statte sie mit konkreten Arbeitsinstrumenten aus.

1. Marken-Dekonstruktion

Marken-Dekonstruktion bedeutet, Ihre Marke in Meme aufzuschlüsseln und sich all ihrer Aspekte bewusst zu werden. «Achte auf die Muster hinter den Dingen», hat der chinesische Weise Laotse einmal gesagt. Graben Sie tief, finden Sie die originären Ursachen

Ihres Erfolges und definieren Sie die Charaktereigenschaften Ihrer Marke.

Die Zukunft liegt in der Gegenwart verborgen. Das bedeutet, dass wir die Zukunft nur dann erfolgreich mitgestalten können, wenn wir unseren exakten Ausgangspunkt kennen, wenn wir wissen, welche Charaktereigenschaften unsere Marke trägt und welche Werte sie dabei leiten. Gleichzeitig ist es zentral, sich auch ihrer Grenzen bewusst zu sein und zu erkennen, wo und in welcher Hinsicht die Marke für die Zukunft erweiterbar ist.

Grundlage für die Entwicklung einer Zukunftsmarke bildet eine exakte Analyse beziehungsweise die Dekonstruktion Ihrer Marke in deren einzelne Elemente, die Meme.

Diese Arbeit ist absolut notwendig. Sie zeigt uns zum einen, aus welchem Reservoir von Werten, Leistungen, kulturellen Ideen und Erfahrungen Sie für die Zukunft schöpfen können. Zum anderen verhindern wir dadurch, dass man jeder erstbesten Idee, jedem aktuellen Trend oder einer gerade trendigen Markenstrategie eines Mitbewerbers hinterherläuft, die nicht wirklich zu Ihrem eigenen Charakter, zu Ihren eigenen Talenten und Eigenschaften passt und mit der Sie sich als unglaubwürdige «Me too»-Marke positionieren würden.

Um die komplexe Gestalt und die «Schichten» einer Marke übersichtlich zu strukturieren, lässt sie sich vorerst in zwei Ebenen aufteilen: Inhalt beziehungsweise Essenz und die Gestalt beziehungsweise Stil.

Die Markenessenz

Die Essenz einer Marke liegt in ihrem Kern, oder anders ausgedrückt, in ihrem genetischen Code. Bei Brand:Trust verwenden wir dafür den Begriff der Markenkernwerte. Er bezeichnet die Essenz einer Marke, aus der sie ihre Energie und ihre Glaubwürdigkeit zieht. Dieser Markenkern setzt sich zusammen aus den kulturellen Werten und Lebensknappheiten, die sie bedient, und der konkreten Problemlösung beziehungsweise dem konkreten Nutzen, den sie ihren Kunden bietet. All diese Elemente müssen sorgfältig analysiert, zu

Clustern zusammengeführt und zu Werten verdichtet werden, um daraus den Kern einer Marke ableiten zu können. Folgende Fragen erweisen sich dabei als hilfreich:

- Welche *kulturelle Idee* steckt hinter Ihrer Marke und prägt Ihre Marke?
- Welche *Archetypen* finden sich in ihr wieder?
- Welche *kulturelle Funktion* erfüllt Ihr Produkt?
- Was sind Ihre *historischen Erfolge*?
- Was ist *typisch* für Ihre Marke?
- Wo und worin sind Sie *einzigartig*?
- In welcher Kategorie haben Sie eine *Nummer-eins-Position* im Markt?
- Welche Lebensknappheiten, Bedürfnisse, Wünsche und Sehnsüchte befriedigen Sie *besser als Ihre Wettbewerber*?
- Wie lässt sich das alles zum *einzigartigen Markenvorteil* aus Sicht der Kunden verdichten?
- Was ist Ihre *Marke nicht*?
- Wo liegen ihre *Grenzen*?

Nachdem Sie die heutigen Inhalte Ihrer Marke aus diesen Quellen abgeleitet und gesammelt haben, versuchen Sie nun, diese zu einzelnen Elementen und Werten zu verdichten, die besonders typisch für Ihre Marke sind. Finden Sie Werte, durch die Sie sich von Ihren Mitbewerbern unterscheiden und die Sie einzigartig machen. Werte, die als Beweggrund für die Relevanz der Produkte und Leistungen wichtig sind.

Am Schluss dieses Prozesses sollten nicht mehr als fünf bis sieben Werte beziehungsweise Meme vorhanden sein. Vermeiden Sie dabei unspezifische Eigenschaften wie «Kundenorientierung», «Qualität», «innovativ» und andere gängige Management- und Marketingbegriffe. Stattdessen «quälen» Sie sich dazu, wirklich prägnante und inhaltsstarke Begriffe wie zum Beispiel «aufrichtig», «kundenverpflichtet», «produktüberlegen», «aufstiegshungrig», «Urvertrauen», «gute Mitte» oder «Pioneering» zu finden, und zwar nicht nur als Begriff, sondern als konzise Beschreibung. «Kundenverpflichtet» ist nur dann besser als «Kundenorientierung», wenn Sie es auch wirklich belegen können.

Nur auf diese Weise finden Sie zur Essenz Ihrer Marke. Formulieren Sie auch ihre Grenzen. Nur dichte Marken bauen einen Sog, eine Anziehung auf. Es verhält sich hier wie bei einem Automotor: Nur ein dichter Zylinder funktioniert, ist er undicht, entsteht keine Kraft. Eine Marke, die alles für alle anbietet, ist beliebig, austauschbar und nicht begehrlich.

Markenstil als Ausdruck der Markenessenz

Nachdem Sie nun die Markenkernwerte decodiert haben, müssen Sie sich die Frage stellen, wie Sie diese Werte bisher mit Stilelementen ausgedrückt haben. Ohne dies wird Ihre Marke keinen Eindruck in den Köpfen Ihrer Kunden und im Markt hinterlassen.

* Welche Farbe(n) besitzt Ihre Marke?
* Welche Form, welches Bild, welches Symbol?
* Welche Persönlichkeit drückt Ihre Markenkernwerte aus?
* Wie hört sich Ihre Marke an?
* Wie riecht sie?
* Wie schmeckt sie?
* Haben sich besondere Rituale, Verhaltensweisen gebildet, die Ihre Marke ausdrücken?
* Geben Sie einen Branchen-Rhythmus vor oder laufen Sie hinterher?

In den Antworten auf diese Fragen finden Sie die Elemente, über die Sie Ihre Markenkernwerte bislang sinnlich und spezifisch erfahrbar gemacht haben. Auch sie sind Teil des Mem-Pools, den Sie gegebenenfalls optimieren und anpassen sollten.

Sie können noch so anziehende, differenzierende und einzigartige Werte aufweisen – wenn Sie diese nicht an den geplanten Empfänger vermitteln, wenn Ihre Marke nicht systematisch erfahrbar ist, dann wird sie eine NoBrand bleiben und sich nie zur StarBrand entwickeln können. Schaffen Sie eine starke Signalwirkung und eine Markenzuordnung. Besetzen Sie unbedingt eine Farbe, ein Symbol, ein Bild oder – mit zunehmender Bedeutung – auch einen Sound. Diese bilden die wirksamsten Stilelemente. Mit den Markenkernwerten als Charaktereigenschaften und den Stilelementen als sinnlich erfahrbare Ausdrucksmittel ist nun die vorhandene Markenpersönlichkeit in ihre memetischen Einzelteile zerlegt. Die folgende Abbildung fasst die einzelnen Elemente grafisch zusammen:

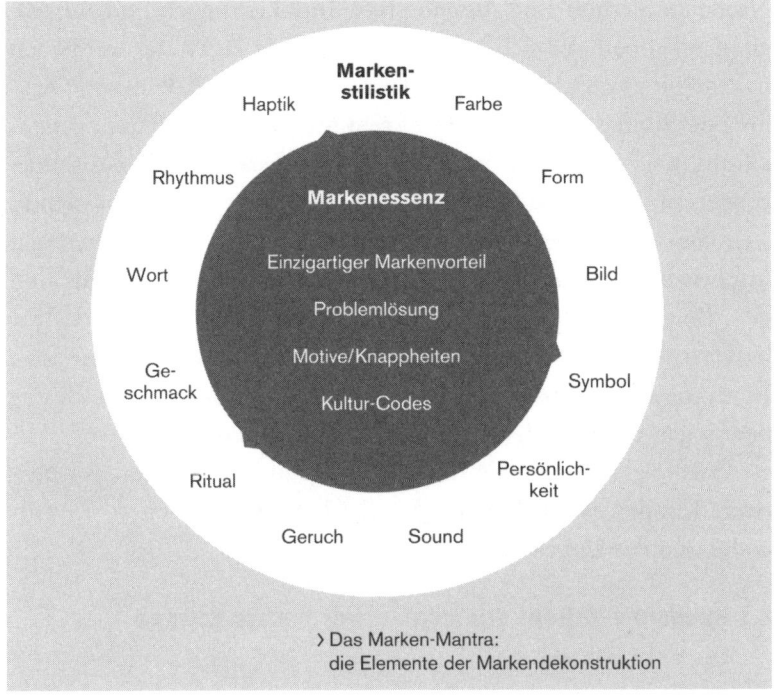

> Das Marken-Mantra:
  die Elemente der Markendekonstruktion

Zum Abschluss möchte ich betonen, dass in dieser Betrachtung Qualität, nicht Quantität im Vordergrund steht. Entscheidend in dieser ersten Analysephase ist es, die wirklich besonderen, attraktiven und einzigartigen Werte und kulturellen Ideen Ihrer Marke herauszuarbeiten. Fassen Sie Ihre Erkenntnisse daher noch einmal mit folgenden Fragen zusammen:

• Was ist die wesentliche kulturelle oder auch archetypische Markenidee?
• Zu welchen Schlüsselwerten lässt sich Ihre Marke verdichten?
• Welches ist der einzigartige Markenvorteil?

171

- Können Sie sie zu einem Wort verdichten?
- Was sind Ihre drei wesentlichen stilistischen Elemente?

2. Markenkreation: Wie Sie Zukunftsoptionen erschaffen

Nachdem Sie nun Ihre Ausgangslage, Ihre Leistungen und Ausprägungen kennen, die sich in der Vergangenheit zu Werten verdichtet haben, gilt es nun, den Möglichkeitsraum für die Zukunftsentwicklung der Marke auszuloten. In diesem Markenpotenzialraum geht es darum, neue Markenentwicklungen, *Line Extensions*, Repositionierungen zu finden, die Ihre Marke zur Nummer eins machen, sich so weit vom Wettbewerber weg zu positionieren, dass Sie ihn irrelevant machen und zukünftige Marktpotenziale, die sich aus Trends und dem Branchenwandel ergeben, nutzen können. Es geht darum, Ihre bestehenden Markenmeme und Werte kreativ mit neuen Potenzialen zu verknüpfen, zu fusionieren, so dass eine evolutionäre Entwicklung oder sogar eine komplett neue Markenidee ensteht.

Dazu eigenen sich die fünf nachfolgend ausgeführten Perspektiven: Kundenevolution, Megatrends, Lebensknappheiten, Kulturcodes und das Unbekannte.

2.1 Kundenevolution: Wie können wir unsere Kunden für uns nutzen?

Das hauptsächliche Umfeld einer Marke besteht aus deren Kunden. Ohne Kunden kein Unternehmen, keine Marke, keine Wertschöpfung, analog dem Sprichwort: «Ohne Hunde keine Hundeflöhe.»

Eine systematische Analyse der besten Kunden und ihrer Aktivitäten ist die Grundlage des Zukunftserfolgs. Binden Sie Ihre Fans noch stärker an sich und aktivieren Sie sie. Ihre Fans, die sich bereits emotional angezogen fühlen und schon «Experten» Ihrer Marke sind, werden sie auch gerne weiterempfehlen. Normale Kunden zu Fans zu machen und Nichtkunden sowie ganz bewusst neue, noch nicht gedachte Kundengruppen zu gewinnen impliziert ein großes Zukunftspotenzial.

172

Die meisten Unternehmen verstehen sich bereits als sehr kundenorientiert und sind der Ansicht, schon das Maximale an Leistung für ihre Kunden zu erbringen. Nicht umsonst ist das Wort Kundenorientierung eines der meistverwendeten Wörter im Management. Verbirgt sich aber dahinter tatsächliche Leistungserfüllung oder ist es ein leider vielfach als Lippenbekenntnis verwendeter Begriff? Im Sinne der Idee von BrandFuture möchte ich Ihnen hierfür wiederum konkrete Inspirationen geben, wie Sie zum einen das Verhalten Ihrer Kunden segmentieren und zum anderen sie schrittweise stärker an sich binden können. In unserer Markenstrategie-Arbeit unterteilen wir Konsumenten zunächst in vier Gruppen.

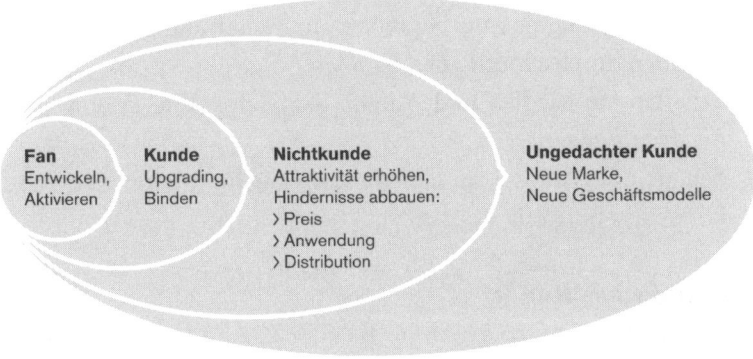

> Die Kunden-Evolution

Der Fan

Fans stellen die am stärksten gebundene Kundengruppe dar und wissen als *Heavy User* am meisten über die Marke, Produkte und Leistungen Bescheid. Sie sind Experten in der Anwendung und bereit, fast jedes Ihrer neuen Produkte mit Begeisterung aufzunehmen. Sie weisen somit eine hohe Wiederkaufrate auf, sind sehr markentreu, am wenigsten preissensibel und – das ist der wichtigste Faktor für die Markenbildung – stolz darauf, die Marke zu nutzen. Sie empfehlen sie weiter und werden von ihren Freunden, Familien und Peers als Experten in diesem Marktfeld angesehen. Für die Markenführung bedeuten Fans die Schlüsselgruppe. Schöpfen Sie dieses Potenzial aus, steigern Sie diese erzielbaren Mehrwerte. Der größte Fehler wäre, diese Fans – früher bezeichnet als Kundschaft, die eben kundtut – nicht dementsprechend als VIPs zu behandeln und zu motivieren, sich weiterhin so zu verhalten.

- Binden Sie Ihre Fans und Kunden in die Produktentwicklung mit ein? Wie?
- Wie aktivieren Sie sie, um Neukunden zu gewinnen oder bestehende Kunden zu Fans zu machen?
- Schaffen Sie sich einen Fanclub mit Hilfe der verschiedensten Medien. Jede gute Marke hat ein Community-Forum, in dem über die Marke, ihre Produkte, die *Do's and Dont's* diskutiert wird.
- Informieren Sie sie ganz besonders gut, besser und zeitlich früher als einen durchschnittlichen Kunden.
- Schaffen Sie Medien und Anreize dafür, dass Ihre Fans weitere neue Fans generieren.
- Schaffen Sie Anlässe, an denen diese Fans für Sie innovativ und ko-kreativ tätig sein können.

Der «einfache» Kunde

«Einfache» Kunden, so genannte B- oder C-Kunden, nutzen zwar Ihr Produkt und Ihre Marke, sehen sie aber bis heute noch nicht als bevorzugte oder ausschließliche Marke an; ihre Bedürfnisse, Wünsche und Träume befriedigen sie parallel bei Mitbewerbern. Schaffen Sie Lösungen, diese Kundengruppen durch selektive Marketingaktionen und Anreize, wie wirklich attraktive Privilegienprogramme, noch ein Stück stärker an sich zu binden und diese Kunden zu echten Fans zu machen.

- Wie sehen Ihre B- oder C-Kunden aus?
- Wie lassen sie sich charakterisieren?
- Was hindert sie daran, Ihre Marke als präferierte Marke für sich zu akzeptieren?
- Was sind Ihre konkreten Maßnahmen, die B- und C-Kunden zu Fans zu machen?

Die Nichtkunden

Eine oft sträflich vernachlässigte Kundengruppe bilden die (noch) Nichtnutzer, Nichtanwender, die Nichtkunden Ihrer Marke. In dieser Gruppe liegt mit Sicherheit eines der größten nicht bearbeiteten Markenfelder. Oft sind es kommunikative, preisliche, distributive, aber letztendlich auch produktgetriebene Hindernisse, die Ihre Nichtkunden daran hindern, Ihre Marke zu nutzen. Ein wesentlicher Punkt ist es daher, genau zu wissen, was Ihre Nichtkunden daran hindert. Überlegen Sie, ob Sie eine Art Basic-Linie im Sinne eines «My first Sony» oder eines BMW 1er entwickeln können, um heutige Nichtnutzer zu Markenanwendern, zu Kunden und letztlich sogar zu Fans zu machen – auch wenn dies zunächst über die Einsteigerebene geschieht.

- Definieren Sie Ihre Nichtkunden und deren Charakteristika.
- Eruieren Sie die Hindernisse im kommunikativen, preislichen und distributiven Bereich, aber auch solche, die mit der Leistung, dem Angebot, der Beratung zu tun haben könnten.
- Überlegen Sie Maßnahmen, wie Sie Nichtkunden systematisch in Kunden umwandeln können.

Unerforschte und ungedachte Kundengruppen

Diese Kundengruppen bilden den blinden Fleck Ihrer Marktforschung und Ihrer bisherigen Markt- und Kundensegmentierungsarbeit.

Gibt es fehlende Marktsegmentierungen? Ich denke hier insbesondere an die vieldiskutierte Gruppe der «Best Ager» beziehungsweise Baby Boomers, die Senioren, Lohas (die den «Lifestyle of Health and Sustainability» leben), die Kreativen, aber auch die vielen weiblichen Kundengruppen. Gibt es in anderen Ländern Kundengruppen, an die Sie noch nicht gedacht haben und die für Ihre Produkte, Ihre Marke oder einfache Modifikationen relevant sein könnten? Denken Sie hier exemplarisch an die New Social Climbers, die neu entstehenden Mittelschichten in Asien, Indien, im Osten und in Afrika, die derzeit aufbrechen, die Konsumwelt zu entdecken. Sich mit diesen Fragen ernsthaft zu beschäftigen, eröffnet nicht nur neue Horizonte, sondern möglicherweise auch maßgebliche neue Marktpotenziale.

- Arbeiten Sie heraus, welche ungedachten Kundengruppen und Segmentierungen es in anderen Ländern und Märkten gibt oder welche in Zukunft entstehen können.
- Was können Sie tun, um diese zum einen systematisch zu erforschen und zum anderen im zweiten Schritt den Versuch zu wagen, diese zum Beispiel mit Hilfe einer Kooperation oder einer einfachen Anwendung, sei es unter Ihrer bestehenden oder einer anderen Marke, für sich zu nutzen?

Wenn Sie diese vier Kundengruppen und die dazugehörigen Schlüsselfragen analysieren, gewinnen Sie sicherlich zahlreiche Ideen, die Sie zur Entwicklung einer BrandFuture-Idee nutzen oder in Ihr Tagesgeschäft als Marketingaktivität einfließen lassen können. Welches sind Ihre drei wichtigsten Ideen aus dieser Phase?

2.2. Megatrends als Nährböden

Eine weitere sehr erfolgreiche und einfache Form, Marken kreativ weiterzuentwickeln, besteht darin, sie mit jedem einzelnen Mega- und Konsumententrend herauszufordern, das heißt sich zu fragen, welche Chancen und Risiken, welche neuen Markenkonzepte sich daraus ableiten und entwickeln lassen. Am besten betrachten Sie Trends als tatsächliche Nährböden, die sich vor Ihnen, vor Ihrer Marke auftun. Im Anschluss stellen Sie sich die Frage: Was bedeutet dieser Trend konkret für meine Marke und ihre Meme? Folgende praktische Vorgehensweise ist dabei empfehlenswert:

- *Sammeln von Trends:* Sammeln Sie die aus Ihrer Sicht relevanten Trends. Beginnen Sie mit Megatrends und ergänzen Sie diese um Konsumenten- und Branchentrends. Vergessen Sie nicht die technologischen Entwicklungen.
- *Beschreiben:* Beschreiben Sie den Trend in einem Workshop kurz, um ein einheitliches Verständnis aller Teilnehmer sicherzustellen. Am Beispiel «Down Aging» würde das in etwa lauten: «Der demografische Wandel bringt die am schnellsten wachsende und

größte Zielgruppe der Zukunft, die 50+, hervor. Down-Ager sind vermögend, mit den Werten der Babyboomer in den 1960er-Jahren aufgewachsen und hedonistisch veranlagt. Sie haben mit zunehmendem Alter in aller Regel mehr Zeit und Geld, ein hohes Komfortbedürfnis und möchten das Leben so richtig auskosten.» Eine solche Beschreibung dürfte Grundlage genug sein, um Ihre Marke mit diesem Trend zu «challengen».

- *Bewerten:* Welche dieser Trends haben den größten Impact, den größten Einfluss auf Ihre Branche und werden sozusagen zum «Future Driver»? Reduzieren Sie Ihre Trendliste auf die fünf wichtigsten Trends und gehen Sie für jeden folgende Fragen durch (siehe Grafik):

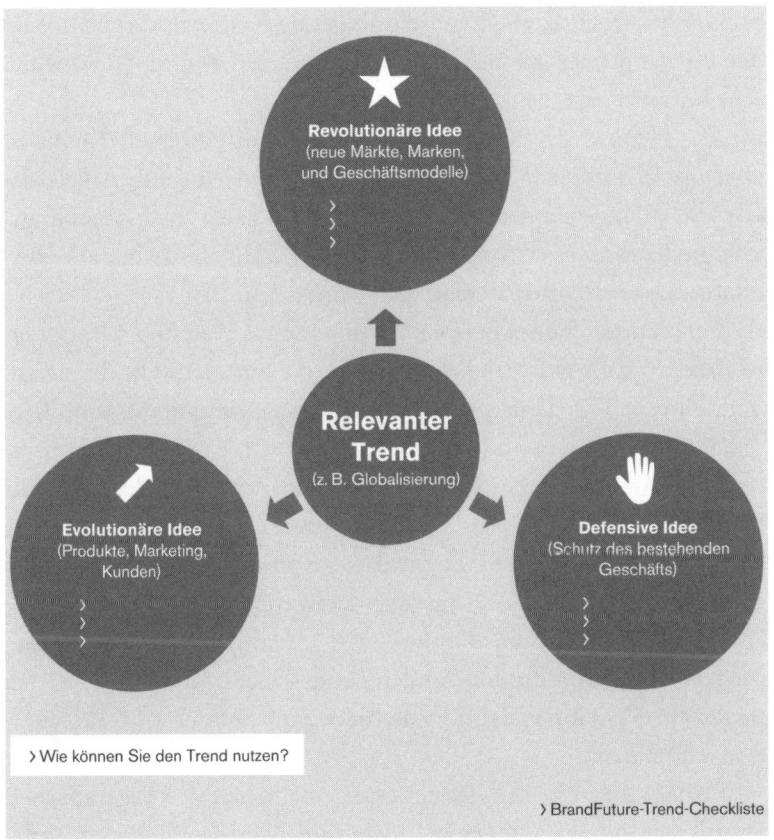

> Wie können Sie den Trend nutzen?

> BrandFuture-Trend-Checkliste

177

- Defensiv: Wo bedroht der gesellschaftliche Trend meine bestehende Marke?
- Evolutionär: Wo ergeben sich mit Blick auf die Zukunft Chancen? Das heißt, wo besteht künftig das größte Potenzial für neue Marktsegmente, Produktformen oder -abwandlungen, Leistungen und Marketingkonzepte?
- Revolutionär: Lassen sich aus diesem Trend wirklich bahnbrechende neue, für mein Segment revolutionäre Markenideen, neue Marken, neue Geschäftsmodelle entwickeln?

Wenn Sie einen entsprechenden Trend nach diesen drei Punkten beleuchtet haben, verfügen Sie in der Regel bereits über mindestens zwei BrandFuture-Ideen, die sich daraus ableiten lassen. Für Ihre praktische Arbeit kann Ihnen das folgende Raster als Grundlage an der Pinwand oder am Flipchart insbesondere bei Gruppenarbeiten sehr hilfreich sein.

Das Herausfordern der eigenen Marke mit einzelnen Trends ist eine sehr kreative, anregende und auch sehr befriedigende Arbeit, die vor allen Dingen innerhalb des Marketings, aber auch abteilungsübergreifend sehr viel Sinn macht. Sie wirkt auf alle Teilnehmenden erfahrungsgemäß motivierend und begeisternd.

Ein wunderschönes Beispiel für den innovativen und sehr erfolgreichen Umgang einer traditionellen Marke mit Trends findet sich in der Schweiz: Das Tibits, ein urban designtes Restaurant samt Take Away mit gesundem und vegetarischem Essen, ist eines der innovativsten Restaurationskonzepte der neueren Zeit. Die Idee zu Tibits kam drei Brüdern, Reto, Christian und Daniel Frei, Ende der 1990er-Jahre. Sie wollten die bis dato getrennten Bereiche gesundes Essen und Fast Food mit einem hochwertigen vegetarischen Take Away kombinieren, um die modernen Ansprüche an Design, Genuss, Wohlfühlatmosphäre und gesundes, aber schnelles Essen zu bedienen. Was ihnen fehlte war die Gastronomie- und Restaurationskompetenz.

Daher gingen sie mit dem ältesten und führenden vegetarischen Restaurant in Europa, dem Hiltl, ein Joint Venture ein und gründeten Tibits (lateinisch «Leckerbissen»). Auf diese Weise konnten sie ihre Idee mit der Leistungsfähigkeit, der vegetarischen Menüerfahrung, der hundertjährigen Gastronomiekompetenz und letztendlich mit Schweizer Premiumqualität fusionieren. Heute steht Tibits als vegetarisches Ganztages-Lifestyle-Restaurant in der Schweiz an der Spitze der «Fast Good»-Bewegung. Es erstaunt nicht, dass Tibits insbesondere bei den gesellschaftlichen Modernisierungsschichten wie bei gut gebildeten Frauen und der Kreativen Klasse sehr beliebt ist.

Folgende Grafik veranschaulicht noch einmal die Mem-Fusion von Hiltl mit der Business-Idee der drei Brüder Frei zum Joint Venture Tibits.

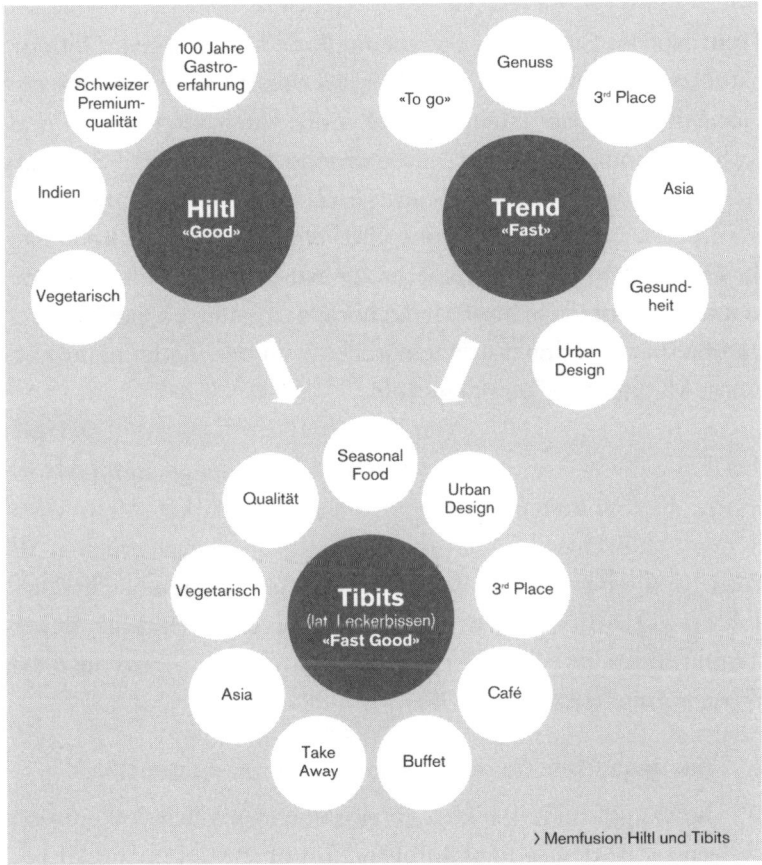

> Memfusion Hiltl und Tibits

179

Das Beispiel «Tibits by Hiltl» zeigt deutlich, wie traditionelle Unternehmen mit Hilfe einer jungen, stimmigen Submarke Trends für sich nutzen und ihre Kompetenzen und Werte in eine neue Marke überführen können. Im Übrigen funktioniert dieses Spiel für Hiltl auch rückwärts: In Hiltl-Restaurants gibt es seit kurzem auch «tibits»-Selbstbedienungsbuffets, um auch im Hiltl selber den eiligen Kunden angemessen bedienen zu können.

Tipp: Nutzen Sie dieses Raster auch für Ihre Marke und betreiben Sie eine «memetische Fusion». Spielen Sie mit den Mutationen und entwickeln Sie neue Markenkombinationen aus mehreren Trends. Seien Sie ein Marken-Alchemist!

Tipp: Nutzen Sie für die Sammlung Ihrer Trends die verfügbaren aktuellen Trendmonitore zum Beispiel des Zukunftsinstituts, des Gottlieb-Duttweiler-Instituts oder den Newsletter von Trendwatching.com. Scannen Sie klassische Medien wie «Spiegel», «CASH», «Die Welt», «NZZ» und «FAZ am Sonntag» nach aktuellen Trends. Sammeln Sie diese und «challengen» Sie Ihre Marke, Ihr Geschäftsmodell mindestens einmal pro Jahr, indem Sie die aktuelle Trendfitness Ihrer Marke herausarbeiten. Lassen Sie sich darüber hinaus auch neu inspirieren, um immer wieder neue innovative Markenideen zu entwickeln.

Am Ende dieser kreativen Marken-Trend-Challenges empfehle ich Ihnen, die drei besten Ideen beziehungsweise Marken-Mem-Mutationen auszuwählen und nur mit diesen dreien weiterzuarbeiten. Als Hilfe für die Bewertung können Sie das weiter hinten beschriebene Tableau «Darwin's Choice» und die ihm zugrunde liegenden Bewertungskriterien in etwas vereinfachter Form auch bereits in dieser Phase nutzen. (siehe Seite 198).

2.3. Die neuen Lebensknappheiten als Markenpotenziale

Wie bereits geschildert, bilden die entstehenden Lebensknappheiten die echten Antreiber für künftigen Konsum, Markenwunsch und

Besitz in der westlichen Welt. Für die praktische Arbeit mit Ihrer Marke möchte ich diese Zusammenhänge noch einmal in aller Kürze zusammenfassen: Wenn sich die Gesellschaft verändert, die Menschen im Alter immer jünger werden, weibliche Werte auf dem Vormarsch sind, Wertschöpfung im Wesentlichen durch Kreativität und Virtualität erwirtschaftet wird, das Thema Lebensqualität als übergeordnetes Ziel für große Teile der Gesellschaft im Zentrum ihres Handelns steht, verändern sich auch die konkreten Bedürfnisse, Wertvorstellungen – im Sinne von Vorstellungen davon, was wertvoll ist – und auch die tiefer liegenden, unbewussten Sehnsüchte. Für die Markenarbeit empfiehlt es sich, die drei Wunschebenen als Lebensknappheiten zu bezeichnen (siehe Grafik).

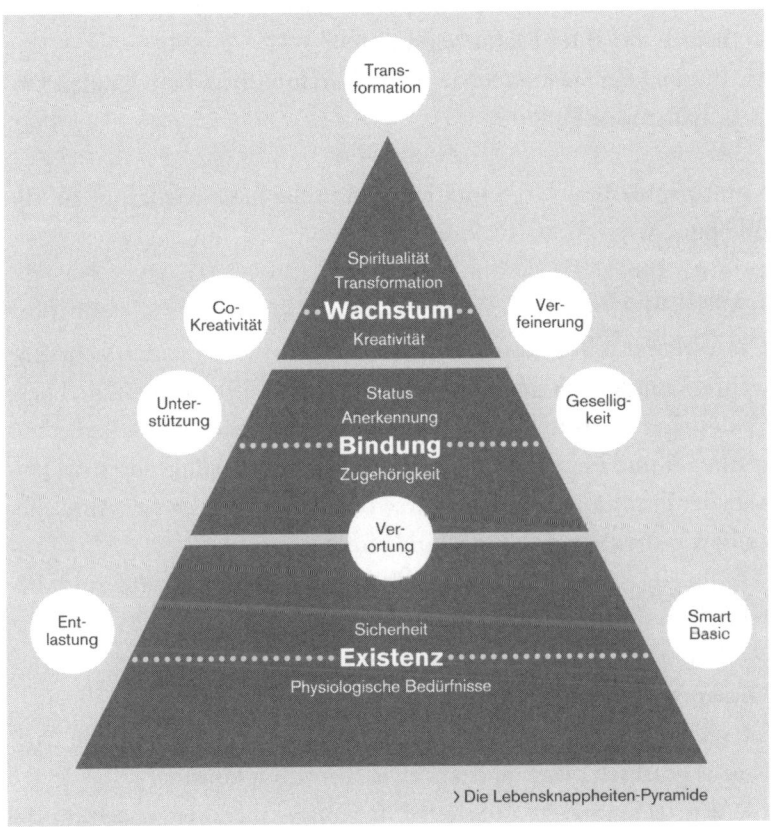

> Die Lebensknappheiten-Pyramide

181

Was ist voller an Werten und daher wertvoll in einer Gesellschaft, die schon alles hat, als Aufmerksamkeit, Anerkennung, Gemeinschaft, Liebe, Authentizität (Echtheit) oder Unterstützung in der eigenen Lebensentwicklung? Dafür werden Konsumenten auch in Zukunft bereit sein, viel bis ein Vielfaches zu investieren. Damit sind diese Gebiete für eine Marke in Zukunft besonders attraktiv.

- Welche dieser Lebensknappheiten können Sie für Ihre Marke künftig nutzen oder noch stärker ausspielen?
- Welche der oben beschriebenen Lebensknappheiten und Best Practices können Sie für sich und Ihre Marke nutzen?
- Wie können Sie zum Beispiel aus einer Kombination Ihrer Marken-Meme mit dem Thema pro-kreativer Konsum profitieren?
- Wie lassen sich «Deep Support»- oder Verortungskonsum-Elemente mit Ihrer Marke verknüpfen?
- Entwickeln Sie eine Smart Basic Variante Ihres bestehenden Geschäftsmodells.

Sammeln Sie Ihre Ideen und reduzieren Sie diese wiederum auf die drei besten.

2.4 Kulturcodes

Die Welt der teil- und unbewussten Codes ist aus meiner Sicht eine wahre Wundertüte an potenziellen Markendifferenziatoren. Diese Codes sind noch nicht sehr stark in der praktischen Markenarbeit verbreitet und bieten somit ein echtes Differenzierungspotenzial jenseits der Funktion einfacher Nutzen-Motive und kreativer Anreicherung wie etwa «cool», «jung» und «frech».

Es gilt dabei, mindestens die drei im Kapitel Kulturcodes beschriebenen Ebenen zu unterscheiden:

Die archetypischen Codes
Sie haben für alle Menschen Geltung, auch wenn sie sich je nach Kultur gesellschaftlich leicht anders ausprägen können.

Wie in Kapitel 5 (ab Seite 139ff.) ausgeführt, bieten sich für die

Markenarbeit die dargestellten Archetypen (siehe Grafik) als Arbeitsgrundlage und Raster an. Diese zwölf universellen Archetypen charakterisieren unsere wesentlichen Handlungs- und Wunschmuster. So wäre es zum Beispiel gleichzeitig einfach und potenzialstark, eine Finanzmarke, die meist nur über Zinsen und Konditionen Differenzierung sucht, mit dem Archetypus «Helden» aufzuladen, so wie es die quirin bank zeigt, um dadurch den Kunden quasi aus den Fängen der alten Privatbanken zu befreien.

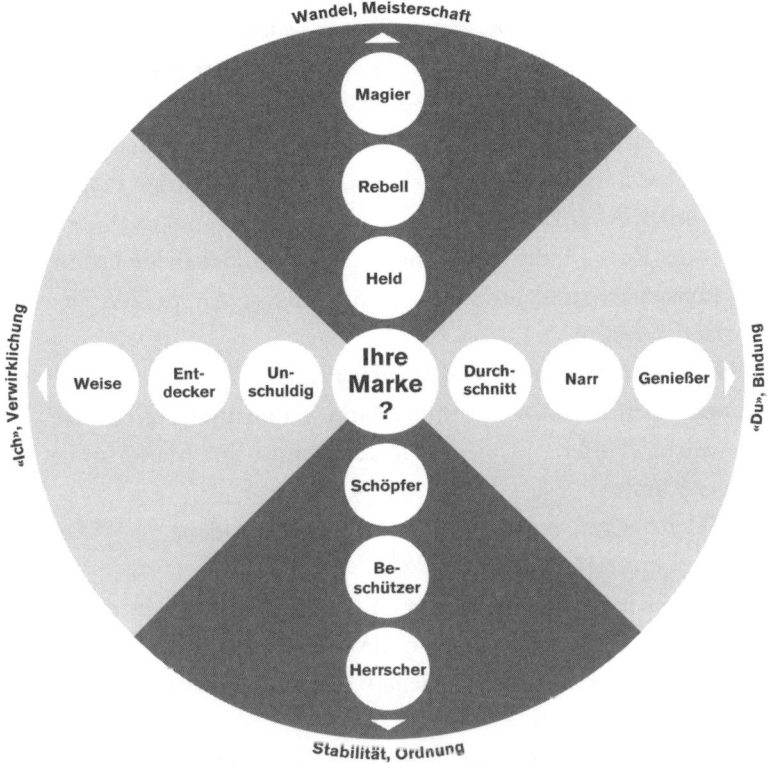

Quelle: Adaption von Carol S. Pearsons
«The Hero and the Outlaw»

> Die zwölf universellen kulturellen
Archetypen und ihre Codes für Marken

Stellen Sie sich hierzu zwei Fragen:
- Welche dieser generellen Archetypen werden heute schon in Ihrer Marke unbewusst oder bewusst ausgedrückt?

183

- Wie können Sie in Zukunft diese oder andere Archetypen als un- oder teilbewusste Differenziatoren für sich und Ihre Kunden (stärker) nutzen?

Länder und Kulturcodes

Die kulturspezifischen Codes unterscheiden sich je nach Sitten und Gebräuchen.

Analysieren Sie als Erstes, ob Sie aus der Herkunftsregion, aus dem Land oder dem europäischen Kulturkreis Werte, Rituale, Fertigkeiten zur Differenzierung in Ihrem Markt nutzen können. Im Maschinenbau ist ein «Made in Germany» immer noch ein Mehrwert. Auch innerhalb eines Landes bewirkt die lokale und nationale Herkunft einen Differenziator, der bis zu 20 Prozent Preispremium erzielen kann. Bedenken Sie zweitens, welche kulturellen Prägungen und Vorbehalte in den von Ihnen ausgewählten Ländern Ihrem Produkt oder Ihrer Marke entgegenschlagen, und suchen Sie Lösungen, um konstruktiv und produktiv damit umzugehen. Stellen Sie sich hierzu die Fragen:

- Welche spezifischen Länder- oder Kulturcodes wollen oder können Sie in Zukunft mit Ihrer Marke glaubwürdig verbinden?
- Welche «Funktion» oder Rolle übernimmt Ihre Marke im Leben der Kunden?
- Welche negativen Vorurteile sind zu überwinden?

Um alle Fäden zusammenzuziehen, stellen Sie sich nun die Frage:
- Welcher Archetyp oder welche Mischform wird durch Ihre Marke ausgedrückt und welche Funktion erfüllt er für Ihre Kunden?
- In welcher Markengeschichte können Sie ihn ausdrücken und erlebbar machen?
- Welche länderspezifischen Kulturcodes müssen Sie beachten?
- Wie können Sie Ihre Markenstilistik dementsprechend anpassen?
- Wie können Sie die Archetypen stärker in den entscheidenden Kunden-Kontaktpunkten dramatisieren?

Branchencodes und Erwartungen an Produktleistungen
Welches sind die generellen Erwartungen Ihrer Kunden an die Produktkategorie? Gibt es sie im jeweiligen Land? Kennt zum Beispiel der Japaner Kaffee und wofür und wann verwendet er ihn? Gerade in jungen, aufstrebenden Ländern, in denen gewisse Produkte sich noch nicht allgemein eingebürgert haben, gilt es, die Vorbehalte oder Alternativprodukte gut zu analysieren. Formulieren Sie nun Ihre BrandFuture-Idee, die Sie aus diesem Schritt entwickelt haben.

2.5 Das Unbekannte: Benchbreaking statt Benchmarking

Die Marken, die wir am meisten bewundern, werden gerne auf jeder Markenkonferenz und bei Vorträgen als Beispiele verwendet. *Sorry, to say it again* – Apple, Starbucks, Ebay, Dell, Nike, Fielmann oder Virgin haben alle eines gemeinsam: Es ist ihnen gelungen, mit ihrer Marke einen neuen Markt und neue Segmente zu schaffen oder zumindest in eine eigene und damit auch neue Markenmarktnische vorzudringen. Wie haben sie das geschafft?

Es handelt sich meist um keine Konzernmarken, sondern sie werden von starken Unternehmerpersönlichkeiten wie etwa Steve Jobs (Apple), Michael Dell (Dell), Howard Schultz (Starbucks) oder Pierre Olimar (Ebay) geführt. In allen erwähnten Fällen verfügen die Unternehmensverantwortlichen über fundierte Markt- und Markenführungskenntnisse und -talente, aber auch über viel unternehmerischen Mut und einen konsequenten Umsetzungswillen. Zweiteres ist elementarer Teil des Erfolgsgeheimnisses.

In vielen Konzernen fällt es schwer, die häufig rein zahlen- und marktforschungsgetriebenen Entscheider dafür zu gewinnen, einen noch nicht existierenden Markt mit einer neuen Marken- und Produktidee zu erschließen, weil diese neuen Märkte und neuen Marktdimensionen mangels Existenz und Erhebbarkeit in Marktforschungen logischerweise negativ abschneiden. Ein positives Ergebnis ist kaum erzielbar, da sie von heutigen Kunden noch nicht gekannt und daher auch höchst selten als relevant erachtet werden. An dieser Stelle liegt Neuland, das es für Markenstrategen und innovative Köpfe zu entdecken und erobern gilt.

Erfolgreiche markenkonzeptuelle Neuschaffungen, diese wirklich bahnbrechenden Ventures, resultieren immer aus unternehmerischer Überzeugung und einem entsprechenden Engagement, Idee zu tragen, weiterzuentwickeln und zum Erfolg zu führen. Andernfalls wäre ein Erfolg gar nicht, verspätet oder bei Wettbewerben eingetreten.

Systematisch die alten Pfade verlassen

Nicht jeder Unternehmer verfügt über visionäre Eigenschaften oder kann auf Menschen mit solchen Eigenschaften zählen. Dennoch gibt es Mittel und Wege in Form von konkreten Fragestellungen und Hilfsmitteln, mit denen systematisch – und damit für Entscheider belegbar – ungedachte Märkte und disruptive Geschäftsmodelle entwickelbar sind.

Bisherige Branchenspielregeln lassen sich auf den Kopf stellen. Mit so genannten «Out of the box»-Markenkonzepten lassen sich neue Regelwerke mit hohem Potenzial entwickeln. In den letzten Jahren entstand einige interessante Literatur zu diesem Thema (siehe Anhang). Ausdrücklich hinweisen will ich dabei auf Clayton M. Christensen und «The Innovators Solution», die «Blue Ocean Strategy» von W. Chan Kim und «The Ten Faces of Innovation» von Tom Kelly, dem innovativen Kopf der Designfirma Ideo.

Alle disruptiven «Break Through»-Markenstrategien haben eins gemeinsam: Sie stellen das bestehende Denksystem, die bestehenden Spielregeln, Marktsegmente und Annahmen in Frage und führen genau dadurch zu neuen Wertschöpfungspotenzialen.

Als Konsequenz daraus lässt sich eine wichtige Handlungsmaxime für Markenentscheider ableiten. Benchbreaking statt Benchmarking. Benchmarking heißt bekanntlich, Best Practices zu vergleichen, angefangen bei Geschäftsmodellen über Prozesskosten bis hin zu Effizienzkennzahlen, wie sie mittlerweile in allen Industrien weit verbreitet sind, und zu versuchen, diese allenfalls in einer oder ein paar Kommastellen zu übertreffen. Konsequentes Benchmarking ist notwendig und auch sinnvoll. Als Folge werden Sie für Ihre Kunden aber auch immer austauschbarer, da sich alle am «Role Model» der entsprechenden Industrie messen und somit eine Orientierung längerfristig wiederum nur über den Preis dauerhaft stattfinden kann.

Selbstverständlich sollen Sie auch weiterhin Benchmarking betreiben. Zielen Sie aber nur darauf, Ihre Effizienz im Wettbewerb zu messen, statt sich den Wettbewerbern am Markt anzugleichen. Immer wichtiger wird, sich radikal von anderen zu unterscheiden.

Analysieren Sie zu diesem Zweck systematisch die Geschäftsmodelle in Ihrem Markt und versuchen Sie, diese dort innovativ zu durchbrechen, wo aus Ihrer Sicht ungedachte Markt- und Wertschöpfungsfelder liegen. Schauen Sie sich hierfür die wirklichen Erfolgsmodelle der heutigen Zeit an, wie beispielsweise die vertikale Textilhandelskette Hennes & Mauritz, die es geschafft hat, die Spielregeln einer Branche auf den Kopf zu stellen. Weitere Benchbreaker sind die bereits erwähnten Unternehmen Starbucks, Dell oder Amazon. Amazon ist nicht zufällig einer der weltweit am schnellsten wachsenden Retailer. Schließlich bewiesen sie als Erste, dass ihr personalisierter Weiterempfehlungsverkauf auf Basis modernster Web-2.0-Technologien im Sinne der Bewertung durch Käufer, Verkäufer und Kommentatoren erfolgreich funktioniert.

Einer der wenigen deutschen Benchbreaker stellt die Optikerkette Fielmann dar, die es geschafft hat, schöne Brillengestelle zum Nulltarif anzubieten, und dadurch bis heute einen Marktanteil von nahezu 50 Prozent generiert. Wirkliche Durchbruchstrategien sind in Deutschland leider immer noch eher selten, da die Unternehmens- und Managementkultur nach wie vor sehr rational absichernd agiert und relativ wenig unternehmerischen Wagemut an den Tag legt.

Entwickeln Sie Ihre eigene Benchbreaking-Strategie

Was sind die wesentlichen Fragestellungen und Tools, um eine eigene Benchbreaking-Strategie zu entwickeln?
- *Negative Vorurteile:* Sammeln Sie alle negativen Vorurteile, die Kunden, aber auch Lieferanten über Ihre Branche haben, und versuchen Sie daraus Ideen zu entwickeln, wie Sie diese negativen

Vorurteile durch neue Produkt-, Service- und Leistungskonzepte widerlegen können. Fragen Sie beispielsweise nach den wesentlichsten negativen Vorurteilen gegenüber Handwerkern, fallen Ihnen Unpünktlichkeit, Nichtlieferung der versprochenen Leistung, überteuerte Rechnungen und schmutzig hinterlassene Wohnungen ein. Kehren Sie diese Vorurteile ins Positive und bauen daraus eine neue Handwerkermarke, die zum Festpreis eine garantierte Leistung abliefert und dann noch die Wohnung sauberer hinterlässt, als sie vorgefunden wurde. Unter der Bedingung der Leistungseinhaltung wird sie sicherlich auch mit einer sehr hohen Weiterempfehlungsrate rechnen können.

- *Kundenträume:* Die andere zentrale Überlegung besteht darin, zu erkennen, wie sich Ihre Kunden (oder auch noch Nichtkunden) die Traumlösungen in Ihrem Markt vorstellen, welche Produkte und Services, Erlebnisse sie sich wünschen, sie erwarten und welche davon heute noch nicht erfüllt sind. Diese Traumlücken bieten ein weiteres Wertschöpfungspotenzial, für das Sie sich überlegen sollten, wie Sie es mit bahnbrechenden neuen Leistungen mit Ihrer bestehenden Marke oder einer neuen Marke ausschöpfen können.

- *Mitbewerberschwächen:* Wo hat Ihr Mitbewerber Schwachstellen, die Sie nutzen können, um ihn weiter zu schwächen?

- *Out of the box:* Lernen Sie von Theo Albrecht, Steve Jobs, Walt Disney, Howard Schultz und anderen. Hinterfragen Sie Ihre Branche grundlegend, indem Sie einzelne Themenbereiche anderer Erfolgsunternehmen und deren Prinzipien genau unter die Lupe nehmen und diese auf die eigene Marke und Branche anzuwenden versuchen. Stellen Sie sich die Frage, wie beispielsweise Steve Jobs von Apple Ihre Marke führen würde. Konkret heißt das: Er würde sicherlich sehr viel Wert legen auf das Kriterium «easy to use», einfache Benutzerführung in Kombination mit extremer Designorientierung und einer fast diktatorischen Abgrenzung von Mitbewerbern.

Was könnten Sie von Walt Disney lernen, wenn Sie das Markencredo «Family, Fun, Entertainment» auf Ihre Branche zuschneiden würden? Wie würden die Gebrüder Albrecht das Aldi-Prinzip auf Ihre Branche anwenden?

Diese Reihe können Sie beliebig fortsetzen. Wenn Sie die jeweils relevanten Erfolgsfaktoren herauskondensieren, können Sie bei Hunderten von Unternehmen aus anderen Branchen praxisnahe Inspiration finden, wie Sie Ihre eigene Branche oder einzelne Marktsegmente neu formatieren und dominieren können. Alle so genannten Billigfluglinien wie EasyJet, Ryanair oder Air Berlin haben das Aldi-Prinzip auf den Flugverkehr angewandt. Damit haben sie ein schnell wachsendes Marktsegment geschaffen, auf dessen Basis sie nun wiederum anfangen, neue Service- und Designelemente einzuführen, wie beispielsweise Jet Blue in USA im Sinne des *Cheap Chic* relativ günstige Flugpreise mit gutem Service und schickem Design kombiniert. Somit rollen sie den Markt von unten neu auf.

- *Disruptiv:* Das geflügelte Wort von den «disruptiven Geschäftsmodellen» prägte Clayton M. Christensen in seinem Buch «The Innovators Solution». Ein disruptives Geschäftsmodell greift im Wesentlichen den bestehenden Markt mit Hilfe neuester Technologien meist von unten her an. Dadurch wird ein bisher nicht existierendes Marktsegment erschaffen, in das die etablierten Marktteilnehmer aufgrund ihrer bestehenden (Kosten-)Strukturen nicht profitabel eingreifen können beziehungsweise sich bis anhin als zu schwerfällig erwiesen haben, um tatsächlich eingreifen zu können. Zu den berühmtesten disruptiven Geschäftsmodellen gehören alle Online-Broker und Direktbanken wie beispielsweise die ING-DiBa im Finanzdienstleistungsbereich, die durch extreme Automatisierung und Standardisierung zur schnellstwachsenden Bank in Deutschland für Privatkunden wurde und heute bereits über fünf Millionen Kunden betreut.

Welche Märkte eignen sich denn für disruptive Geschäftsmodelle? Zwei wesentliche Fragen muss man sich stellen, um zu sehen, ob ein Markt «disruptierbar» ist.

- *Unterbediente Kunden:* Die erste Frage lautet: Gibt es eine unterbediente oder nicht bediente Kundengruppe, die heute noch keinen Zugang zum entsprechenden Markt hat? So gab es beispielsweise noch vor kurzem viele Nicht-Flieger, die aufgrund der günstigen Konditionen von den Transportmitteln Bahn oder Bus umsteigen und ihre Ferienziele schneller und einfacher mit German Wings, Air Berlin oder anderen kostengünstigen Airlines erreichen.

- *Überbediente Kunden:* Die gegenteilige Frage dazu ist: Gibt es eine überbediente Kundengruppe? Viele Kunden in der mobilen Kommunikation sehnen sich im Angebotsdschungel nach einem simplen Tarif. Diese Gruppe ist dankbar, dass disruptive Modelle wie etwa Simyo und andere Discount-Telefon-Provider ihnen eine «basic»-Dienstleistung zum unkomplizierten «Klar-Tarif» anbieten. Märkte, die sich für disruptive Modelle eignen, stellen meist gesättigte Märkte dar, in denen es durch Innovation kaum oder nicht mehr gelingt, sichtbare Wertschöpfung und -steigerung zu erzielen. Deshalb sind Kunden auch immer weniger bereit, für nicht wahrnehmbare Mehrwerte nicht nachvollziehbare Preissteigerungen und Premiumzuschläge in Kauf zu nehmen, wie es beispielsweise in der Finanzdienstleistungsbranche üblich ist. Solche Märkte sind reif für disruptive Angreifer, wie sie im Direktversicherungssegment heute schon sehr erfolgreich tätig sind und wie auch der große Erfolg der Gratiskreditkarten von Migros und Coop in der Schweiz beweist.

Was ist nun Ihr disruptives Geschäftsmodell, Ihre nicht- oder unterbediente Kundengruppe? Oder gibt es überbediente Kundengruppen, die sich nach einfachen Problemlösungen, nach einfachen Tarifen und unkomplizierter Abwicklung sehnen?

Wenn Sie für Ihre Arbeit die einzelnen Fragen dieses Kapitels noch einmal systematisch durchgehen, lassen Sie sich zunächst auf diejenige ein, die Ihnen am sympathischsten und am einfachsten für Sie anzuwenden ist. Jede von ihnen wird Sie auf ein anderes neues und ungedachtes Markt- und Markenfeld lenken und Ihnen ermöglichen, eine bahnbrechende BrandFuture-Idee zu entwickeln. Auch hier ist es – wie nach jedem Brainstorming – wiederum sinnvoll, sich auf die drei attraktivsten, revolutionärsten Optionen und Ideen zu konzentrieren. Die folgende Grafik soll Ihnen dabei helfen.

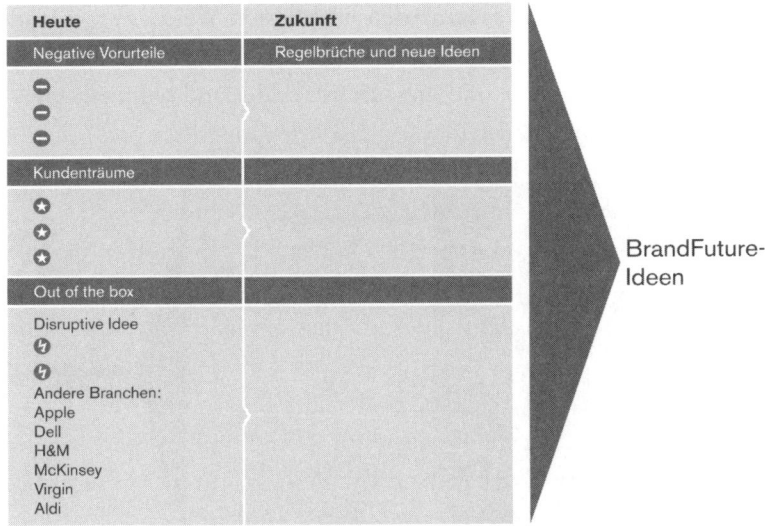

> Das Unbekannte – «Benchbreaking»

Stellen Sie sich dabei die Frage, in welcher Option Sie innerhalb der größten Marktkategorie die Nummer eins werden können. Mit welcher Option können Sie mit Ihren Kompetenzen und Ihrer Marke diesen Markt am leichtesten erobern?

BrandFuture Space: Machen Sie den Wettbewerber irrelevant und schaffen Sie neue Nummer-eins-Positionen

Sie sehen: Es gibt viele Hunderte von Möglichkeiten, eine Marke zukunftsfähig zu machen, ohne den Preis senken oder eine kreative Kampagne ohne neue Leistungsinhalte zur Erneuerung der Marke schalten zu müssen. Gehen Sie noch einmal durch Ihre Ideensammlung, die sich aus den Fragestellungen Kundenevolution, Megatrends, Lebensknappheiten, Kulturcodes und Benchbreaking ergeben, und beachten Sie: Die Schlüsselworte für Markenerfolg sind radikale Differenzierung und Nummer-eins-Position.

191

Diese erreichen Sie, wenn Ihre Wettbewerber Marken irrelevant machen und neue Felder in den oben genannten Zukunftsdimensionen besetzen. Nutzen Sie dazu die folgende Grafik und Checkliste «BrandFuture Space». Gehen Sie die fünf Dimensionen nochmals durch. Schreiben Sie die durch den wichtigsten Wettbewerber und die Branche besetzten Positionen in der linken Spalte ein und suchen bewusst neue unbesetzte und ungedachte Felder und Nummer-eins-Positionen für Ihre Marke.

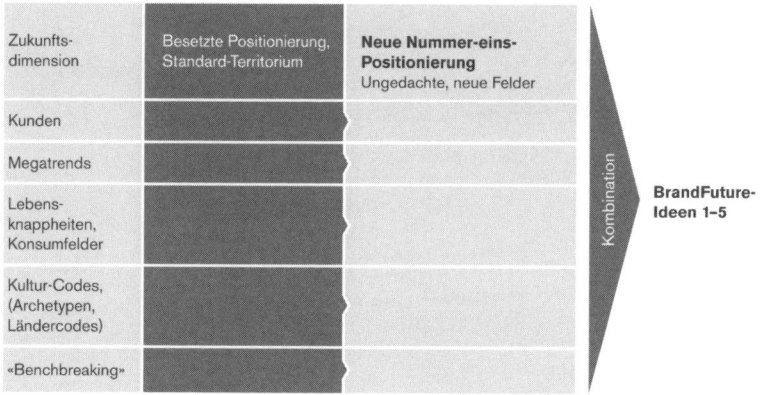

> BrandFuture-Space: neue Nummer-eins-Positionierung

Aus diesen neuen Positionen und Feldern können Sie nun Ihre BrandFuture-Ideen kombinieren. So können Sie sicher sein, eine neue Nummer-eins-Position gefunden zu haben und den Wettbewerb abgehängt zu haben.

Eine Nummer-eins-Position ist eine aus Kundensicht nachvollziehbare Position, in der Sie der erste sind und nicht die Nummer zwei oder drei. Wie wichtig das ist, habe ich schon in meinen Geboten beschrieben. Es ist besser, Weltmeister der Herzen zu sein, als dritter der WM. In welcher Kategorie sind Sie die Nummer eins? Schaffen Sie sich eine neue, wenn Sie es noch nicht sind. Maßstab dafür ist: Der Kunde sollte die Position verstehen (Denkschublade), sie sollte möglichst groß sein, in was auch immer (Umsatz, Anzahl Kunden, Volumen, teuerster Preis…). Sie könnten für eine Kundengruppe («Frauen»), ein Marktsegment, eine Herstellungsform («ethisch einwandfrei»), Darreichungsform («To-Go»), ein geografisches Gebiet («Europa»), eine Produktkategorie oder eine Kombination daraus die Nummer eins sein.

Zusammenfassende Sammlung der BrandFuture-Ideen
Schreiben Sie Ihre besten fünf Ideen in die folgende Liste und verdichten Sie diese zu klaren Markenoptionen. Eine Markenoption enthält in der Minimalform Folgendes: Geben Sie ihr einen treffenden Namen, der die Kernaussage griffig und kreativ zusammenfasst. Beschreiben Sie dazu kurz: Mit welchen einzigartigen Werten oder Wertkombinationen bieten wir in welcher Kategorie welchen Kunden welche spezifische und differenzierende, einzigartige Leistung an?

BrandFuture-Idee 1:

BrandFuture-Idee 2:

BrandFuture-Idee 3:

BrandFuture-Idee 4:

BrandFuture-Idee 5:

3. Marken-Fokussierung

Aus den Megatrends, den Zukunftsmärkten und den weiteren hier vorgestellten Innovationsmethoden haben Sie nun mit gezielten Fragestellungen viele BrandFuture-Ideen entwickelt. Nun gilt es, die robusteste daraus auszuwählen und zu einer Markenidee zu verdichten.

Ideenselektion oder «Darwin's Choice»

Nachdem Sie Ihre drei bis fünf BrandFuture-Ideen zu klaren Optionen zusammengefasst haben, geht es in der folgenden Phase darum, diese systematisch zu bewerten. Das heißt konkret, sie sowohl auf markenspezifische Faktoren zu testen als auch klassische betriebswirtschaftliche Dimensionen wie Ertrag, Return on Investment und Risiko mit einzubeziehen und dabei auch übergeordnete evolutionäre Selektions- und Erfolgsmechanismen zu berücksichtigen.

Sie erleben es in Ihrer Praxis sicherlich häufig, dass die in einem Brainstorming zusammengetragenen, vielversprechenden Ideen entweder gar nicht oder nur unzureichend nach Bauchgefühl oder ausschließlich nach rein betriebswirtschaftlichen Kriterien bewertet werden. Markenentscheidungen sind immer langfristige Entscheidungen mit großer unternehmerischer Tragweite. Deswegen haben wir uns entschlossen, ein einfach anwendbares Bewertungstableau zu entwickeln, das alle entscheidenden Kriterien der strategischen Markenführung inklusive der sieben Gebote für die Markenführung umfasst: Spezifik, Kundenrelevanz, Differenzierung, Nummer-eins-Position, Sexiness, Trend-Fitness und Vernetzbarkeit.

Hiermit finden Sie die evolutionären Selektionsfaktoren kombiniert mit genereller Anpassungsflexibilität und dem Plattformeffekt, auf den ich später noch etwas näher eingehen werde. Sinn und Zweck einer Marke ist ausschließlich, den Unternehmenswert zu steigern, indem sie sowohl durch Weiterempfehlung oder *Line Extensions* das Wachstum fördert, durch Preis-Premium und Widerkaufsraten den Ertrag steigert und durch Markenstärke die unternehmerischen Risiken der Diversifikation und Produktneueinführung reduziert. Da eine Marke und die Markeninnovation den Unternehmenswert steigern sollten, muss also jede Idee auch auf die drei klassischen Unternehmensbewertungskennzahlen Wachstum, Ertrag und Risiko abgeglichen werden.

Sehen wir uns die markenrelevanten Selektionskriterien auf der Grundlage der sieben Gebote (siehe ab Seite 30) an:

- *Spezifisch:* Prüfen Sie, ob Ihre BrandFuture-Idee zu den bisher

194

herausgearbeiteten Markenkernwerten passt und ob Ihre Idee von Ihrem Unternehmen unterstützt und gefördert wird. Je besser Ihre Zukunftsidee den positiven Vorurteilen und der Generik Ihrer angestammten Marke entspricht, desto größer ist die Chance, dass sie ein Erfolg wird. Beachten Sie hierbei auch die Markengrenzen. Falls Sie diese überschreiten, ist zwingend notwendig, eine neue Marke oder zumindest eine assoziative Markenarchitektur wie unterstützte Dachmarken- oder Subbrand-Strategien zu wählen.

- *Relevanz:* Eine wirklich gute Idee ist keinesfalls darauf konzentriert, unwichtige Kundenbedürfnisse im Sinne eines *Nice-to-have* zu befriedigen oder alten Wein in neuen Schläuchen zu präsentieren, sondern Sie sollten sich auf wichtige Bedürfnisse, Wünsche und Träume der Kunden konzentrieren, die entweder bisher gar nicht oder untererfüllt wurden.

- *Differenzierung:* Ist Ihre Idee eindeutig nachvollziehbar anders, differenzierend zum bestehenden und zukünftigen Wettbewerb? Setzen Sie auf die relevanten Aha-Faktoren und nicht auf Narrengold.

- *Nummmer-eins-Position:* Gelingt es Ihnen sogar, in Ihrem angestrebten Marktsegment einzigartig zu sein und damit die Nummer eins zu werden? Dann lohnt es sich, diese Idee weiter zu verfolgen.

- *Sexiness:* Ist Ihre Idee so attraktiv und begeistert sie die Leute so, dass sie «Wow» sagen und das Produkt und die Marke besitzen wollen? Enthält sie den so genannten Begeisterungsfaktor? Überzeugt sie durch Neuigkeit, Schönheit, Einfachheit oder durch elegante Erfüllung eines bisher unerfüllten Bedürfnisses oder einer unbefriedigten Kundengruppe? Dann hat Ihre Idee Wachstumspotenzial.

- *Trendfit:* Wird Ihr Produkt, Ihre Markenidee, Ihre Leistung von wesentlichen Trends gestützt? Kommt sie zur rechten Zeit? Ist sie angepasst beziehungsweise fit für die veränderten Wertvorstellungen, Lebensformen und damit auch Konsumentenwünsche? Dann kann sie auch erfolgreich auf den Trends surfen und mit

geringer Kraft im Sinne eines Fließens in und mit gesellschaftlichen Entwicklungen weiter stark wachsen.

- *Vernetzbar:* Ist Ihre Idee leicht multiplizier- und übertragbar? Ist
  sie einfach zu verstehen? Verursacht sie keine Komplexitätskri-
  sen? Kennen Sie die Multiplikatoren für diesen Markt?

Diese Faktoren der evolutionären Gebote stellen die wesentliche
Grundlage einer markenstrategischen Bewertung Ihrer BrandFuture-Ideen dar.

Der Plattform-Effekt

Der Plattform-Effekt ist möglicherweise das erklärungsbedürftigste
und gleichzeitig auch ein sehr entscheidendes Kriterium. Stellen Sie
sich evolutionäre Entwicklungen im Sinne von Gebirgslandschaften
vor: Wenn Sie eine Produktnische besetzen, die hohe Ein- und Aus-
trittsbarrieren hat, sitzen Sie sozusagen mitten in einer Schlucht und
können in dieser gedeihen, aber auch nicht darüber hinauswachsen.
Größere Märkte sind größere Täler, die das Potenzial haben, sich mit
anderen Tälern zusammenzuschließen und dadurch zu einem größeren Massenmarkt auf der freien Ebene zu werden. So kann man sich
zum Beispiel die Konvergenz der Telekommunikationsindustrie, der
Unterhaltungselektronik und der Informationstechnik als das Zusammenlaufen dreier großer Täler zu einer immensen Hochebene
vorstellen, die sich von dort aus wiederum in viele kleinere Täler ver-
zweigt.

Stellen Sie sich die Frage: Gelingt es mir mit unserer ausgewählten Idee, für uns eine neue Plattform zu schaffen, mit der wir in neue
Produktgruppen investieren und weiter wachsen können? Apple hat
es beispielsweise mit dem iPod und iTunes als Plattformstrategie geschafft, vom PC-Segment in die Unterhaltungsindustrie einzudrin-
gen und auch dort in einzelnen Segmenten die Führung zu übernehmen. Das ist eine wahre Plattform-Idee. Während die Firma auf dem
Computermarkt nur drei bis fünf Prozent des Marktes ausmacht,
sind es bei den digitalen *Music Players* rund 70 Prozent.

Wenn es Ihnen mit Ihrer Idee nur gelingt, das bestehende Geschäft in den bestehenden Märkten und Nischenpositionen evolutionär weiterzuentwickeln, dann hat Ihre BrandFuture-Idee einen geringen Plattform-Effekt. Ein hoher Plattform-Effekt hat den Vorteil, dass Sie von dort aus viel größere Wahlmöglichkeiten haben, auf Basis der neuen Plattform in neue Geschäftsfelder, neue Marktnischen vorzudringen und sich dadurch neue Wachstumsmöglichkeiten zu erschließen.

Es ist eine Lebensweisheit erfolgreicher Investoren, nicht alle Eier in einen Korb zu legen, sondern möglichst diversifizierend zu investieren, um flexibel auf sich verändernde Marktgegebenheiten reagieren zu können. So ist es für Sie als Markenstratege auch sinnvoll, mehrere BrandFuture-Optionen an den Markt zu bringen und nicht alles auf eine Karte zu setzen. Vermeiden Sie ein hohes unternehmerisches und markenstrategisches Risiko. Stellen Sie sich die Frage, ob Sie durch die Umsetzung Ihrer Idee Ihre unternehmerische und markenstrategische Flexibilität erhöhen. Je höher diese ist, umso besser können Sie sich an veränderte Rahmenbedingungen anpassen, Marktschwankungen in einem Bereich durch andere Erfolge kompensieren und somit Ihre Robustheit in Ihrem Markt und Ihrem Unternehmen deutlich erhöhen.

Kriterien der Unternehmensfinanzierung (Corporate Finance)

Der Unternehmenswert wird im Wesentlichen durch die Kombination der Werttreiber Ertrag (meist EBIT als Gewinn vor Zinsen und Steuern), der Umsatzwachstumsrate in den nächsten drei bis fünf Jahren und dem Risikofaktor, zusammengesetzt aus Marktrisiko, Unternehmensrisiko, Kostenstruktur- und Finanzierungsrisiko berechnet. Sie sind zwar kein Investmentbanker, sollten aber Markenentscheidungen immer auf ihre Wirkkraft auf den Unternehmenswert prüfen. Ich empfehle Ihnen daher eine Bewertung Ihrer BrandFuture-Idee anhand dieser drei Kriterien.

- *Wachstum:* Wie beurteilen Sie die Wachstumschancen Ihrer BrandFuture-Idee? Wie ist die Wettbewerbsdichte? Ist der Markt groß genug? Können Sie ihn erschließen oder ist er schon besetzt?
- *Ertrag:* Gelingt es Ihnen, ein Preis-Premium durch Ihre BrandFu-

ture-Idee durchzusetzen, weil Sie als Pionier oder als Qualitäts-
oder Leistungsführer *top of the market* sind? Oder ist die Idee darauf angelegt, den Markt als disruptiver Spieler wie EasyJet, Aldi
oder andere von der Kostenseite her anzugreifen? Dann verzögert
sich Ihr Weg in die Profitabilität, sofern er gelingt.

- *Risiko:* Risikomanagement und Risikobeurteilung sind Gegen-
  stand zahlreicher Bücher. Ich empfehle Ihnen zu prüfen, ob Ihre
  Idee zu Ihrer Unternehmenskultur passt, ob ausreichend Investi-
  tionsmittel vorhanden sind und ob Sie über genug talentierte
  Mitarbeiter verfügen, die diese Idee in ihrer operativen Machbar-
  keit als Projekt pilotieren und zum Erfolg führen.

In der folgenden Grafik sind diese Faktoren nochmals zusammengefasst. Tragen Sie in die linke Spalte Ihre BrandFuture-Ideen ein und
gehen Sie diese mittels der Bewertungskriterien durch.

	BrandFuture-Ideen	Idee 1 (0–3)	Idee 2 (0–3)	Idee 3 (0–3)	Idee 4 (0–3)
Die sieben Grundgesetze	Spezifik				
	Relevanz				
	Differenzierung				
	Sexiness				
	Nr. 1				
	Trendfitness				
	Vernetzbarkeit				
Corporate Finance	Wachstumspotenzial				
	Ertrag				
	Risiko				
Evolution	Plattformeffekt				
	Ideenkategorie defensiv, evolutionär, revolutionär				
	Summe				

0 = nicht vorhanden, 1 = leicht ausgeprägt, 2 = gut ausgeprägt, 3 = sehr stark ausgeprägt

> Darwin's Choice

198

Ich empfehle Ihnen, alle Bewertungskriterien von null bis drei zu skalieren, wobei null der negativste Wert und drei der herausragendste ist. Am Schluss addieren Sie Ihre Bewertungen zu einer Summe. Damit können Sie am Ende eine BrandFuture-Idee qualifiziert als Sieger auswählen.

Wichtig ist, dass Sie mit Ihrem Marken- oder Management-Team beurteilen können, wann etwas beispielsweise nicht zur bestehenden Marke passt oder nicht spezifisch genug ist. Verwerfen Sie diese Option sofort. Führen Sie ebenfalls keine Ideen fort, die für Kunden nicht relevant sind und mit denen man sich auch am Markt nicht attraktiv differenzieren kann.

Je häufiger Sie diese Methodik anwenden, für die ich vor allem auch die Form von Gruppendiskussionen empfehle, desto klarer und erfahrener werden Sie im Umgang damit und desto klarer können Sie durch die multidimensionale Perspektive dieses Selektionstools Ihre Wahl substanziell begründen. Je nach Größe der Gruppe und Anforderung dauert die Auswahl von drei bis fünf Ideen mit Hilfe dieses Darwin'schen Tableaus zwischen drei und fünf Stunden. Ein weiterer wesentlicher Vorteil dieses Tableaus besteht darin, dass Sie sich mit Ihrem Team gemeinsam mit einem Entscheidungsprozess auseinandersetzen und dadurch die Betroffenen auch zu Beteiligten machen. Entscheidungen werden transparent.

Robuste Markenfamilie

Robustheit ist das Schlüsselwort für eine Spezies. Eine robuste Spezies lebt nicht nur von einer Monokultur und stirbt, wenn diese Nische weg ist, sondern sie ist in der Regel anpassungsfähig, flexibel und kann schnell in neue Nischen vordringen.

Ähnlich besitzen robuste Marken eine breite Ausstrahlungskraft und können mit ihren Werten in neue Märkte eindringen. Große differenzierte Dachmarken wie Nivea, Milka und Nestlé machen es vor. Sie erschließen immer wieder neue Marktnischen mit Subbrands und spezifischen Zusatzleistungen. Sie nutzen dabei die Kraft ihrer Dachmarke, um neue Nischen zu erobern. Gleichzeitig laden sie mit diesem strategischen Vorgehen auch die Dachmarke auf der

Leistungsebene auf, wodurch es ihnen gelingt, diese zu modernisieren und zukunftsfähig zu halten.

Die einfachste Markeninnovation findet immer unter dem Dach einer bestehenden Marke statt, da diese das vorhandene Vertrauen und die Kundenvorurteile nutzen kann. Ich nenne diese Art der Innovation eine *evolutionäre* Markeninnovation.

Eine *revolutionäre* Markeninnovation in neue Geschäftsfelder oder Produktnutzungskategorien setzt meist eine neue Marke oder zumindest eine starke Subbrand mit oder ohne *Endorsement* beziehungsweise Unterstützung durch die bestehende Marke voraus. Dies muss aber auf den Einzelfall heruntergebrochen werden. So ist Nespresso, die aktuelle Nummer eins unter den «Premium-Convenience-Espressos», eine starke Subbrand mit schwachem Endorsement durch Nestlé. Auf der anderen Seite bildete zum Beispiel Apple iPod eine Subbrand mit starkem Endorsement von Apple, da sie die strategische Funktion einer Speerspitze innehatte.

Der iPod war sozusagen eine Fitnessplattform für Apple, um im Bereich digitaler Lifestyle und Entertainment den Durchbruch nach oben zu schaffen. Durch diesen erfolgreichen Innovationsanker hat sich Apple vom Nischencomputerhersteller zur führenden Marke des digitalen Lifestyles entwickelt und heißt jetzt nicht mehr «Apple Computer», sondern «Apple Inc.».

Entscheidend ist es letztlich, dass eine Markenfamilie eine robuste Gemeinschaft von strategischen Markenpopulationen enthält, die flexibel, offen und anpassungsfähig sind für Trends, die zudem für den Kunden verständlich sind und dessen relevante mentale Kategorien berücksichtigen. Deswegen ist es notwendig, das Thema Robustheit zu berücksichtigen und ein ausgewogenes Markeninnovationsportfolio zu entwickeln. Setzen Sie also nicht alles auf eine Karte. Mit einer spekulativen Strategie könnten Sie mit hoher Wahrscheinlichkeit scheitern.

Das robuste Marken-Innovationsportfolio

Das BrandFuture-Innovationsportfolio, inspiriert durch Eric D. Beinhocker («The Origin of Wealth») klassifiziert Ihre Ideen in drei evolutionäre Kategorien (siehe Grafik unten):

- *Defensive Marken-Innovation,* das heißt, dass Sie Ihre bestehende Marke schützen. Man nennt diese Innovationsform auch «Adaptive Walk», da sie eine eher passive Anpassung an veränderte Umstände darstellt. Erleichtern oder verbessern Sie zum Beispiel die Anwendung Ihres Produktes, drücken es klassisch nach dem Motto «Wäscht jetzt ultra-weiß statt super-weiß» aus, dann wenden Sie eine defensive Marken-Innovation an.

- *Evolutionäre Marken-Innovation,* das heißt, Sie führen Ihre bestehende Marke im Sinne einer Line Extension, einer Kundensegmentserweiterung, einer Leistungsergänzung oder eines neuen Marketingkonzeptes im bestehenden Markt fort. Dies stellt einen so genannten «Short Jump» in der Fitnesslandschaft dar, bei dem Sie die Markenwerte und Kompetenzen dazu benutzen, um zum Beispiel eine neue Produktlinie für Frauen oder eine «Basic Ver-

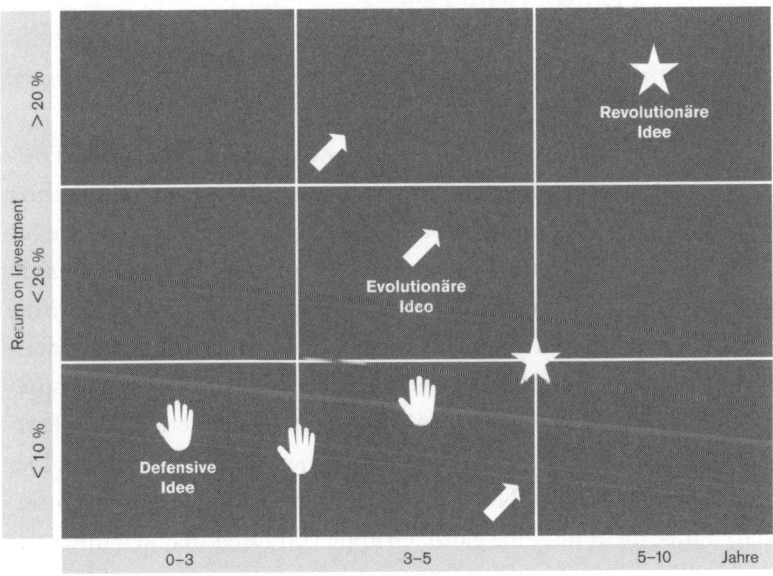

> Markeninnovationsportfolio

sion» für die neue globale Mittelklasse auf den Markt zu bringen (Nokia mit dem Einfachhandy).

- *Revolutionäre Marken-Innovation,* das heißt, Sie führen eine neue Marke ein, um in ein unbekanntes Markt- oder Kundensegment eintreten zu können. Dieser «Long Jump» in der Fitnesslandschaft birgt das größte Risiko, aber beinhaltet oft auch das größte Wachstumspotenzial. Typische «Long Jumps» sind Zukäufe von Geschäftsfeldern in anderen Branchen, so wie die Stahlindustrie Ende der 1980er-Jahre kollektiv in den Mobilfunk oder in die Boombranche Tourismus eingestiegen ist. Meist entwickelt man dazu neue Marken, da man die alten Werte und Kompetenzen für die neuen Märkte und Segmente nicht nutzen kann.

Ordnen Sie alle Ihre Ideen einer dieser drei Kategorien zu. Bewerten Sie dann jede Idee im zweiten Schritt hinsichtlich der zeitlichen Dimension bis zum Break Even und ordnen Sie einen Zeitraum zu: von null bis drei Jahren, von drei bis fünf Jahren oder fünf bis zehn Jahren. Diese zeitliche Erwartung wird gekoppelt mit dem geschätzten Return on Investment mit Ihrem internen erwarteten Ertrag und Risikozinssatz. Ordnen Sie Ihre Ideen dann wie im folgenden Beispiel in die Neun-Felder-Matrix ein:

Im Sinne einer ausgewogenen robusten Brand-Innovation-Portfolio-Struktur ist es empfehlenswert, einige Ideen zum Schutz Ihrer bestehenden Marke zu haben und dazu genauso viele Ideen, wie Sie Ihre Marke evolutionär weiterentwickeln können. Es empfiehlt sich, maximal eine oder zwei Ideen zu verfolgen und umzusetzen, die wirklich revolutionär sind. Aus meiner Sicht sollte sich jedes Unternehmen ein revolutionäres Projekt leisten und dem Budget entsprechend am Markt allein oder gemeinsam mit einem erfahrenen Partner pilotieren und so evolutionär dazulernen und sich erneuern. Der deutsche Finanzriese ING hat mit der Umsetzung seiner revolutionären Idee nicht nur eine ganze Gruppe von Direktbanken unter der Marke ING-Direct gegründet, um das Banking auf neuer Ebene zu erfinden und dabei einen neuen Markt zu erobern, sondern sichert mit diesem Schachzug gleichzeitig ein Stück die Robustheit seiner Markenfamilie zukunftssicher ab und zieht zugleich auch eine innovative Unternehmenskultur und neues junges Management-Know-how an.

Marken-Innovations-Management

Zukunftsfähige Markenunternehmen können und müssen es sich leisten, ein systematisches Marken-Innovations-Portfolio zu führen. Das Marken-Innovations-Portfolio hat den Vorteil, dass es die defensiven, evolutionären und revolutionären Ideen in ein übersichtliches Denkschema zusammenfasst und eine ausbalancierte Innovationspolitik ermöglicht. Dieses Vorgehen bewahrt davor, alles auf eine revolutionäre Karte zu setzen oder, im anderen Extrem, nur defensive Markenkosmetik zu betreiben. Die beste Innovationspolitik hat der Systemtheoretiker Heinz von Förster einmal treffend in einem Satz zusammengefasst: «Handle stets so, dass weitere Möglichkeiten entstehen.» Das Brand-Innovations-Portfolio wird Ihnen hierbei sehr nützliche Dienste erweisen.

Robuste Markenarchitektur

Um Ihr Markenportfolio zu stärken, ist es essenziell, eine optimale Markenarchitektur zu entwickeln. Die Markenarchitektur – das heißt die horizontale und vertikale Ausrichtung Ihrer Marken, die Grenzen und Verbindungen zwischen ihnen – sollte so strukturiert sein, dass sich die Marken auf der einen Seite intern stützen und fördern und auf der anderen Seite Wettbewerbsbarrieren nach außen aufgebaut werden, um so den Unternehmenswert insgesamt zu maximieren.

Dies gelingt unter anderem durch Einfachheit, Prägnanz und kulturelle Kodierungen sowohl in der Namensgebung wie auch in der visuellen Darstellung nach außen. So sind kurze Namen besser als lange oder spezifische Eigennamen. Zudem sollten vertikale, leistungsbasierte Grenzen zwischen den verschiedenen Preisleistungskategorien klar ersichtlich sein. Die Kategorien von BMW 1–7 sind zum Beispiel klarer zu unterscheiden als die vielen unterschiedlichen

Namen bei Opel, Ford oder Renault. Welcher ist nun wertiger und gehört zu welcher Submarke?

Des Weiteren sollten Kundennutzungskategorien nicht vermischt werden. Und hier gilt: Der Kunde legt die Kategorie fest, nicht das Unternehmen. Was ist eigentlich ein Multimedia-Unternehmen? Hüten Sie sich vor der Überdehnung einer Marke in Nutzungs-, Kunden- oder Produktbereiche, die für den Kunden nicht nachvollziehbar sind. Es ist eminent wichtig, dass unter einer Marke dieselben Werte, dieselbe «One Word Equity» und die gleichen Markengrenzen berücksichtigt und ausgestrahlt werden. Ist das nicht der Fall, dann ist es zielführender, eine neue Sub-Marke oder bei Verlassen der Nutzungskategorie eine neue Marke zu gründen, allenfalls mit Unterstützung durch die bestehende Dachmarke, wenn eine Verbindung aufgrund der Kategorie, der generellen Werte wie Vertrauen, Größe oder Kompetenz Sinn macht. Deshalb ist der Mini ein Mini und kein BMW.

Markenarchitektur ist ein komplexes Thema, das im Rahmen dieses Buches nur andiskutiert werden kann. Eine der zentralen Erkenntnisse daraus ist aber offensichtlich: Eine gute Markenarchitektur ist eine Phalanx gegen Wettbewerber, eine Werte-Plattform für innovative *Line Extensions* und ein sich unterstützendes Gebilde, das die Werte und Leistungen einer Markenfamilie effizient in Szene setzt.

Wo, bitte, geht's zur besten Brand?

Nachdem Sie aus Ihren vielen BrandFuture-Optionen mit Hilfe der «Darwin's Choice»-Checkliste (Seite 198) die beste und robusteste Idee ausgewählt haben, gilt es nun, diese sowohl zu verdichten und auf ihre attraktive Spitze zu treiben als sie auch ein Stück weit zu versinnlichen, damit sie intern wie extern spür- und kommunizierbar wird. In der Praxis hat sich hierfür ein vierstufiger Prozess sehr gut bewährt.

Markenvision oder das «Brand Manifesto»

Für die Umsetzung Ihrer noch abstrakten BrandFuture-Idee besteht die erste Aufgabe darin, diese auf eine klare Markenvision oder ein klares *Brand Manifesto* zu bringen. Die großen Philosophen der Welt, angefangen mit Moses, der das gelobte Land ausrief, um die Israeliten zu einem beschwerlichen Marsch zu motivieren, über Friedrich Nietzsche, der sagte: «Wer das Warum kennt, erträgt fast jedes Wie», bis hin zur jüngeren Management-Literatur wie zum Beispiel Peter M. Senge in «Die fünfte Disziplin», wissen alle, dass die Grundlage für jede Motivation und Begeisterung ein klares, attraktives Zukunftsbild darstellt. Denn es spricht Menschen direkt an. Es weckt Emotionen und stiftet den Sinn, den wir für unser Handeln brauchen, um auf sie zu fokussieren und motiviert in Aktion treten zu können.

Formulieren Sie Ihre Markenvision mit maximal 20 bis 30 Worten. Bringen Sie sie so auf den Punkt, dass Sie sie innerhalb einer Minute Ihrem Vorgesetzten, Kollegen oder Ihren Shareholdern vortragen und sie damit begeistern können. Sie verfolgen das Ziel, dass die Geschäftsleitung Ihnen das Budget für Ihre Idee gerne bewilligt und sich sogar persönlich an deren Umsetzung beteiligt. Drücken Sie hierfür Ihre *big idea,* die alles entscheidende und einzigartige Idee für Ihre Marke, in einem Satz aus. Ihre Markenvision sollte folgende Inhalte umfassen:

- Wählen Sie zuerst das konkrete Datum aus, an dem sich Ihre Vision verwirklicht haben soll, um einen motivierenden und anspornenden Zeitpunkt für alle zur Erreichung der Vision vorzugeben.
- Wählen Sie dann die Kategorie aus, in der Sie eine Nummer-eins-Position einnehmen wollen.
- Definieren Sie, was Sie einzigartig machen und vom Wettbewerb differenziert wird.
- Formulieren Sie einfach, umgangssprachlich, emotional und verständlich, für welche Kunden Sie welchen konkreten Nutzen bieten und welche Markenwerte, kulturellen Ideen und Überzeugungen Sie dazu befähigen.
- Formulieren Sie es motivierend und faszinierend und leicht weitererzählbar, sonst funktioniert die Weitergabe der Idee nicht.
- Erzählen Sie eine «Heldengeschichte» von Herausforderung,

Aufbruch und Lösung des Problems durch Ihre Marke als Held und beschreiben Sie, wie die Welt um Ihre Marke herum aussieht und wer von ihr profitiert. Nutzen Sie dazu Traumerfüllungsszenarien, «wie Sie den Kunden ihre Träume erfüllen», oder kriegerische Szenarien, «wie Sie einen Wettbewerber oder das Establishment besiegen und dabei etwas Gutes für die Kunden tun».

- Test: Erklären Sie es einem zehnjährigen Kind. Versteht es, was Sie meinen?

Einzigartigkeitsstatement

Im zweiten Schritt gilt es, Ihre Markenvision zu einem Einzigartigkeitsstatement zu kondensieren. Dieses wird Sie mit Hilfe der folgenden fünf Fragen dabei unterstützen, Ihre Brand Vision beziehungsweise Markenvision noch stärker auf den Punkt zu bringen.

- *Wo* beziehungsweise in welcher Kategorie sind Sie die einzige Marke?
- *Was* bieten Sie als einzige Marke besonders *differenzierend* an? (Nutzen, *benefit*)
- Für *wen*? (Kundengruppe)
- *Warum* ist sie etwas Besonderes? (Problemlösung, Traumerfüllung)
- *Womit*, mit Hilfe welcher Markenkernwerte, Leistungen, Ideen und so weiter werden Sie dieses Markenversprechen einlösen? («Reason to believe»)
- Optional: Was bieten Sie nicht? (Grenze)

Als Beispiel hiefür eignet sich TUMI als die international führende Marke für exklusive Reise-, Business- und Lifestyle-Accessoires.

- Wo: Im Markt der Reisetaschen …
- Was: … ist sie die einzige, die beste Marke, die weiche, robuste und funktionelle Reisetaschen anbietet.
- Für: … anspruchsvolle (Business)-Reisende.
- Warum: Funktionale Reisetaschen waren bisher fest, sperrig, schwer und nicht schön.
- Womit: Einzigartige Produkte durch Engagements für hervorra-

gende Ausführung (Garantie), funktionelle Überlegenheit und technische Innovation und gutes Design.

Positionierungsidee oder Ihre markenstrategische Nummer-eins-Position

Auf Basis des Einzigartigkeitsstatements können Sie nun Ihre zukünftige BrandFuture-Positionierungsidee ausformulieren. Diese Positionierungsidee besteht aus einem kurzen Satz, im Englischen vom Markendesigner Marty Neumeier sehr schön zu dem Wort «Trueline» verdichtet. Der Satz sollte kurz und prägnant Ihre Besonderheit, Ihre Einzigartigkeit ausdrücken. Damit haben Sie den markenstrategischen Zukunftscode für Ihre Marke auf den Punkt gebracht, aus dem sich dann alle künftigen Aktivitäten, alle Dramatisierungen, alle Geschichten, alle Touchpoint-Ideen ableiten lassen.

Diese «Trueline» ist keinesfalls mit der so genannten «Tagline» oder dem Claim zu verwechseln. Die Trueline ist – um in der Sprache der Software-Entwickler zu sprechen – eine Art interner Marken-Source-Code, aus dem dann der Claim und die Tagline für die externe, öffentliche Kommunikation abgeleitet werden. In der Trueline sollte Ihre «One Word Equity», das heißt der spezifische «Einwortwert» als das Besondere an Ihrer Marke, die große Markenidee, als das, wofür Sie stehen, was Sie Besonderes leisten, zum Ausdruck kommen. Die Trueline soll einfach verständlich und emotional inspirierend sein und Aufforderungscharakter haben. Bekannte Truelines sind zum Beispiel von Bill Gates: «We create information at one fingertip» oder «Wir schaffen Fahrfreude» von BMW.

Im letzten Schritt dieser Phase können Sie nun aus der Trueline – mit oder ohne Agentur – Ihre so genannte Tagline beziehungsweise Ihren Claim ableiten. Damit formulieren Sie das, wofür Sie stehen, so wie Sie es extern kommunizieren wollen. Adidas will die weltweit führende Sportartikelmarke werden, drückt das mit der Tagline «Impossible is nothing» auch auf der Produktebene aus und zeigt, wie man alles erreichen kann und Adidas dabei hilft. Audis Ziel war, die besten Autos mit innovativem Design und neusten Technologien zu bauen; das Unternehmen hat das sehr passend mit «Vorsprung durch Technik» ausgedrückt. Weitere Beispiele bekannter Taglines:

- Apple: Think different
- Dresdner Bank: Die Berater Bank
- Nike: Just do it
- Nokia: Connecting People
- Ikea: Wohnst Du noch noch oder lebst Du schon?
- UBS: You & Us
- Red Bull: Verleiht Flüüügel
- Allianz: Hoffentlich Allianz versichert
- Toyota: Nichts ist unmöglich

Vermeiden Sie schwer verständliche Taglines, wie zum Beispiel Jaguars «Life by Georgeous», die dann mit «Leben in Georgien» statt «prächtig leben» übersetzt werden, oder Vodafone mit «Make the most of now», die mit «Mach keinen Most daraus» gemeinhin übersetzt wird, statt mit «Mach das Meiste aus dem Augenblick». Recht verfremdet ist auch Douglas' «Come in and find out», was im Deutschen häufig auch als «Komm rein und finde wieder raus» missdeutet wurde. Das weist uns darauf hin, dass Sie im internationalen Umfeld besonders sorgsam an einer Tagline arbeiten müssen; wenn sie nämlich in die jeweilige Landessprache heruntergebrochen wird, sollte sich ihr Inhalt nicht verändert haben.

Wechseln Sie eine Tagline auch nicht mit jeder Kampagne, sonst prägt sie sich nicht ein. Auch wenn es Spaß macht, Taglines zu entwickeln.

Durch diesen vierphasigen Prozess haben Sie nun Ihre BrandFuture-Idee entwickelt und aus dem Abstrakten in eine konkrete Markenvision versinnlicht. Daraus haben Sie Ihr Einzigartigkeitsstatement markenstrategisch verdichtet, in Ihrer Trueline überzeugend zusammengefasst und in Ihrer Tagline kurz und eingängig für die externe Kommunikation ausgedrückt. Diesen gesamten Prozess finden Sie in folgender Grafik noch einmal übersichtlich zusammengefasst.

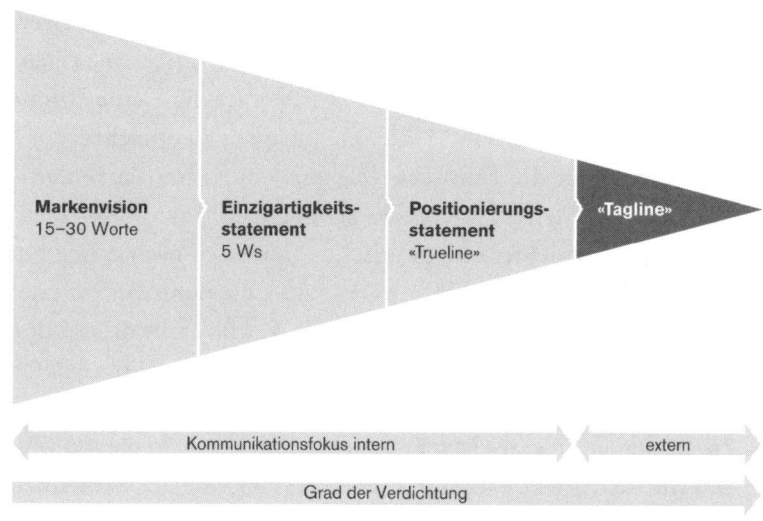

Markenvision	Einzigartigkeits-	Positionierungs-	«Tagline»
15–30 Worte	statement	statement	
	5 Ws	«Trueline»	

Kommunikationsfokus intern _____ extern

Grad der Verdichtung _____

> Die vier Elemente der BrandFuture-Idee

4. Markenerfahrungsdesign: Wie Sie eine einzigartige Erfahrung aufbauen

Nachdem Sie Ihre Markeninnovationsidee im Einzigartigkeitsstatement verdichtet und über die Trueline und Tagline sprachlich ausgedrückt haben, ist es entscheidend, diese Idee für Ihre Kunden, für Ihre Fans und für Ihre Interessenten erfahrbar zu machen. «Wie man sich gibt, so ist man, und wie man ist, so gibt man sich», sagt Otl Aicher.

Das heißt: Es geht darum herauszuarbeiten, über welche generellen stilistischen Elemente Sie Ihre Marke ausdrücken.

Markenstilistik: Der eigensinnige Stil Ihrer Marken

Um eine Marke mit allen fünf Sinnen erlebbar zu machen, eignen sich folgende stilistischen Elemente. Entscheidend ist hierbei, dass Sie eigensinnig sind (und sich nicht durch Trends «dressieren» lassen) und Ihren Charakter attraktiv, zeitgemäß und differenzierend ausdrücken und damit eine klar erkennbare Rolle in Ihrer Branche besetzen.

- *Farbe:* Die Farbe ist ein sehr dominantes und wesentliches Element für die Wiedererkennung einer Marke. Sowohl Autovermietungen und Tankstellen haben es geschafft, durch eine eigensinnige und differenzierende Farbkodierung eine hohe Wiedererkennbarkeit und Unterscheidbarkeit zu erreichen.

  Was wäre denn die Deutsche Telekom ohne ihre Markenfarbe Magenta, mit deren Hilfe es ihr gelingt, sich trotz unterschiedlicher Geschäftsfelder und politischen Interessen nach außen hin einheitlich darzustellen? Was wäre Coca Cola ohne ihr Rot oder UPS ohne das charakteristische Braun? Welche Farbe drückt Ihre Werte und Ihre Positionierung am besten aus und ist zugleich von Wettbewerbern noch nicht besetzt?

- *Form:* Die Form einer Marke ist aus sinnlicher Sicht ebenso zentral wie der Aspekt Farbe. In unserer immer visueller werdenden Kultur sind Schlüsselbilder ein wesentliches stilprägendes Element. Angefangen vom Marlboro-Cowboy über die lila Kuh von Milka, das grüne Becks-Schiff bis zu den weißen Kopfhörern eines iPods sind Schlüsselbilder das wesentliche Element, das sowohl Wiedererkennbarkeit als auch komplexe Werte und archetypische Bedeutungen ausdrücken kann. Denken Sie dabei an spezifische Formgebungen, wie es etwa Porsche mit dem charakteristischen Heck oder BMW mit dem typischen Kühler geschafft haben. Oder führen Sie sich vor Augen, wie die schlanke Form einer MagLite (Taschenlampe) hohe Wiedererkennbarkeit gewährleistet.

  Symbole wie das McDonalds-«M», das Lacoste-Krokodil, der Nike-Swoosh oder der Apfel von Apple können bei dichter und selbstähnlicher Verwendung beim Betrachten sämtliche Markenassoziationen auslösen.

- *Persönlichkeit:* Eine weitere Möglichkeit, die Marke auszudrücken, ist, entweder eine echte Unternehmerpersönlichkeit wie Klaus Hipp, Steve Jobs oder Rheinhold Würth als Markenbotschafter auftreten zu lassen oder künstliche Markenpersönlichkeiten zu schaffen wie Meister Proper oder auch das Michelin-Männchen.

- *Sound und Geruch:* Wie hört sich Ihre Marke an? Wie riecht sie? Noch unterschätzte stilistische Elemente sind Markensound und -geruch. Markensound können Sie sowohl in klassische Werbung auf Ihrer Website, in der Telefonschleife, als Klingelton oder als Backgroundmusik bei Events als einzigartiges Markenelement etablieren. Die wohl bekanntesten Markensounds sind die Klänge beim Hochfahren von Windows bei PCs, der Sound der Telekom oder die rückwärts gespielten Herztöne bei Audi. Insbesondere im Handel, in der Gastronomie und in der Kosmetik ist ein markenspezifischer Geruch ganz entscheidend, um die Kunden sowohl in Hochstimmung zu versetzen als ihnen auch einen vertrauten Geruch bei der Anwendung zu gewährleisten. Man denke zum Beispiel an den typischen Geruch von Nivea-Cremes, der die verschiedensten Produktgruppen durchzieht.
- *Rituale:* Eine der erfolgreichsten Markeneinführungen der letzten Jahre gelang Pringles Chips von Procter & Gamble, die letztlich über das «Ploppen» ihrer Verpackung ein einzigartiges Ritual in ihrem Segment geschaffen haben. Auch das typische Ritual, bei der Tupperware mit einem «pfft» die Luft herauszulassen, ist ein kennzeichnendes Markenelement.
- *Geschmack:* Nach was schmeckt Ihre Marke? Ist sie so stark und so frisch wie Fisherman's Friends? Hat sie die süßlich-bittere Charakteristik von Guiness-Bier? Oder schmeckt sie generell nach Mayonnaise und Ketchup wie alle Gerichte von McDonalds? Oder nach Gummibärchen wie Red Bull?
- *One Word Equity:* Ein ganz wesentliches Element der Markenführung ist die so genannte «One Word Equity». Das bedeutet, dass sich eine Top-Marke auf ein einziges Wort reduzieren lässt. Volvo steht für «Sicherheit», BMW für «Freude», GoreTex für «trocken», Walt Disney für «Spaß», Mercedes nach wie vor für «Qualität» und Red Bull für «thrill». Welches Wort assoziiert man sofort mit Ihrer Marke? Dieses Wort muss sich in jeder Kommunikation, in jedem Kundenkontaktpunkt erfahrbar wiederfinden. Denn ein Volvo, der nicht sicher ist, ist kein Volvo. Eine GoreTex-Membrane, die nicht trocken hält, ist keine GoreTex. Und

ein Walt-Disney-Film, der keinen Spaß macht, ist kein Walt-Disney-Film.

- *Rhythmus:* Ein oft unterschätztes stilistisches Element ist der Rhythmus einer Marke. Hennes & Mauritz haben den Rhythmus des Textilhandels von den gängigen vier Jahreszeiten der Mode auf 24 Modezyklen beschleunigt, und das mit durchschlagendem Erfolg. Die «Mon Cheri»-Kirsche gibt es nur zur besonderen Erntezeit der Piemont-Kirsche, die es in der Realität übrigens gar nicht gibt. Diese Bezeichnung wurde im Sinne eines eigenen Rhythmus erfolgreich geschaffen. Das private Handelsblatt von Ebay tickt im Sekundentakt von «3 ... 2 ... 1 ... meins». Und Jack Daniels reift in Tennessee jahrelang vor sich hin. Haben Sie eine charakteristische Jahreszeit oder einen besonderen Rhythmus, der Ihre Marke einzigartig ticken lässt?
- *Haptik:* Wie fasst sich Ihre Marke an? Etwa schmeichelnd weich wie Toilettenpapier von Charming? Oder ist sie so kuschelig wie mit Perwoll gewaschen? Oder fühlt sie sich soft an wie die Zewa Softis?

Analysieren Sie zur Optimierung Ihrer stilistischen Elemente zuerst Ihre vorhandenen Elemente nach diesen Kategorien. Überlegen Sie sich dabei, wie Sie Ihre neue Positionierung, Ihr Einzigartigkeitsstatement glaubwürdig und selbstähnlich mittels stilistischer Elemente verstärken und sich dadurch gleichzeitig noch differenzierter von Ihren Mitbewerbern abheben können. Kondensieren Sie Ihre Ergebnisse zu den wichtigsten drei stilistischen Elementen, die Sie besitzen und dominieren können.

Kundenkontaktpunkte: Markenerfahrung oder das Ende der fünf Marketing-Ps

Eine Marke ist die Summe der positiven Vorurteile, die Kunden von ihr im Kopf haben. Diese Vorurteile entstehen aus der Summe aller Erfahrungen, die sie mit dieser Marke machen. Und sie machen diese Erfahrungen im Wesentlichen nicht in der Werbung, sondern in der Anwendung und Nutzung eines Produktes oder einer Dienstleistung. Das heißt, eine Marke ist umso erfolgreicher, je besser es ihr gelingt, spezifische, relevante und differenzierende Markenerfahrungen an allen Kontaktpunkten bei dem Kunden herzustellen. Damit sind wir also nicht mehr die Manager der von innen nach außen gedachten fünf Marketing-Ps: Product, Placement (Distribution), Price (Preis), People (Mitarbeiter) und Promotion (Kommunikation). Stattdessen sind wir dazu aufgefordert, systematisches Markenerfahrungsdesign von außen nach innen zu betreiben und das Marketingdenken auf die entscheidenden Markenkontaktpunkte und Kundenerfahrungen auszurichten. Wie erreichen Sie das?

Lassen Sie uns eine Markenkontaktpunkt-Analyse vornehmen. Eine Marke ist dann eine starke Marke, wenn es ihr gelingt, dem Kunden ihre spezifischen Werte und Leistungen sinnlich erfahrbar zu machen. Dabei gibt es unterschiedliche Herangehensweisen. Aus unserer Sicht hat sich die Dreiteilung des Kundenkontakt-Prozesses bewährt:

- *Vorverkaufserfahrung:* Die Vorverkaufserfahrung ist ein Prozess, der oft bei der klassischen TV-, Radio- und Print-Werbung beginnt. Oder man versucht, den potenziellen Kunden die Marke, Dienstleistungen und Produkte über Direktmarketing-Aktionen und Events näher zu bringen. Dann informieren sich die Kunden auf der Online-Plattform, auf der Homepage des Unternehmens genauer und vertiefen im Callcenter oder im persönlichen Beratungsgespräch diese Information.

- *Kauferfahrung:* Nach einem erfolgten persönlichen oder telefonischen Beratungsgespräch kauft der Kunde entweder direkt online, per Telefon, via Geschäftsstelle oder Outlet und macht an diesem *Point of Sales* seine spezifische Erfahrung, bei der er sich wahrscheinlich mit einem Verkäufer oder Berater austauscht, um weitere Informationen zu den Besonderheiten der Marke oder des Produkts zu erhalten. Wenn er überzeugt ist, wird er daraufhin seine finale Kaufentscheidung treffen, einen Vertrag abschließen und die Zahlung leisten, um dafür die Ware mit nach Hause zu nehmen oder geliefert zu bekommen.

- *Nachverkaufserfahrung:* Der Kunde beginnt, die Marke zu nutzen, wobei er durch einen After-Sales-Prozess weiter informiert und in der Benutzung unterstützt werden möchte. Dies ist aus unserer Sicht der wesentlichste Kundenkontaktpunkt. Ein guter Kunde möchte für seine Loyalität und für seine Kraft oder seinen Willen, das Produkt, die Marke weiterzuempfehlen, belohnt werden. Aus strategischer Sicht ist es daher wichtig, ihm als nächsten Schritt eine neue Produktinnovation derselben Marke anzubieten und dadurch nachhaltig an die Marke zu binden.

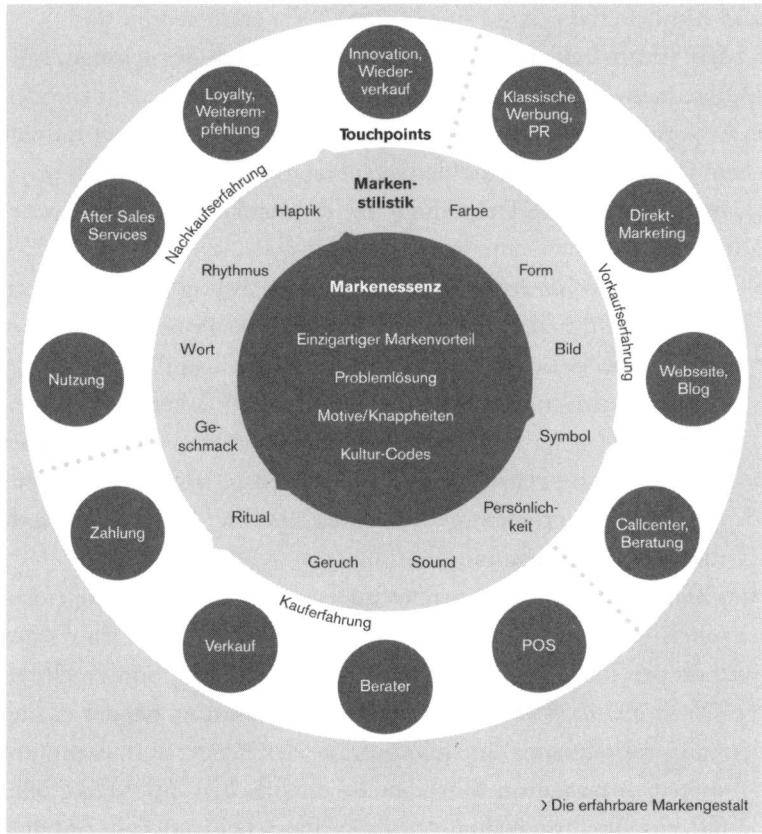

> Die erfahrbare Markengestalt

Diese drei Phasen mit den zwölf generellen Markenkontaktpunkten (siehe Grafik) sollten Sie im ersten Schritt systematisch verinnerlichen und sich die Frage stellen, wie Sie es an diesen Kontaktpunkten schaffen, Ihre Markenessenz, Ihre Markenpersönlichkeit, systematisch dem Kunden gegenüber auszudrücken. Folgende Fragen können Ihnen dabei behilflich sein:

- Haben Sie besondere Werbekonzepte entwickelt, mit denen Sie besonders erfolgreich sind oder die mittlerweile typisch und markenbildend für Ihr Unternehmen sind?
- Wie schaffen Sie es, Ihre Marke an Events sichtbar zu machen?
- Wie vermittelt Ihre Website Ihre Markenpersönlichkeit, und wie leicht ist es für die Kunden, dort mit Ihnen in Dialog zu treten?
- Wie machen Sie heute im ersten Beratungsgespräch das Besondere Ihrer Marke für den Kunden erfahrbar?
- Wie ist Ihre Shop-Gestaltung? Wie unterscheidet sich Ihr *Point of Sales* von demjenigen der Mitbewerber?
- Haben Sie einen systematischen oder besonderen Beratungsprozess? Wie einfach sind der Kauf- und der Zahlungsprozess?
- Wie machen Sie Ihre Marke in der Nutzung erlebbar? Wie ist Ihr *After Sale Service*?
- Haben Sie ein besonderes Loyalitätsprogramm? Wie bieten Sie Ihren Kunden innovative Leistungen zum Wiederkauf an?

Nachdem Sie die zwölf Markenkontaktpunkte analysiert haben, reduzieren Sie Ihre Ergebnisse auf die drei aus Ihrer Sicht wichtigsten Kundenkontaktpunkte und die drei wesentlichen besonderen Erfahrungen, mit denen es Ihnen bisher gelungen ist, ein einzigartiges Erfahrungsprofil aufzubauen. Alternativ können Sie ein Brainstorming über die wesentlichen Kontaktpunkte aus Kundensicht durchführen. Nach meiner Erfahrung ist dies der fruchtbarere Ansatz. Nachdem Sie mit diesem Verfahren die wesentlichen Kontaktpunkte definiert haben, wählen Sie die entscheidenden Top fünf-Kontaktpunkte aus, die für Ihre Markenbildung entscheidend sind. Auf dieser Basis gilt es, die Kontakte auf eine markenspezifische Erfahrung hin zu konkretisieren.

Die Grafik «Markengestalt» (Seite 214) zeigt Ihnen noch einmal die Elemente Ihrer Marke, die Sie als eine Art Mantra für Ihre Markendramatisierung verwenden können.

Dramatisierung der Kontaktpunkte

In diesem entscheidenden Schritt geht es darum, für jeden Kontaktpunkt eine typische, einprägende und spezifische Markenerfahrung zu kreieren. Zum einem sollten Sie mit Hilfe der oben erwähnten Kriterien herausarbeiten, wie Sie Ihre Marke durch stilistische Elemente sinnlich stark ausdrücken können. Wie schaffen sie es zum Beispiel durch Rituale, wie eine besondere Begrüßung oder Verabschiedung, eine spezifische Markenerfahrung aufzubauen?

Zum zweiten ist es wichtig, neben dem Ausbau der einzelnen Kontaktpunkte diese auch gut untereinander zu verknüpfen und dabei den Pfad der Echtheit, der Authentizität nicht zu verlassen.

Zudem ist es zentral, im Alltag durch konsequentes «Verhaltenstraining» der Mitarbeiter, Verkäufer und Berater, aber auch durch angemessene Kontrolle an den typischen Markenkontaktpunkten eine dauerhaft dichte und spezifische Markenerfahrung zu gewährleisten. Starbucks hat weltweit das gleiche Ritual bei der Kaffee-Bestellung. Der Kunde bestellt seinen «Double Shot Espresso with Vanilla» an der Kasse und der Kassierer wiederholt dies für den Barista an der Kaffeemaschine, oft mit Namensnennung des Kunden. Der Barista wiederholt dies wiederum in seinem Sing-Sang nochmals. So wird der anonyme Bestellungsprozess zu einem persönlichen Markenerlebnis.

Insbesondere im immateriellen Dienstleistungssektor sind solche Rituale unverzichtbar, um die Marke zu versinnlichen. Die in den ganzen USA tätige IT-Servicemarke Geek Squad mit über 700 Einsatzorten, die PCs und andere IT-Geräte zu Hause oder im Büro repariert, hat ihre IT-Techniker zu so genannten Agenten umbenannt. Sie schwärmen bei Auftrag mit einer Art Polizeimarke, einer Uniform aus weißem Hemd, schwarzer Hose und weißen Socken und einem schwarz-weißen VW-Beetle wie Actionhelden aus, um das Leben der PCs und ihrer Kunden zu retten. Im Web und im TV werden diese Einsätze wie Actionfilme dramatisiert. Sie kommen pünktlich und zum Fix-Preis. Es wäre eine weitere interessante Nummer-eins-Position für alle handwerklichen Berufe, die meist von keinem besetzt wird. Diese spezifische IT-Agenten-Erfahrung und Stilistik ist nicht nur in den USA, sondern wäre auch bei uns einzigartig, emotional bindend und zum Weitererzählen anregend, eine Servicemarke mit StarBrand-Potenzial.

Eine spezifische Markenerfahrung muss nicht zwingend «trendy», sondern in erster Linie glaubwürdig sein und zur Marke passen. Zudem muss sie für den Kunden eine Relevanz haben, soll sich bei der Erfahrung vom Mitbewerber unterscheiden, wiederholbar und weitererzählbar sein.

Sie sollten Ihre fünf wesentlichen Kundenkontaktpunkte studieren, durch die und an denen Sie im konkreten Verhalten Ihre einzigartige Markenidee ausdrücken können und zu Erfahrungen und mittelfristig zu positiven Vorurteilen formen. Wenn Sie diese systematisch mit spezifischen Markenerfahrungen ausstatten und langfristig durchsetzen können, haben Sie die Chance, in den Köpfen der Kunden zu einer starken, robusten StarBrand zu werden. Machen Sie es zum Beispiel wie «Build-a-Bear-Workshop» (siehe Seite 117f.): Zerlegen Sie die einzelnen Prozessschritte, definieren Sie die spezifischen Inhalte und überlegen Sie, welche Sinne Ihrer Kunden Sie dort auf welche Weise ansprechen können. Die folgende Grafik «Markenerfahrungs-Design» (unten) wird Ihnen dabei helfen. Stellen Sie bitte dazu folgende Fragen:

- *Markenidee:* Tragen Sie Ihr Einzigartigkeitsstatement und Ihre True Line ein, die Sie ausdrücken möchten.
- *Priorität:* Welches sind Ihre fünf entscheidenden Kundenkontaktpunkte zur Präferenzbildung und für die Kauf- und Nutzungsentscheidung?
- *Status:* Welche Erfahrung macht der Kunde heute mit Ihnen?
- *Erfahrungsdesign:* Wie können Sie dort Ihr Einzigartigkeitsstatement und Ihre Positionierung sinnlich erlebbar machen?
- *Sicherung:* Und wie gelingt es Ihnen, diese zu stilisieren, ritualisieren und multiplizieren?
- *Steuerung:* Wie kontrollieren Sie die Einhaltung der Vorgaben durch die Vertreter Ihrer Marke?

Einzigartigkeits-statement		Top-5-Touchpoints (Beispiel)	Bisher	Zukunft
> Wo > Was > Für wen > Warum > Wodurch	Trueline — Kundenerfahrung („6 Sinne")	Website		
		Verpackung		
		Produktnutzung		
		POS		
		Loyalitäts-Management		

> Markenerfahrungsdesign

5. Marken-Launch oder wie Sie eine Marke bei Menschen einführen, die gegen Marketing immun sind

Die Erkenntnis, dass in der Konsumgüterindustrie über 75 Prozent aller Markenneueinführungen langfristig scheitern, die Konsumenten mit über 3000 Werbebotschaften pro Tag in Berührung kommen, simple Marketingideen als solche durchschaut werden und die Konsumenten dagegen immun sind, bietet keinen Neuigkeitswert. Nichtsdestotrotz bildet es aber einen wesentlichen Faktor, den es bei der Einführung Ihrer BrandFuture-Idee zu beachten gilt.

Deshalb sollten an diesem Punkt einige Guidelines dazu gegeben werden, wie Sie trotz dieser Schwierigkeiten und Aufmerksamkeitsverweigerungen Ihre Marke erfolgreich platzieren, wachsen und gedeihen lassen können. Die wachsende Wissenschaft der Netzwerktheorien mit ihren prominentesten Vertretern Malcolm Gladwell («Tipping Point»), James Surowiecki («The Wisdom of Crowds») und dem New-Economy-Klassiker Geoffrey A. Moore («Crossing the Chasm») hat gezeigt, wie sich Marken oder kulturelle Ideen in Gesellschaften verbreiten und ab wann eine Idee nicht mehr nur einer kleinen Fangemeinde wie den Software- und Technik-Freaks oder den jeweiligen Innovatoren einer Branche vorbehalten bleibt, sondern sich zu einer wirklich populären Erfolgsgeschichte entwickelt.

Attraktive Marken werden durch verschiedene Kundengruppen und Milieus allein durch Anziehung und Imitation verbreitet und nicht durch Penetration im TV und anderen monologischen Breitbandmedien. Dieses Hinterherlaufen funktioniert nicht mehr, die Menschen orientieren sich an ihrer bewunderten Peergroup, den Schönen und Reichen, oder Snow-Board-Experten oder den Weinkennern, die für ihr Lebens- oder Konsumfeld eine hohe Reputation und Meinungsführerschaft haben. Sie möchten so sein wie sie und werden auf diese hören, wenn sie etwas empfehlen, oder diese imitieren, um so zu sein wie sie, und sich selbst dadurch als Individuum entwickeln und unterscheiden wollen.

Der Marken-Lebenszyklus

Für das Aufzeigen des Evolutionszyklus einer Idee, einer Marke oder eines Produktes hat insbesondere auch der Virusmarketing-Guru Seth Godin einen wesentlichen Beitrag geleistet. Dieser Zyklus weist die folgenden vier Phasen auf, die Sie für sich fruchtbar machen können:

1. Die Seed-Phase

In der Phase der «Samenlegung» gilt es, zuerst die Mitarbeiter, dann die besten Kunden und Multiplikatoren mit einer neuen Idee zu konfrontieren und sie zu einer verschworenen Markengemeinde zu formen. Begeistern und schulen Sie erst die Mitarbeitenden auf die neue Marke. Entwickeln Sie aus jeder Abteilung Markenbotschafter, die den Umgang mit der Marke vorleben, die die Mitarbeiter in der Anwendung und im Transfer der Marke coachen und für die Einhaltung der Markenregeln sorgen. Nach dem Motto «Was innen nicht brennt, kann außen nicht leuchten» ist es hilfreich, kaskadenförmig das ganze Unternehmen zu begeistern und die Marke durch einen «Brand Day» spürbar zu machen. Dabei können Sie Ihren Mitarbeitenden die Möglichkeit geben, kreativ mit der Marke zu arbeiten, zum Beispiel in einem Workshop die wesentlichen Kundenkontaktpunkte markenkonformer zu installieren. Im zweiten Schritt stellen Sie die neue Marke exklusiv Ihren besten Kunden vor und erst im

Anschluss anderen Multiplikatoren wie Presse und Meinungsbild-
nern Ihrer Branche.

2. Die kritische Breeding-Phase

In der zweiten Phase gilt es, die in der ersten Phase infizierten Fans
und Multiplikatoren dazu zu bringen, verbal oder persönlich promis-
kuitiv tätig zu sein und die Marke, die Produktidee, in ihren Communities zu verbreiten. Hierzu eignen sich Journalisten von Leitma-
gazinen, Branchen-Blogger, glaubwürdige Stars, Fan-Communities,
Verbrauchermagazine, aber nicht zuletzt auch die oben beschriebenen «Sneezer», die wie früher die Friseure Ihre Ideen über mehrere
Gemeinschaften hinweg verbreiten. Manipulieren Sie diese aber
nicht, sondern setzen Sie sich mit ihnen authentisch auseinander. Sie
erhalten schnell Feedback, ob Ihre Idee erfolgreich eingeschätzt wird.

Beachten Sie die branchenübergreifende Kraft dieser losen Vernetzungen über die einzelnen Communities hinweg. Wählen Sie zuerst
die Menschen und Medien, die die höchste Anzahl von Verknüpfun-
gen besitzen. Diese «Superhubs» sind Beeinflusser der Gesellschaft
und oft an kreativen Orten, in hochwertigen Design- und Lifestyle-
Magazinen wie «Wallpaper» und «Monocle» und anderen «Leading
Edge»-Publikationen zu finden, wie etwa im amerikanischen «Wired»
für die Internetgemeinde. Finden Sie die entscheidenden Orte, Menschen und Medien für Ihre Markenidee heraus.

Wenn es Ihnen gelingt, die fünf Prozent der entscheidenden
Menschen für sich einzunehmen, schaffen Sie den Sprung zu den
Early Adopters. Diese adaptieren den Lebensstil und die Meinungen
dieser Multiplikatoren, weil sie so modern, so distinkiv leben und
sich dadurch selbst weiterentwickeln und von anderen abheben wollen, und verbreiten so den Markenvirus und seine Meme.

Diese soziale Distribution ist die Grundlage, um für mehr Menschen eine attraktive StarBrand zu werden. Wenn dieser Sprung
nicht gelingt, dann bleiben Sie wahrscheinlich in einer engen Nische
und werden, wenn Sie es gut machen, eine Szene- oder InBrand.

Arbeiten Sie an einer effizienten Möglichkeit, Ihre Marke zu testen, sie von Menschen erfahren zu lassen, damit sie sie weiterempfeh-

len. Machen Sie auf keinen Fall eine große TV- und Print-Kampagne zu Beginn. Diese trägt Sie direkt ohne Faszinationsaufbau und moderne Verankerung bei den Experten unter Ihren Kunden und deren Nachahmern in den Mainstream. Somit sind Sie sofort eine weitere Massenmarktinnovation, die die Welt nicht benötigt und nicht versteht. Initiieren Sie lieber per Web oder auf YouTube eine Kampagne zu Ihrem Produkt, die von Kunden kreativ gestaltet wurde, wie es BMW für den 1er praktizierte. Involvieren Sie Ihre Fans und lassen Sie sie für sich sprechen und die Markenidee entwickeln. Nutzen Sie die neue Kraft der *Open Innovation* und Kommunikation. Pflegen Sie Ihre eigene Kreative Klasse um Ihre Marke herum. In erster Linie richtet sich Ihre Marke an Ihre Kunden, nicht an Sie.

Die Breeding-Phase ist für Ihre Marke am erfolgskritischsten. Hier stellt sich heraus, ob Ihre BrandFuture-Idee wirklich das Potenzial hat, über eine kleine Fangemeinde hinaus zu einer Wachstumsmarke, einer populären StarBrand zu werden. Dies kann auch, wie bei Nespresso mit den Premium-Espresso-Kaffeekapseln, fast zehn Jahre dauern, bis durch ein gezieltes Upgrade der Marke durch Espresso-Boutiquen die Partnerschaft mit etablierten Espressomaschinen-Herstellern wie De Longhi und den Einsatz von Prominenten wie George Clooney der Sprung über den Graben gelang und in 2006 die erste Umsatzmilliarde Schweizerfranken verbucht werden konnte.

3. Die «Early Adopter»-Wachstumsphase

Wenn es Ihnen gelungen ist, den «kritischen Graben» (Geoffrey A. Moore) zu überspringen, geht es darum, wie Sie über entscheidende Medienpartnerschaften und selektive Distributionsstrategien mit den dazugehörigen Events den Marken- oder Produkt-Virus in den einzelnen Communities beziehungsweise Gemeinschaften ausbreiten, um die Vernetzbarkeit der Marke zu erhöhen. Die funktioniert meist dadurch, dass Trendsetter und Beeinflusser aus der Breeding-Phase nachgeahmt werden durch die kaufkräftige trendhungrige Klasse, die modernen Performer in den Banken, Versicherungen, Agenturen, die Selbstständigen, die Kreativen, die sich

durch den neuesten Stil, das neueste Gadget der Telekommunikationsindustrie oder den neuen George-Clooney-Nespresso-Chic
beim Caffè Latte durch diese feinen Unterschiede selbst modernisieren und als «ganz vorne» zeigen möchten.

In dieser Phase gilt es, möglichst lange zu verweilen, da hier die
Trendiness, die Attraktivität, die Besonderheit, die Neuheit der
Marke besonders begehrt ist und somit der Preispremium- und Be-
gehrlichkeitsaspekt noch sehr hoch sind. Schieben Sie schnell innovative und individualsierte Varianten Ihrer Marke hinterher, um sich
auch innerhalb dieser modernen Schicht zu differenzieren und Ihren
Kunden Angebote zur Individualisierung unterbreiten zu können.

Nespresso hat in dieser Phase seine Distribution in die Fach-
märkte wie Saturn Hansa erweitert, aber gleichzeitig einen Nespresso Club für alle Verwender gegründet, der immer wieder News
zum Thema Nespresso und die Welt der Kaffeekennerschaft ein-
führt. Die Bestellung der Kapseln läuft online über ein personalisier-
tes Konto und lässt die Kunden sich als Teil einer besonders verfei-
nerten Kaffeegemeinde fühlen.

Durch das integrierte Bestellsystem werden Kunden zu Mitglie-
dern und automatisch eng an die Marke gebunden. Man grenzt sich
vom Volumenführer «Senseo» von Philips durch Verfeinerungskul-
tur sehr deutlich ab. Nebenbei gelang es Nespresso, den Kilopreis
Kaffee im Vergleich zum Aldi-Kaffee um über 1000 Prozent zu steigern. Mittlerweile gibt es auch Tragetaschen für kleine Espresso-Ma-
schinen für die mobile Kreative Klasse. In Paris wird gerade eine
1700 qm große «Flagschiff-Kathedrale» für die kleinen goldenden
Kapseln errichtet. Das ist Branding!

Verbreitern Sie schrittweise das Sortiment Ihrer Marke und weh-
ren Sie dadurch Nachahmer ab. Schaffen Sie am besten neue Bran-
chenstandards mit dem «Original», der Branchen-Nummer-eins
oder mit technischen Standards wie Softwarecodes oder geschlossenen Anwendungssystemen, wie es die Spielkonsolenhersteller oder
eben Nespresso oder Gillette mit Mach-1- bis Mach-x-Rasierklin-
gensystemen anbieten. Das bindet und unterscheidet.

Senken Sie aber auf keinen Fall die Preise, sondern antworten Sie mit Qualität, Werten und Einzigartigkeit. Diese Phase kann zwischen drei und zehn Jahren dauern. Selbst der von mir vielzitierte Apple iPod befindet sich noch in dieser Phase, obwohl es ihn schon seit über sechs Jahren gibt. Wenn sich das Ende dieser Phase abzeichnet, macht es Sinn, über Co-Branding und Kooperationen mit passenden Marken oder Distributoren nachzudenken, um eine höhere Kontaktoberfläche und einen breiteren Kundenzugang zu finden. Vermeiden Sie aber so lange wie möglich die Vermassung des Produktes und der Marke.

Wenn Sie sich verbreitern, bauen Sie Kathedralen, Pilgerorte für Ihre Marke, «Flagshipstores» und treten an wichtigen Messen und Veranstaltungen auf, in denen die Marke als pur, echt und führend wahrgenommen werden kann. Dies kann im Markenwert eher vernichtend agierenden Handel selbst durch «Shop in Shop»-Systeme nicht realisierbar werden.

Tipp: Messen Sie regelmäßig die Attraktivität Ihrer Marke im Vergleich zum Mitbewerber und sorgen Sie dafür, dass Sie in dieser Phase die höchste Attraktivität im Markt besitzen und sich nicht jetzt schon durch Preissenkungen Marktwachstum erkaufen. Denn dann geht die Preisspirale schnell bergab, und Ihre Marke verschwindet so rasch, wie sie installiert wurde. Attraktivität messen Sie am besten mit der Weiterempfehlungsrate, dem Preispremium, der Wiederkaufrate und Kundentreue.

4. Die Mainstream-Phase

Hier gilt es nun, möglichst viele Menschen zum Beispiel durch einfachere, kleinere Versionen oder Basismodelle von Ihrer neuen Marke, von Ihrem neuen Produkt zu begeistern und es durch optimierte Produktionsprozesse und breite Vertriebskanäle stark wachsen zu lassen. Ein niedriger Preispunkt hilft meist auch weiter. Aber auch diese selbstähnlichen Einsteigerversionen müssen den Markenwerten und Grenzen entsprechen. Sonst zerstören Sie Ihre Marke damit, statt sie zu verbreitern. Beachten Sie hierbei auch, die Marke nicht zu breit werden zu lassen. Dies entwertet Ihre Marke.

Die höchste Form einer Marke ist immer Knappheit und Singularität. Essenziell hierbei ist: Um die Attraktivität Ihrer Marke hochzuhalten, ist es in dieser Phase notwendig, neue, innovative Adaptionen für Ihre ersten, echten Fans, für die Multiplikatoren, die «Connectors» anzubieten, so dass diese sich durch das neue Premium-Produkt sowohl von der Masse nach wie vor abgrenzen können als auch in ihrer permanenten Lust, Neues auszuprobieren, immer wieder stimuliert werden. Sie können den Massenmarkt komplett vermeiden, indem Sie Ihre Marke exklusiv und dicht halten. Aber auch dort müssen Sie Ihre Marke immer wieder mit Relevanz und Neuigkeitswert aufladen, sonst verlieren Sie auch in Ihrer Nische die Attraktivität.

Zusammenfassend gesagt, gewinnt eine direkte dialogische und kreative Kommunikation mit den Kunden immer stärker an Bedeutung. Verbrennen Sie nicht über ineffektive Massenmedien Geld, ohne die gewünschten Attraktivitätseffekte zu erreichen. Eine Star-Brand kann sich auch ohne klassische Werbung entwickeln, wenn man glaubwürdig attraktive und relevante Werte ausstrahlt, eine überlegene Leistung anbietet, die Nummer-eins-Position innehat, auf die richtigen Trends setzt und leicht vernetzbar ist und somit die sieben Gebote der Markenführung berücksichtigt.

In der folgenden Grafik wird dieser Prozess noch einmal zusammengefasst.

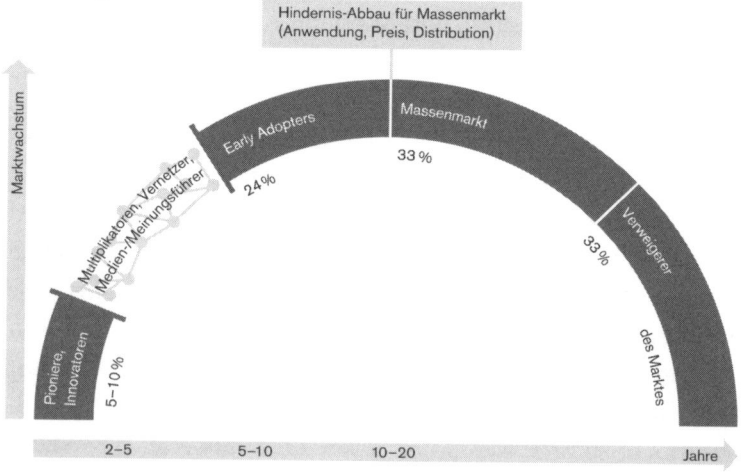

> Der Lebenszyklus

BrandFuture-Virus-Check

Um Ihnen noch mehr Sicherheit für Ihre BrandFuture-Idee zu bieten, habe ich zum Abschluss die entscheidenden Faktoren aus den sieben Geboten für das virale Wachstum abgeleitet, die wesentlichen Einfluss darauf haben, ob Ihre neue BrandFuture-Idee das Potenzial aufweist, ein attraktiver Markenvirus zu sein, und somit die Chance hat, eine wirkliche StarBrand zu werden.

1. *Authentizität und markenfit:* Ist Ihre Idee eine originäre spezifische Idee oder von Dritten übernommen? Gibt es einen logischen Zusammenhang zu Ihrer bisherigen Marke? Wird die Idee von Ihren bisherigen Markenwerten gestützt oder ist sie für Sie oder Ihre Marke und die Wahrnehmung Ihrer Kunden eine völlig neue Idee beziehungsweise eine Marke ohne Hintergrund?

2. *Relevanz:* Ist Ihre Markenidee, Ihr Produkt für die ausgewählte Community wirklich relevant? Hat sie einen «Wow»-Effekt, der den Wert erhöht, die Anwendung erleichtert oder auch einfach nur alles etwas schöner aussehen lässt?

3. *Sexiness:* Ist Ihr Produkt, Ihre Marke etwas Besonderes, das Menschen fasziniert, über das sie gerne reden, mit dem sie sich gerne identifizieren und das sie begeistert und das sie weiterempfehlen würden?

4. *Neuigkeitswert:* Ist die Idee wirklich differenzierend neu oder nur ein «Me too»-Produkt in anderen Farben?

5. *Nummer-eins-Potenzial:* Sind Sie der Erste in der Kategorie? Haben Sie die Kategorie neu erschaffen oder haben Sie zumindest das Potenzial dazu?

6. *Trendfit:* Passt Ihr Produkt in die Zeit und wird es von wesentlichen Trends gestützt?

7. *Multiplizierbar und intuitiv:* Ist Ihr Produkt einfach multiplizierbar? Können Sie es durch einfache Möglichkeiten weiterempfehlen? Hat es genug Distributionskraft oder ist es schwer multiplizierbar?

   Ist Ihre Markenidee intuitiv und einfach erfassbar? Ist sie einfach zu nutzen und sofort im Alltag adaptierbar? Passt der Preis in die

Wettbewerbslandschaft, so dass er hoch und damit attraktiv genug ist, aber auch so niedrig, dass sich genügend Menschen Ihr Produkt leisten möchten?

Nutzen Sie diese sieben Fragenkomplexe, um das virale Wachstumspotenzial Ihrer neuen BrandFuture-Idee zu testen. Der entscheidende Faktor ist sicherlich der Sexiness-Faktor. Denn wenn Ihre neue Markenidee nichts Besonderes an sich hat, das die Kunden begeistert, dann werden sie diese eben auch nicht weiterempfehlen und nicht stolz vor sich hertragen, sondern das Produkt bestenfalls besitzen.

Arbeiten Sie daran, den wirklich entscheidenden, besonderen «Wow»-Faktor zu finden, auszudrücken und permanent zu dramatisieren. Wenn Ihnen das gelingt, haben Sie die wesentliche Hürde für eine virale StarBrand genommen und den Zukunftscode für Ihre Marke in der Hand.

Kapitel 7

Zehn Konsequenzen für die Markenpraxis

Im Schluss werde ich die Erkenntnisse aus den Megatrends, den Lebensknappheiten und den Kulturcodes mit den eingangs beschriebenen Marken-Geboten (siehe Seite 22ff.) verbinden und zu zehn prägnanten Anwendungsprinzipien für die Markenführung der Zukunft zusammenfassen.

1. Authentizität: Das Marketing wird durchschaut

Die zunehmende Transparenz von Unternehmen, die Vergleichbarkeit der Produkte durch Verbraucher-Tests und Kundenforen, die Vernetzung der Medien und das Wissen der Kunden über Konsum und Marketingmethoden führen dazu, dass jede Manipulation, jeder künstliche PR-Hype frühzeitig durchschaut wird. Nur Storys mit authentischen Protagonisten, nur Produkte oder Dienstleistungen, die ihr Markenversprechen einlösen, bieten die Basis für langfristigen Erfolg. Mittelmaß – künstlich aufgebauscht – fällt in sich zusammen und wirkt sich negativ auf die Marke und das Unternehmen aus. «Sag die Wahrheit und halte deine Versprechen» wird in Zukunft noch stärker zur Überlebensmaxime als je zuvor.

2. Geist ist geil: Von der Penetration zur Inspiration

Zukunftsfähige Marken haben es nicht nötig, den Kunden durch Penetration des ewig Gleichen hinterherzulaufen, sondern sie verführen durch ihre Erscheinung, ihre Einfachheit in der Anwendung, ihre authentische Geschichte, ihre Einzigartigkeit im Markt, und sie leben vor allem von begeisterter Weiterempfehlung durch Markenfans, Multiplikatoren, Familie und Freunde. Sie inspirieren, regen Körper, Geist und Seele an und zeigen beziehungsweise bieten Menschen Möglichkeiten für Weiterentwicklung und Wachstum. Marken wie diese führen ins Unbekannte und wachsen daran.

3. Du bist die Marke: Die Marke wird zur ko-kreativen Plattform

Marken sind nicht mehr ein Vertrauenssiegel und Qualitätsbotschafter. Nein, sie sind zusätzlich ein Forum für Selbstdesign des «Ichs» via Selbstdesign von Produkten, Dienstleistungen und Erlebnissen. Sie sind Hilfsmittel der Identitätsstiftung, der sozialen Vernetzung und der Reduktion von Komplexität. Sie unterstützen Status und die eigene Kreativität. In Zukunft bildet die Marke damit eine ko-kreative Plattform, auf der alternative Zukünfte entstehen.

4. Der erste Eindruck zählt: Sei schön und unterhaltsam

Die Natur zieht das Schöne vor. Der Kunde auch. In unserer überinformierten und mediatisierten Gesellschaft kommt es vermehrt darauf an, in immer kürzeren Zeitabständen einen überzeugenden, im wahrsten Sinne des Wortes «reizenden» ersten Eindruck zu hinterlassen. Anderenfalls wird man nicht beachtet. Neben dem marktschreierischen Weg der lauten, aufdringlichen Personen und Events gilt es, eine werthaltigere Ausstrahlung, passenden Stil, unterhaltsame Geschichten und Aha-Effekte auszuspielen, um «merkwürdig» zu sein und wiedererkannt zu werden. Arbeiten Sie daher am ersten Auftritt Ihrer Marke, sonst könnte es der letzte sein.

5. Markenerfahrungsdesign statt fünf Marketing-Ps

Die zukunftsfähige Marke entsteht aus den verdichteten Erfahrungen der Kunden im gesamten Markennutzungsprozess, von der Vorkauferfahrung über die Kauf- und die Nachkauferfahrung. An jedem Kontaktpunkt findet Marke statt. Erfolgreiche Marken schaffen konsistente, attraktive und differenzierende Erfahrungen an den wesentlichen Kontaktpunkten. Das Denken in den fünf Marketing-Ps (Produkt, Promotion, Preis, Place, People) stellt einen Umweg dar, dessen Denkweise von innen nach außen führt, der funktional ist und den Anforderungen im überfüllten Aufmerksamkeitsmarkt nicht mehr gerecht wird. Markenerfahrungsdesign beginnt beim Kunden, bei der einzigartigen Erfahrung, die er mit der Marke erleben soll. Der BrandFuture-Weg folgt daher der Außen- zur Innenbetrachtung.

6. Nummer-eins-Position statt nur einfach anders

Eine geringe Differenzierung wird kaum noch wahrgenommen. Überlastete Konsumenten orientieren sich nach einem groberen Raster. Daher ist es wichtig, im ausgewählten Marktsegment die Nummer-eins-Position einzunehmen und diese permanent zu dramatisieren. Arbeiten Sie stärker an der Erschaffung neuer Segmente und neuer Nummer-eins-Positionen, als dass Sie sich in weniger relevanten Details verlieren. Weichen Sie ab. Divergenz ist erfolgreicher als Konvergenz und Anpassung an die Mitbewerber. Mutieren Sie zum Abweichler!

7. Flow: Evolutionäres Driften statt geschlossenes Markensystem

Zukunftsfitte Marken sind adaptiv, sie reagieren auf Trends, öffnen sich dem Feedback vom Markt, von Lieferanten und anderen Organisationen, um sich immer wieder Veränderungen anzupassen, ohne dabei ihre eigene Identität, ihre Markenkernwerte, ihren genetischen Code zu verlieren oder zu verraten. Sie gehen Mem-Fusionen ein und bestehen aus einer strategischen Population von defensiven, evolutionären und revolutionären Markenideen, die sich alle am Markt bewähren müssen. Dank diesem Fitness-Mix lässt sich der Fortbestand der Marke(n) sichern.

8. Moral plus: Genussvoll, moralisch und ökologisch einwandfrei

Das im 21. Jahrhundert erneut erwachte globale Verantwortungsbewusstsein führt zu einem Revival der Ökowelle: Nach der ersten etwas traurigen und pessimistischen Ökowelle der 1980er-Jahre finden heute Produkte und Marken in ihrer lustvollen Leistung Anerkennung. Sie werden präferiert, weil sie gesellschaftlich verantwortlich handeln, sowohl nach außen als auch nach innen gegenüber den Mitarbeitern. Im Sinne eines «Ökodesigns» verhalten sie sich ökologisch korrekt, dies nicht zuletzt aufgrund der heftigen Energiediskussion der letzten Jahre. So verstanden schaffen zukunftsfitte Marken eine bessere Welt.

9. Replikationsfähigkeit

Der Schlüssel zum Wachstum ist die Replikationsfähigkeit Ihrer Marke und Ihrer Meme. Sorgen Sie für reichhaltige Vernetzung, für eine einfache Weiterleitung und Übertragung der Ideen von Ihren Fans zu deren Freunden und Bekannten. Nutzen Sie Co-Branding, um eine höhere Bandbreite an Menschen zu erreichen und Nicht-Kunden mit Ihrer Marke zu infizieren. Nutzen Sie die unendlichen Möglichkeiten der sozialen Medien im Internet, um Ihre Marke von Peergroup auf Peergroup übertragen zu lassen. Reduzieren Sie die Push-Werbung und investieren Sie stärker in soziale Medien und persönliche Übertragungsanlässe. Arbeiten Sie an Ihrer Findbarkeit im Netz und bieten Sie im Web konkreten Nutzen.

10. Alles ist Marke: Die Marke entsteht im ganzen Unternehmen

Zu guter Letzt: Marke ist im transparenten Kommunikationszeitalter nicht mehr nur Sache der Werbung oder des Marketings, sondern das gesamte Verhalten des Unternehmens und jedes Mitarbeitenden zahlt auf die Marke ein oder hebt durch Fehlverhalten oder Markengrenzüberschreitung etwas vom Faszinationskonto ab. Daher findet die zukunftsfähige Marke Verankerung im Vorstand. Der Markenbesitzer im Vorstand, der Marketingleiter oder zunehmend der engagierte Markenverantwortliche hütet seinen so genannten Brand Champion und führt die Marke mit den Markenbotschaftern in jeder Abteilung ein, lebt, steuert und erneuert sie und hält sie auf diese Weise im ganzen Unternehmen lebendig. Nur so entsteht eine faszinierende und anziehende Markengestalt und Markenpersönlichkeit. Gelingt dies, spürt das auch der Kunde bei jedem Markenkontakt und erhöht die Attraktivität Ihrer Marke, Ihres Produktes oder Ihrer Leistung.

Ausblick: Inspirationen für eine bessere Zukunft

Mein Buch ist eine Mem-Fusion der strategischen Markenführung und Zukunftsforschung. Es soll Ihnen einen Überblick darüber verschaffen (ohne den Anspruch auf Vollständigkeit zu erheben), wie wir leben werden, was Kunden heute und morgen erwarten. Es soll Ihnen neue Perspektiven jenseits Ihrer «Branchendenke» geben und neue Möglichkeiten schaffen. Ziel war auch, inhaltlich zu zeigen, dass Zukunft auch im Unbewussten und Kulturellen stattfindet und wie Sie mit diesen Kulturcodes einzigartige Markenvorteile aufbauen können. Nach der inhaltlichen Inspiration war es mir ein besonderes Anliegen, Ihnen als umsetzungsorientierter Markenstrategieberater eine konkrete Idee für Ihre eigene Umsetzung zu geben.

Seien Sie auch in Zukunft die Nummer eins!

Entscheidend war es für mich, Ihnen systematisch zu zeigen, wie Sie Ihre Marke auch in Zukunft zur Nummer eins in Ihrer Branche, in Ihrem Marktsegment entwickeln können und dabei Trends, Lebensknappheiten und die Kreation aus dem Unbekannten als Nährböden nutzen können, ohne dabei Ihre Markenidentität aufzugeben und beliebig zu werden.

Die sieben evolutionären Gebote sollen Ihnen dabei dienen, sich jenseits von allen Moden und Methoden-Trends immer wieder auf das Wesentliche in der Markenführung, in der BrandFuture-Ideenbewertung und in der Führung Ihren Agenturen gegenüber konzentrieren zu können.

Ich wünsche mir, dass Sie aus dem Buch neben den Inspirationen für Ihre Marken ein Stück persönliche Zukunftsfitness mitgenommen haben und Sie im besten evolutionären Sinne «Fit und Sexy» bleiben. Denn die Zukunft ist offen. Sie gehört den mutigen und flexiblen Lebens-Unternehmern und nicht den Lebens-Unterlassern.

Herzlichst, Ihr Achim Feige,
Europa, Frühling 2007
AF@brandfuture.eu
www.brandfuture.eu

Danksagungen

Ein inspirierendes Buch basiert auf vielen Inspirationen:

Ich möchte mich bei Klaus-Dieter Koch und allen Kollegen bei Brand:Trust für die gemeinsame substanzielle und wert(e)volle Arbeit an Zukunftsmarken und die inhaltliche Auseinandersetzung und Unterstützung bei der Entstehung dieses Buches bedanken.

Danke für die Unterstützung von Andrea Baust und Stephanie Berning bei der formellen Ersterstellung des Manuskripts.

Matthias Horx und dem Zukunftsinstitut gebührt großer Dank für die gute Zusammenarbeit und Zukunftsinspirationen, auch für dieses Buch.

Herzlicher Dank an meine Kunden, die mir ein Stück ihrer Zukunft anvertrauen und die meine Ideen dem Praxistest unterziehen, denen ich wertvolle Inputs verdanke und deren Markengeheimnisse ich nicht gelüftet habe.

Lieber Dank an meine Frau Silke für ihre große Unterstützung und die Einarbeitung ihrer sprachlichen Finessen.

Vielen Dank an das Ideenhaus, insbesondere Annika Kaltentaler, Maja Greiner und Marion Endres für die Umsetzung der Grafiken. Ebenfalls großer Dank an Prof. Dr. Arnold Weissman, der mich bereits in frühen Jahren gefördert und gefordert hat.

Danke an die Amigos del la Luz für ihre Existenz. Und last, but not least bei Orell Füssli und Bernd Zocher für das gute Lektorat und das Veröffentlichen meiner Gedanken. Beim Leser, für den das Buch geschrieben ist. Bei allen Zukunftsoptimisten, -denkern und -agenten, die die Welt gestalten und ein Stück voranbringen wollen.

Literaturverzeichnis

Empfohlene und verwendete Literatur zur Vertiefung der einzelnen Schwerpunkte im Buch

Anderson, Chris: The Long Tail. The new Economics of Culture and Commerce. Random House Business Books, 2006.

Barabasi, Álbert-Laslow, Linked: How Everything is connected to Everything else and what it means for Business, Science and Everyday Life. Plum, 2003.

Becker, U. A.: Gene, Meme und Gehirne. Geist und Gesellschaft als Natur. Eine Debatte. Suhrkamp Taschenbuch Verlag, 2003.

Bedbury, Scott: A new Brand World. Eight Principles for achiving Brand Leadership in the 21st Century. Penguin Books, 2002.

Beinhocker, Eric D.: The Origin of Wealth: Evolution, Complexity, and the radical Remaking of Economics. Random House Business Books, 2006.

Brooks, David: BoBos in Paradise. The new Upper Class and how they got there. Simon & Schuster, 2000.

Christensen, Clayton M., Raynor, Michael E.: The Innovator's Solution creating and sustaining the successful Growth. Harvard Business School Press, Boston, Massachusetts, 2003.

Cusumano, Michael A., Markides, Constantinos C.: Strategic Thinking for the next Economy. MIT Sloan Management Review, 2001.

Domizlaff, Hans: Die Gewinnung des öffentlichen Vertrauens. Ein Lehrbuch der Markentechnik. Marketing Journal Hamburg, 1992.

Florida, Richard: The Rise of the Creative Class and how it's transforming Work, Leisure, Community and Everyday Life. Basic Books, 2002.

Frenzel, Karolina, Müller, Michael, Sottong, Hermann: Storytelling. Das Harun-al-Rashid-Prinzip. Die Kraft des Erzählens fürs Unternehmen nutzen. Hanser Verlag, 2004.

Friedman, Thomas L.: The World is flat. A brief History of the 21 Century, Farrar Straus and Giroux, 2005.

Garland, Eric: Future Inc – How Businesses can anticipate and profit from what's next. Amacom, 2007.

Gladwell, Malcolm: Tipping Point. Wie kleine Dinge Großes bewirken können. Wilhelm Goldmann Verlag, 2002.

Gleich, Michael: Web of Life – Die Kunst, vernetzt zu leben. Hoffmann & Campe, 2002.

Godin, Seth: Purple Cow. So infizieren Sie Ihre Zielgruppe durch Virales Marketing. Campus Verlag, 2004.

Greene, Robert: Die 24 Gesetze der Verführung. Hanser Verlag, 2002.

Horx, Matthias: Wie wir leben werden. Unsere Zukunft beginnt jetzt. Campus Verlag, 2005.

Horx, Matthias: Trendreport 2006. Das Zukunftsinstitut, Kelkheim, 2006.

Horx, Matthias: Trendreport 2007. Das Zukunftsinstitut, Kelkheim, 2007.

Jenkins, Henry: Convergence Culture – Where old and new Media collide. New York University Press, 2006.

Jung, C. G.: Archetypen. DTV Verlag, 2001.

Kelley, Tom, Littman, Johansson: The ten Phases of Innovation, Ideos strategies for beating the devil Advocats and driving Creativity throughout your Organisation. Double Day 2005.

Kim, W. Chan, Mauborgne, Renée: Blue Ocean Strategy. How to create uncontested Market Space and make the Competition irrelevant. Harvard Business School Press, 2005.

Koch, Klaus-Dieter: Reiz ist geil. Orell Füssli, 2006.

König, Karl: Kleine psychoanalytische Charakterkunde. Sammlung Vandenhoeck, 2005.

Lindstrom, Martin: Brand Sense. Build powerful Brands through Touch, Taste, Smell, Sight and Sound. Free Press, 2005.

Miller, Geoffrey F.: Die sexuelle Evolution. Partnerwahl und die Entstehung des Geistes. Spektrum Akademischer Verlag, 2001.

235

Naisbitt, John: Mindset! Reset your Thinking and see the Future. Collins Verlag, Harper Collins, 2007.

Neumeier, Martin: The Brand Gap. AIGA New Riders Verlag, 2003.

Norman, Donald A.: Emotional Design. Why we love or hate everyday Things. Basic Books, New York, 2004.

Pink, Daniel H.: A whole new Mind: Moving from the Information Age to the Conceptual Age. Riverhead Books, New York, 2005.

Pearson, Carol S., Mark, Margaret: The Hero and the Outlaw: Building extraordinary Brands through the Power of Archetypes. McGraw-Hill, 2001.

Postrel, Virginia: The Substance of Style: How the Rise of aesthetic Value is remaking Commerce, Culture and Consciousness. Perennial, 2004.

Prahalad, T. K.: The Fortune at the Bottom of the Pyramid, Eradicating Poverty through Profits, enabling Dignity and Choice through Markets. Wharton School Publishing, 2006.

Prahalad, T. K., Ramaswamy, Venkat: Die Zukunft des Wettbewerbs. Einzigartige Werte mit dem Kunden gemeinsam schaffen. Linde International, 2004.

Rapaille, Clotaire: Der Kulturcode. Riemann Verlag, 2006.

Ridderstale, Jonas, Nordström, Kjell: Karaoke Capitalism, Management for Mankind. Prentice Hall, Financial Times, 2004.

Riemann, Fritz: Grundformen der Angst: Eine tiefenpsychologische Studie. Deutsche Bibliothek, 1996.

Ries, Al and Laura: The Origin of Brands, Harper Collins, 2004.

Rogers, Everett M: Diffusion of Innovations. Prepress, 2003.

Schulze, Gerhard: Die beste aller Welten. Wohin bewegt sich die Gesellschaft im 21. Jahrhundert? Hanser Verlag, 2003.

Sterling, Bruce: Tomorrow now: Envisioning the next 50 Years. Random House Trade Paperback, 2003.

Surowiecki, James: The Wisdom of Crowds: Why the Many are smarter than the Few and how Collective Wisdom shapes Business Ecomomic Societies and Nations. Random House, 2004.

Thackara, John: In the Bubble. Designing in a complex World. The MIT Press, 2005.

Warner, Fara: In the Power of the Purse. How smart Companies are adapting to the World's most important Consumers – Women. Pearson Prentice Hall, 2006.

Prof. Dr. Weissman, Arnold, Feige, Achim: Sinnergie, Wendezeit für das Management. Orell Füssli, 2000.

Zuboff, Shoshana, Maxmin, James: The Support Economy, Why Cooperations are failing individuals and the next Episode of Capitalism. Penguin Verlag, Allen Lane, 2002.